行水云课数字教材

高等职业教育水利类新形态一体化教材

水电站

主　编　王利卿

副主编　乔连朋

主　审　郭雪莽

中国水利水电出版社
www.waterpub.com.cn
·北京·

内 容 提 要

本书是高等职业教育水利类新形态一体化教材，是按照教育部对高职高专教育的教学基本要求和相关专业课程标准编写完成的，全书共分为七个项目，主要介绍水电站动力设备的类型、构造、工作原理和特性，压力管道的功用、类型、路线选择和构造，水电站的水击及调节保证计算，引水式水电站中水工建筑物的类型、布置原则和设计，水电站厂房的类型、布置原则、设计、施工等内容。

本书为高等职业院校水利水电类专业教材，也可作为相关专业的教学参考书，亦可供相关工程技术人员阅读参考。

图书在版编目（CIP）数据

水电站 / 王利卿主编. -- 北京 : 中国水利水电出版社, 2021.4
高等职业教育水利类新形态一体化教材
ISBN 978-7-5170-9573-6

Ⅰ. ①水… Ⅱ. ①王… Ⅲ. ①水力发电站－高等职业教育－教材 Ⅳ. ①TV7

中国版本图书馆CIP数据核字(2021)第080454号

书　　名	高等职业教育水利类新形态一体化教材 **水电站** SHUIDIANZHAN
作　　者	主编　王利卿　副主编　乔连朋　主审　郭雪莽
出版发行	中国水利水电出版社 （北京市海淀区玉渊潭南路 1 号 D 座　100038） 网址：www. waterpub. com. cn E-mail：sales@waterpub. com. cn 电话：(010) 68367658（营销中心）
经　　售	北京科水图书销售中心（零售） 电话：(010) 88383994、63202643、68545874 全国各地新华书店和相关出版物销售网点
排　　版	中国水利水电出版社微机排版中心
印　　刷	清淞永业（天津）印刷有限公司
规　　格	184mm×260mm　16 开本　15 印张　365 千字
版　　次	2021 年 4 月第 1 版　2021 年 4 月第 1 次印刷
印　　数	0001—3000 册
定　　价	**49.00** 元

前言

本教材依据高职院校办学宗旨和办学理念，结合高等职业院校水利类人才培养需求，以“教、学、做”模式为手段，以“图、库、册”“教本”为组成元素，以强化学生专业能力和职业能力为核心目的编写而成。

本新形态一体化教材由图片、动画、微课、题库、拓展资源及教本组成。教本是该课程的一个组成元素，是教师教学和学生学习过程中的主要学习工具和参考资料。本教材采用项目式、任务式编写体系，全书共设计了七个项目，每个项目设计了若干个任务，每个任务均设置了任务目标和知识链接，并配有题册和拓展资源。按照从理论到实践，从知识到应用再到提高的思路，比较详细系统地讲解了水电站的基本知识。

在编写中，考虑到高等职业技术教育的教学要求，借鉴高等院校现有《水电站》教科书的体系，本着以“必须、够用”为度，又力求突出科学性、先进性、针对性、实用性、新颖性和注重技能培养的原则，对内容进行了调整与重组。全书共分为七个项目，主要讲述水电站概述、水电站动力设备、压力管道、水电站的水击及调节保证计算、引水式水电站、调压室、水电站厂房的布置等相关内容。各专业可根据自身的教学目标及教学时数，对教材内容进行取舍。

本教材由河南水利与环境职业学院王利卿担任主编，浙江科技职业技术学院郭雪莽教授担任主审，河南水利投资集团有限公司乔连朋担任副主编，具体编写分工及配套资源制作分工如下：王利卿负责编写项目一、项目二、项目三、本书配套题库，制作配套微课和动画，并负责全书通稿；乔连朋负责编写项目四、项目五、项目六、项目七，制作本书配套课件；河南水利与环境职业学院王玲、何晓田负责处理本书图片。

在本教材编写过程中，承蒙有关院校和生产单位给予大力支持，并引用了其他院校教材中的部分资料和网页上的部分资源，谨此致以衷心的感谢。

限于编者水平，书中难免会出现缺漏、错误及不妥之处，欢迎广大师生及读者批评指正。

作者

2020年8月

“行水云课”数字教材使用说明

“行水云课”水利职业教育服务平台是中国水利水电出版社立足水电、整合行业优质资源全力打造的“内容”＋“平台”的一体化数字教学产品。平台包含高等教育、职业教育、职工教育、专题培训、行水讲堂五大版块，旨在提供一套与传统教学紧密衔接、可扩展、智能化的学习教育解决方案。

本套教材是整合传统纸质教材内容和富媒体数字资源的新型教材，将大量图片、音频、视频、3D动画等教学素材与纸质教材内容相结合，用以辅助教学。读者可通过扫描纸质教材二维码查看与纸质内容相对应的知识点多媒体资源，完整数字教材及其配套数字资源可通过移动终端APP“行水云课”微信公众号或中国水利水电出版社“行水云课”平台查看。

资源索引

本书讨论题

本书测试题

本书课件

续表

序号	资 源 名 称	资源类型	页码
3.2-1	单独供水	动画	111
3.2-2	联合供水	动画	111
3.2-3	分组供水	动画	112
3.2-1	水电站供水方式选择	微课	112
3.4-1	钢管的纵缝和横缝	动画	115
3.4-2	双楔环	动画	116
3.4-3	弯管	动画	116
3.4-4	渐缩管	动画	116
3.4-5	分岔管	动画	116
3.4-1	明钢管的阀门和附件	微课	121
3.5-1	明钢管的敷设	动画	122
3.5-2	镇墩	动画	124
3.5-3	支墩	动画	125
3.5-1	明钢管的敷设方式和支承结构	微课	125
3.6-1	常用的分岔管	微课	128
4.1-1	水击特征	动画	132
4.1-1	水击现象及特征	微课	132
4.3-1	水击类型的判别	微课	141
4.4-1	改善调节水击压力和转速的措施	微课	148
5.0-1	引水式水电站	动画	149
5.2-1	墙式进水口	动画	152
5.2-1	有压进水口	微课	155
5.2-2	有压进水口的主要设备	微课	157
5.3-1	无压进水口	微课	159
5.4-1	引水渠道	微课	163
5.4-2	引水隧洞	微课	165
5.5-1	压力前池	微课	171
6.1-1	调压室的功用、要求及设置条件	微课	176
6.2-1	调压室工作原理	动画	177
6.3-1	调压室的布置方式	动画	181
6.3-2	调压室的基本类型	动画	182

续表

序号	资 源 名 称	资源类型	页码
6.3-1	调压室的基本类型	微课	182
7.2-1	蜗壳	动画	199
7.4-1	副厂房的布置	微课	212
7.5-1	厂房的采光、通风、防潮及交通	微课	213
7.7-1	厂房结构	微课	219
7.7-1	厂房结构	动画	219

目录

项目一　水电站概述

水力发电是水资源综合开发、治理、利用系统的一个组成部分。因此，在进行水电工程规划时要从水资源的充分利用和河流的全面规划综合考虑发电、防洪、灌溉、通航、漂木、供水、水产养殖、旅游等各方面的需要，统筹兼顾，尽可能充分满足各有关方面的要求，取得最大的社会和经济效益。水资源的开发利用中，发电是很重要的一项，进行电力规划时，也要根据能源条件统一规划。在水力资源比较丰富的地区，宜优先开发水电，充分利用再生性能源，以节约宝贵的煤炭、石油等资源。水力发电与火力发电为当今两种主要发电方式，在同时具备此两种方式的电力系统中，应发挥各自的特性，以取得系统最佳经济效益。一般火力发电宜承担电力系统负荷平稳部分（或称基荷部分），使其尽量在高效工况下运行，可节省系统燃料消耗，有利于安全、经济运行；水力发电由于开机、停机比较灵活，宜于承担电力系统的负荷变动部分，包括尖峰负荷及事故备用等。水力发电亦适宜为电力系统担任调频和调相等任务。

1.0-1

项目一主要介绍水力发电的基本原理及特点、水能资源的开发方式及水电站的基本类型、水电站枢纽组成建筑物及水电站厂房基本类型和我国水能资源概况。

任务一　水力发电的基本原理及特点

水力发电是指通过一定的设备和水工建筑物，将水能转换为电能。只有掌握了水力发电的基本原理，才能正确、有效地掌握水电站知识。

【知识目标】

1. 掌握水力发电的基本原理。
2. 理解水电站出力、水电站发电量、水电站装机容量的概念。
3. 了解水力发电的特点。

【能力目标】

能够正确阐述水力发电的原理；能正确理解水电站出力、水电站装机容量和水电站发电量的概念；知道水力发电的特点。

一、水能利用原理

现代化社会最显著的特点之一，是人们在从事一切生产活动和日常生活中，广泛地使用电能。电能一般都是由各种原动机带动交流发电机发送出来的。根据能量守恒原理，要原动发电机发电，必须有其他形式的能量作为“原料”连续不断地输送到原动机中去。随着“原料”的不同，发电的方式也就不同。如在天然的河流上，修建不同的水工建筑物来抬高水头，用这种方式作为“原料”，将其输送到水轮机中使其旋转做功，带动发电机发电的发电方式就称为水力发电。它是现代电力生产的重要方式之一。

1.1-1

如图 1-1 所示，高处水池 1 中的水体，具有较高的势能，当水池中的水由压力水管 2 流过安装在水电站厂房 3 内的水轮机 4 而排至水电站下游的尾水渠 6 时，水流冲击水轮机的转轮旋转，使水能转换为旋转的机械能，水轮机转轮又带动发电机转子 5 旋转，在发电机的定子绕组上产生感应电势，当和外电路接通后，便产生了电流，发电机就向外供电了。这就是水能转换为机械能然后再转换为电能的全过程。

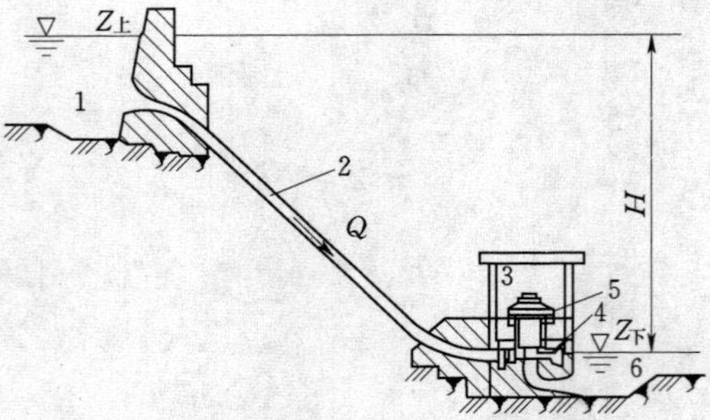

图 1-1　水电站示意图

1—水池；2—压力管道；3—水电站厂房；4—水轮机；5—发电机；6—尾水渠

在水力发电的全过程中，为了实现电能的连续生产而修建的一系列水工建筑物，所安装的水轮发电机组及其附属设备和变电站的总体，称为水电站。

1.1-1

水能转换为电能的过程可用框图综合表达，如图 1-2 所示。

二、水电站出力、发电量和装机容量

1. 水电站的出力

通常把水流在单位时间内做功的能力称为水流出力。水电站所利用的水流出力，

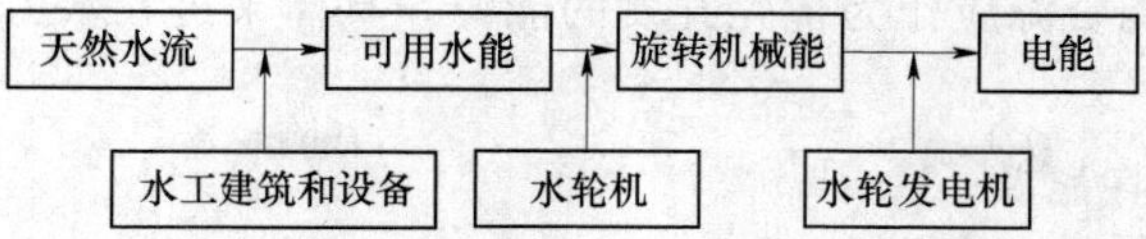

图 1-2　水能转换为电能的过程框图

简称为水电站出力，其大小与所取得的水头（H）和流量（Q）之间的关系为

$$N=9.81\eta QH \tag{1-1}$$

式中　N——水电站出力，kW；

η——水电站效率，%；

H——水头，m；

Q——流量，m^3/s。

水电站效率 η 是考虑到引水系统、水轮机、发电机和传动设备都存在能量损失而采用的系数。该值一般随水头和流量的变化而改变，常以设计工作状态下的数值为计算值。若设 $K=9.81\eta$，则由式（1-1）得

$$N=KHQ \tag{1-2}$$

式中　K——水电站出力系数。

在规划电站时，对于大中型水电站一般采用 $K=7.5\sim8.5$；对于小型水电站 $K=6.0\sim7.5$。

2. 水电站发电量

水电站的发电量是指在某一段时间（T）内，水电站所发出的电能总量，单位是 kW·h。其计算方法，对于较短的时段如日、月等，发电量 E 可由该时段内电站的平均出力 $\overline{N}$ 和该时段的小时数 T 相乘得出。

$$E=\overline{N}T \tag{1-3}$$

式中　E——T 时段内发电量，kW·h；

T——计算时段内小时数，h；

$\overline{N}$——T 时段内平均出力，kW。

对于较长时段，如季、年等，先由式（1-3）计算该季或年内各日（或月）的发电量，然后再汇总得出。

3. 水电站装机容量

水电站的装机容量和发电量是有一定内在联系的两个不同含义的概念，也是水电站的两个重要的动能指标。水电站装机容量是指电站所有机组额定容量的总和，是表示水电站规模大小和发电能力的重要指标。机组额定容量是指发电机的铭牌出力，即水电站机组的单机容量。水电站装机容量决定了它在正常工作情况下的最大出力，是表示水电站发电能力的又一个重要的动能指标。

三、水力发电特点

水流从高处向低处流动所具有的能量称为水能，其中对人们有用的称为水能资源。水能资源是一种清洁的、可再生的能源，利用得越早，其价值越大。因此在条件

允许的情况下，水能资源应作为优先开发的能源。具体来讲，水力发电具有以下几方面特点。

1.1-2

1. 水能为可贮存能源

电能不能贮存，生产与消费（发电、输电、用电）必须同时完成。水能则可存蓄在水库里，根据电力系统的要求进行生产，水库是电力系统的贮能库。

2. 水能为可再生能源

由于水循环具有周期性，且周期短，大致为一年（水文年），所以水能资源是一种可“再生能源”，如不及早加以利用，就会白白浪费。但地球上的水是有限的，对人类有用的更少，因此水能资源不是取之不尽，用之不竭的，必须珍惜。

1.1-3

3. 水力发电具有可逆性

位于高处的水体引向低处的水轮发电机组，将水能转换成电能。反过来，位于低处的水体通过电动抽水机组，吸收电力系统能量将水送往高处水库贮存，将电能又转换成水能。利用这种水力发电的可逆性修建抽水蓄能电站，对提高电力系统的负荷调节能力具有独特的作用。

4. 水火互济，调峰灵活

电力用户的用电量是时刻变化着的，电网中的日负荷有高峰也有低谷。火电站、核电站从开机到正常运行通常需要几个小时，宜担负基荷运行。水电站启动灵活，在1～2分钟内，就能从停机状态达到满负荷运行、并网供电，宜于担任调峰、调频，事故备用，与火电站配合运行，互相补充。

5. 可综合利用，多方得益

水力发电只利用水流的能量，不消耗水量。因此，水资源可以综合利用，除发电以外，可同时兼得防洪、灌溉、航运、给水、水产养殖、旅游等方面的效益，进行多目标开发，既兴利，又除害。

1.1-4

6. 水电成本低、效率高

水力发电不消耗燃料，不需要开采和运输发电所用的燃料，及因此投入的大量人力和设施，自动化程度高，运行和维修费用低，所以水电站电能生产成本低，一般只有相同容量的火电站运行成本的1/5～1/8。且水电站的能源利用率高，可达85%以上，而火电站燃煤热能效率只有40%左右。

7. 美化环境，能源洁净

水电站在生产电能的过程中不产生有害气体，无废渣，无废水，无化学污染和热污染。不仅如此，水电站的建成，在上游形成了水库，环境幽静，水体纯洁，空气清新，湖光山色，大大地改善了环境，还可以成为风景游览区。

8. 受自然条件限制较大

修建水电站需要考虑多方面因素，如水量、落差、地质、地形、地理、环境、土地淹没、移民、政治、经济、交通等。水能资源只能就地开发，不少地区的水能资源很丰富，但由于当地经济不发达，交通不便，难于充分开发和利用。大部分水电站至负荷中心或与电网连接点有相当长的距离，需要修建昂贵的输变电工程。

9. 一次性投资大，工期长

水力发电，其工程规模往往巨大，加之整个工程的实施要考虑水文情况、季节气候影响、水工建筑施工、机械安装、移民安置、施工技术、资金到位等诸多因素，工程投资及复杂程度巨大。小型工程的工期约为 3～5 年，中型工程约为 8～10 年，大型工程需 10 年以上。

10. 一旦出现事故，后果严重

巨大的水压力一旦因设计、施工、自然破坏或管理不当，将导致高压水管的破裂或溃坝等严重后果，对下游产生的灾害及对水电站本身的破坏都是毁灭性的。因此，作为水利工作者，要求有极高的责任心及科学态度，做好勘测、设计及施工等环节的每一项工作。

任务二　水能资源的开发方式及水电站的基本类型

我们知道水力发电的基本原理是，通过一定的方式将水能资源开发利用，将水能转换成电能。那么，怎么开发利用水能资源呢？都有哪些开发方式？相应于这些开发方式，建设什么类型的水电站？

【知识目标】

1. 掌握水能资源的开发方式。
2. 掌握水电站的基本类型。

【能力目标】

能根据地形资料分析出适合的水能资源开发方式。

一、水能资源的开发方式

（一）按抬高水头的方式分类

由水电站的出力计算公式 $N=KQH$（kW）可知，若要将水能转化为电能，必须有流量和水头。而最关键的是首先要在水电站的上、下游形成集中的落差，构成发电水头。所以，水能资源的开发方式多是按照抬高水头的方式来分类的，一般分为坝式、引水式和混合式三种基本方式。

1. 坝式开发

在河流峡谷处拦河筑坝，坝前壅水，在坝址处形成水头差。在坝址处，用输水管或隧洞，引取上游水库中的水通过设在水电站厂房内的水轮机带动发电机，发电后将尾水引至坝下游原河道，这种开发方式为坝式开发。

1.2-1

坝式开发的特点是：

（1）水头取决于坝高。坝式开发的水头一般不高，目前坝式开发的最大水头不超过 300m。

（2）发电的引用流量较大，电站的规模也大，水能利用较充分（主要因为上游形成的水库，可以用来调节流量）。目前世界上装机容量超过 2000MW 的巨型水电站大都是坝式开发方式。此外，坝式开发的水库其综合利用效益高，可同时满足防洪、发电、供水等兴利除害要求。

(3) 水电站的投资大，工期长。这主要是由于工程的规模大，水库造成的淹没范围大，迁移人口多所造成的。

适用于坝式开发的河流条件是河道坡降较缓，流量较大，并易于筑坝建库。

2. 引水式开发

在河道坡降较陡的河段上游，修筑低坝或无坝情况下取水，通过人工建造的引水道（如明渠、隧洞或管道等），引水至河段下游集中落差，再由高压管道引水至厂房进行发电。这种用引水道集中水头的开发方式为引水式开发。

引水式开发又可根据引水道的是有压或无压分为有压引水式开发和无压引水式开发。

1.2-2

3. 混合式开发

在一个河段上，同时采用坝和有压引水道共同集中落差的开发方式，称为混合式开发。在这种开发方式下，先由坝集中一部分落差后，再通过有压引水道（如有压隧洞或有压管道）集中坝后河段上另一部分落差，形成了电站的总水头。

1.2-3

（二）按径流调节的程度分类

水电站出力的大小除与水头有关外，还有另一个重要因素就是流量。因此，还可以由取得流量的方式进行如下分类。

1. 径流式开发

1.2-4

在水电站取水口上游没有大的水库，不能对径流进行调节，只能直接引用河中径流发电，这种开发方式称为径流式开发（图 1-3)。无调节池的引水开发方式及库容很小的坝式开发。无调节水电站的运行方式，出力变化都取决于天然流量的大小，丰水期由于发电引用流量受到水电站过流能力的限制，因无水库蓄水或蓄水能力不足，只能出现弃水，而枯水期因流量小，出力不足。这种开发方式多在不宜筑坝建库的河段采用，这类水电站具有工程量小、淹没损失小等优点。

图 1-3 径流式开发

2. 蓄水式开发

在取水口上游有较大的水库，这样就能依靠水库按照用电负荷对径流进行调节，丰水时满足发电所需之外的多余水量存蓄于水库，以补充枯水时发电水量的不足，这种开发方式称为蓄水式开发。如前所述的库容较大的有一定调节能力的坝式和混合式及有日调节池的引水式开发方式都属此类。调节径流的能力取决于有效库容、多年平均年径流量和天然径流在时间上分布的不均衡性。可以按调节径流周期长短，将蓄水式开发水电站称为日调节水电站、年调节水电站和多年调节水电站。

3. 集水网道式开发

有些山区地形坡降陡峻，河流小而众多、分散且流量较小，经济上既不允许建造许多分散的水型水电站，又不可能筑高坝来全盘加以开发。因此在这些分散的小河流上根据各自条件选点修筑些小水库，在它们之间用许多引水道来汇集流量，集中水头，形成一个集水网系统，这种开发方式称为集水网道式开发（图 1-4）。

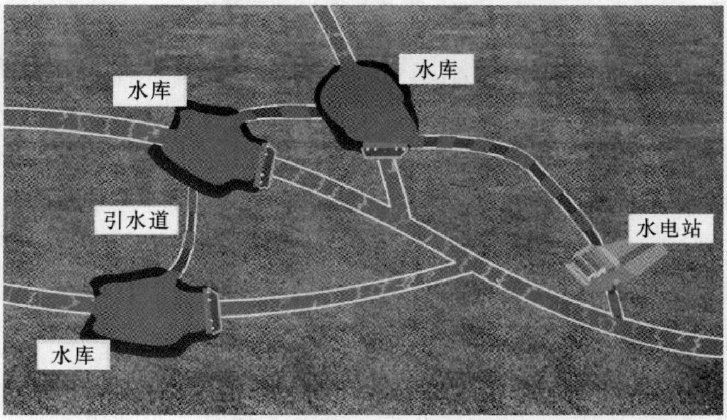

图 1-4　集水网道式开发

1.2-5

二、水电站的基本类型

（一）坝式水电站

坝式水电站就是水能的开发方式为坝式的水电站。即用坝（或闸）来集中水头的水电站称为坝式水电站。按照坝和水电站厂房相对位置的不同，坝式水电站又可分为河床式和坝后式两种。

1. 河床式水电站

河床式水电站是指水电站厂房修建在河床中或渠道上，与坝（或闸）布置成一条直线或成某一角度，水电站建筑物集中布置在电站坝段上，厂房本身是挡水建筑物的一部分，并承受水压力，如图 1-5 所示。

河床式水电站一般修建在平原河段上，为避免造成大量淹没而修建低坝，适当抬高水位，由于水头不高，所安装的水轮发电机组的厂房和坝并排建造在河道中。因所引用的流量较大，河床式水电站又称为低水头大流量水电站。对于小型水电站，水头一般在 8～10m 左右；对于大中型电站，水头一般在 25m 以下。

图 1-5　河床式水电站示意图

电站建筑物组成包括进水口、引水道及厂房等。进水口后的引水道较短，河水直接由厂房上游引入水轮机。由于水头低，流量大，电站大都安装直径大、转速低的轴流式水轮发电机组。机组台数较多时，整个厂房的长度较长。我国著名的富春江水电站及葛洲坝水电站都是河床式水电站。

2. 坝后式水电站

如果水头较高或因河道狭窄而不宜将电站厂房与挡水坝并排布置，常将电站厂房布置在坝的后面，这类水电站称为坝后式水电站。如图 1-6 所示。

图 1-6　坝后式水电站

在坝后式水电站的水利枢纽中，水电站建筑物集中布置在坝段后，大都靠坝体一侧，以利于布置主变压器场与对外交通等设施。其建筑物组成包括拦河坝，溢洪道、电站进水口及其附属设备、厂房和输变电设施等。拦河坝一般较高，坝型可以是重力坝、支墩坝或拱坝。电站取水口和拦污栅、闸门及其启闭设备均布置在坝的上游与坝身合成一体。泄水建筑物多设计成坝体溢流型。由于水头较高，厂房本身重量不足以维持其稳定，因此厂房不挡水，坝与厂房之间用永久缝分开，电站坝段与溢流坝段间用导流墙隔开，使进水与尾水的水流不相互干扰。

坝后式水电站一般宜建在河流中上游的山区峡谷地段，集中落差为中高水头。我国著名的三峡水电站便是坝后式水电站。

（二）引水式水电站

引水式水电站就是水能的开发方式为引水式的水电站，即用引水道集中水头的水电站。

1. 无压引水式水电站

引水道为无压明渠或无压隧洞的引水式水电站称为无压引水式水电站。

无压引水式水电站水利枢纽的主要特点是：具有较长的渠道、隧洞或渠道与无压隧洞相结合的引水道。图 1－7 为典型山区无压引水式水电站示意图。

无压引水式水电站多建造在河流坡度较陡的河段上，一般用来集中高、中水头。其枢纽建筑物一般分为三个组成部分：①首部枢纽，由坝（低坝或无坝）、进水口及沉沙池（多泥沙河流）等建筑物组成；②引水建筑物，它紧接于进水口之后，在引水渠道上有时设有渡槽、涵洞、倒虹吸管及桥梁等附属建筑物，在引水渠道的尾端与压力前池相接；③厂区枢纽，由压力前池（有时设有日调节池），高压管道、厂房、变电及配电设备和尾水渠等建筑物组成。

图 1－7　无压引水式水电站示意图

1—进水口；2—引水渠道；3—压力前池；4—压力管道；
5—电站厂房；6—开关站；7—泄水道

2. 有压引水式水电站

引水道为有压的隧洞、压力管道的引水式水电站称为有压引水式水电站。

有压引水式水电站水利枢纽的特点是：具有较长的有压引水道，一般为有压隧洞。其枢纽建筑物也可分成为三部分：①首部枢纽，有拦河坝及进水口；②有压引水建筑物；③厂区枢纽，包括调压室、压力管道、电站厂房及尾水渠等建筑物，如图1-8所示。

有压引水式水电站常建于河道坡降较陡或有河湾宜于修建压力水道集中落差的河段。在河湾地段裁弯取直引水，引取高山湖泊的蓄水发电，高差很大的毗邻流域引水等，均可获得相当大的水头，有利于修建有压引水式水电站。

（三）混合式水电站

通过拦河筑坝集中部分落差，再通过引水道集中一部分落差而形成水头的水电站，称为混合式水电站。如图1-9所示，由坝1集中水头 H_1，然后由隧洞3集中水头 H_2，形成总发电水头 $H=H_1+H_2$，压力水流由高压管道6引至地下厂房7，进行发电。

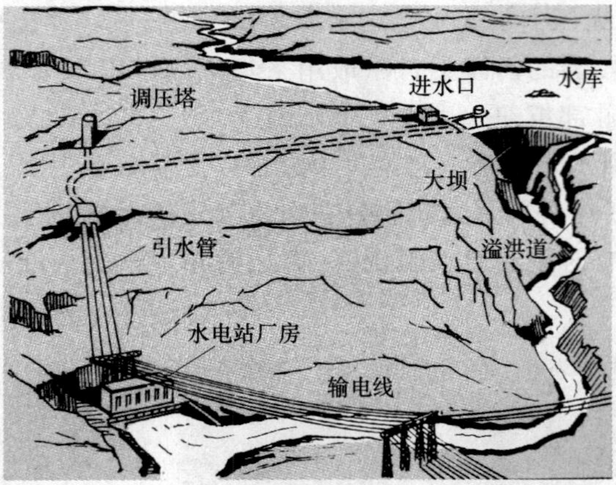

图1-8　有压引水式水电站

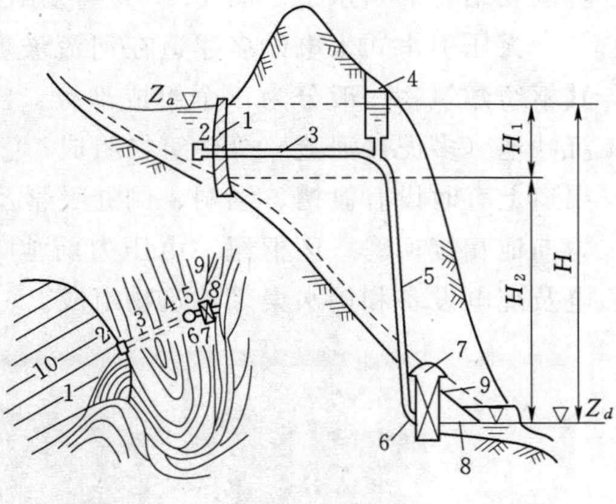

图1-9　混合式水电站

1—坝；2—进水口；3—隧洞；4—调压井；5—斜井；6—压力管道；7—地下厂房；8—尾水洞；9—交通洞；10—蓄水库

当上游河段有良好筑坝建库条件，下游河段坡降较大时，适宜于修建混合式水电站。但在工程实际中很少采用混合式水电站这一名称，常将具有一定长度引水建筑物的水电站统称为引水式水电站。

三、抽水蓄能电站与潮汐电站简介

（一）抽水蓄能电站

抽水蓄能电站不属于水能开发的方式，而是以水体为储能介质，对电能的供求起调节作用的一种形式，或者说其主要解决电力系统的调峰问题。

1.2-6

枢纽建筑物主要有上、下两个水库，用引水建筑物相连，蓄能电站厂房建在下水库处，采用双向机组，有抽水蓄能和放水发电两个过程：

抽水蓄能：系统负荷低时，利用系统多余的电能带动泵站机组将下水库的水抽到上水库（电动机+水泵），将电能以水的势能形式贮存起来；

放水发电：系统负荷高时，将上库的水放下来推动水轮发电机组（水轮机＋发电机）发电，以补充电力系统中电能的不足。

抽水蓄能电站不但可有效解决用电高峰与低谷时电力供求的矛盾，而且随着我国电力行业的改革，实行负荷高峰高电价、负荷低峰低电价后，抽水蓄能电站的经济效益将是显著的。我国已建成多座抽水蓄能电站，如①广东从化抽水蓄能电站，其装机容量为2400MW(8×300MW)；②浙江天荒坪抽水蓄能电站，其装机容量为1800MW(6×300MW)；③北京十三陵抽水蓄能电站，其装机容量为800MW(4×200MW)；④河北潘家口抽水蓄能电站，其装机容量为420MW(3×90MW＋150MW)；⑤西藏羊卓雍湖抽水蓄能电站，其装机容量为90MW(4×22.5MW)。

（二）潮汐电站

潮汐发电按开发方式不同分为：单向水库单向发电、单向水库双向发电及双向水库潮汐发电，如图1－10所示。

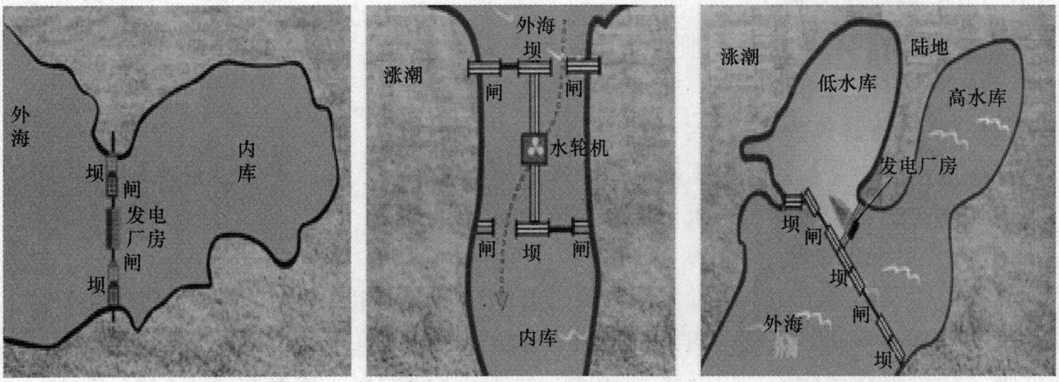

(a) 单向水库单向发电　(b) 单向水库双向发电　(c) 双向水库潮汐发电

图1－10　潮汐电站布置图

潮汐现象是指海水因受日月引力而产生的周期性升降运动，即海水的潮涨潮落。正常潮汐的最大潮差为8.9m；北美芬迪湾蒙克顿港最大潮差竟达19m。世界海洋潮汐能蕴藏量约为27亿kW，若全部转换成电能，每年发电量大约为1.2万亿kW·h。潮汐发电的原理是：利用潮水涨、落产生水位差所具有的势能来发电，也就是把海水涨、落潮的能量变为机械能，再把机械能转变为电能（发电）的过程。潮汐发电就是在海湾或有潮汐的河口建一座拦水堤坝，将海湾或河口与海洋隔开构成水库，再在坝内或坝房安装水轮发电机组，然后利用潮汐涨落时海水位的升降，使海水通过水轮机带动发电机发电。

由于潮汐发电的开发成本较高和技术上的原因，所以发展不快。

1.2－7

1.2－8

1.2－9

1.2－1

任务三　水电站枢纽组成建筑物及水电站厂房类型

水电站是将水能转换成电能的工厂。那么，这个工厂必须由哪些建筑物组成？根据不同的水文和地形资料建成的水电站有不同类型，水电站厂房的类型有哪些？

【知识目标】

1. 了解水电站枢纽组成建筑物。

2. 知道水电站厂房的类型。

3. 掌握各类型水电站厂房的特点。

【能力目标】

根据图片能判断出水电站厂房的类型。

一、水电站枢纽组成建筑物

（一）挡水建筑物

挡水建筑物是指用于拦截河流、集中落差、形成水库的拦河坝、闸或河床式水电站的厂房等水工建筑物。如混凝土重力坝、混凝土拱坝、土石坝、拦河闸等。

（二）泄水建筑物

泄水建筑物是指用于下泄多余的水量、放空水库、排泄泥沙的建筑物。如溢洪道、放空洞、泄洪排沙隧洞、泄水冲沙底孔等。

（三）进水建筑物

进水建筑物是指用于根据水电站用水的要求将水由水库或河道引进水轮机中的引水道首部建筑物，如有压进水口、无压进水口等。

（四）引水建筑物

引水建筑物是指用于将发电用水输送至水轮发电机组的建筑物。根据自然条件和水电站类型的不同，可以是明渠、隧洞、管道，还包括在引水道上的渡槽、涵洞、倒虹吸、桥梁等交叉建筑物以及将水流自机组排向下流的尾水建筑物。

（五）平水建筑物

平水建筑物是指当水电站负荷变化时，用以平稳引水建筑物中流量及压力的变化，保证电站调节稳定的建筑物，如有压引水道中的调压室或调压井、无压引水道中的压力前池等。

（六）过坝建筑物

过坝建筑物是指提供船只、树木、鱼类等过坝的建筑物，如船闸、过木道、鱼道等。

（七）厂区枢纽建筑物

厂区枢纽建筑物是指水电站的主厂房、副厂房、主变压器场、高压开关站、交通道路、尾水渠等建筑物，一般均集中布置在同一局部区域内形成厂区枢纽。厂区枢纽是发电、变电、配电、送电的中心，是电能生产的中枢。

二、水电站厂房类型

（一）按结构型式分类

1. *地面厂房*

(1) 坝后式厂房。如图 1-11 所示，坝上游面设有进水口，进水口设有拦污栅和闸门。高压管道穿过非溢流坝身通向设于坝下游侧的电站厂房中，为保证坝体所受水压力不传至电站厂房建筑物上，将坝与厂房用永久伸缩沉陷缝分开。电站厂房一般设在有对外交通道路的一侧，厂房虽然占据部分河床，但并不影响溢流坝的布置，因此这种布置方式要求有较宽的河床。

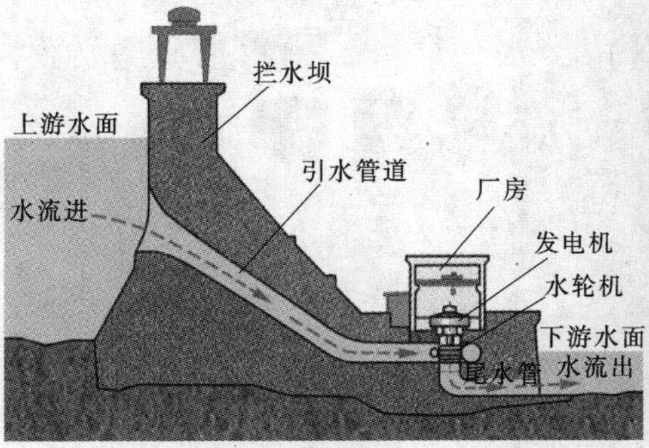

(a) 剖面图

(b) 立体示意图

图 1－11　坝后式水电站厂房

(2) 溢流式坝后厂房。对于有较高的挡水头，若将水电站厂房设于坝后，却因河床较窄，其他建筑物无法布置得开，这种情况下可采用厂房布置在溢流坝后的方案，如图 1－12 所示。泄洪时，水流从厂房顶挑出。由于在厂房顶上通过高速水流，因此房顶施工要求更平滑，厂房结构要求能抵抗水流的荷载和不发生有害的振动与气蚀，这也要求房顶和边墙一般做成厚重的结构。这种布置型式，厂坝之间有很大的空间，可布置副厂房，当然其缺点也很明显，如泄洪时因振动而使厂房内的工作环境较差，同时下游水位的波动对发电是不利的，也存在通风、采光和防潮问题，另外，厂区的布置也受限制，变压器、开关站一般只能布置在岸边。这种布置方式多应用在河谷狭窄、泄洪量大，厂房也较长的情况。

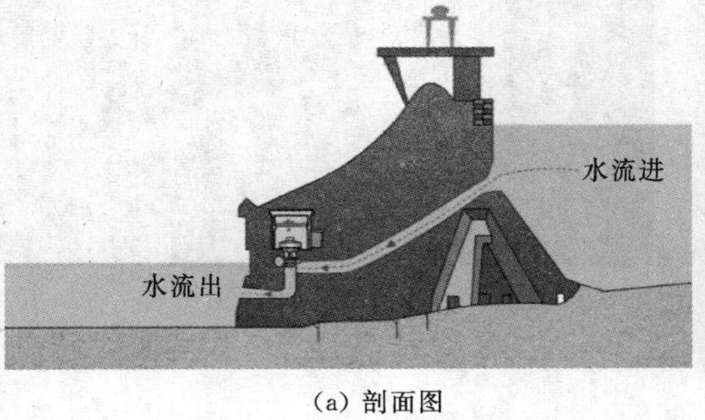

(a) 剖面图

(b) 实物图

图 1－12　溢流式坝后厂房

(3) 溢流式坝内厂房。当河谷狭窄，而洪水很大时，河谷内往往不能同时布置厂房和泄水建筑物，如把厂房放在坝体内，而在坝顶上溢流，就成为溢流式坝内厂房，如图 1-13 所示。这种电站厂房不仅可设于重力坝内、宽缝重力坝内，甚至拱坝内也有先例。

(a) 剖面图　　(b) 实物图

图 1-13　溢流式坝内厂房

溢流式坝内厂房的引水道和尾水道很短，混凝土坝体有空腔，有利于坝体混凝土的冷却和节省混凝土。其特点与溢流式坝后厂房很类似，通风、照明与防潮问题需要很好地解决；应力比较复杂；施工干扰大；下游消能及岸坡保护也较复杂。

(4) 河床式厂房。当水电站水头较低（一般小于 35m），而单机容量又比较大时，水电站厂房尺寸就较大，可把厂房与大坝并排布置，利用厂房来挡水，代替部分拦河大坝，以减少工程投资，这类厂房称为河床式厂房，如图 1-14 所示。

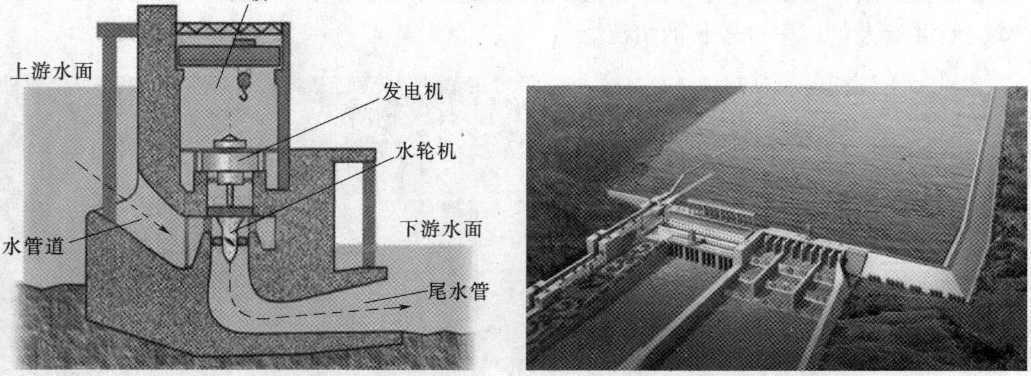

(a) 剖面图　　(b) 立体示意图

图 1-14　河床式厂房

河床式厂房本身作为挡水建筑物，也存在滑动、稳定、基础防渗等一系列问题。另外，由于流量大，因此水轮机的蜗壳的尺寸较大，且为钢筋混凝土做成。当然进水口、闸门及拦污栅的尺寸也都很大。因其尾水管较长，尾水管之上的空间往往较大而便于布置副厂房和变压器等设备。

(5) 河岸式厂房。水电站厂房设于远离坝区的岸边之上，如图 1-15 所示。这种电站厂房多为引水式和混合式水电站的地面厂房。河岸式厂房的特点是厂房枢纽与大坝枢纽互不干扰，引水建筑物比较长，因此厂区布置灵活。厂房的布置主要取决于河岸的地形地质条件以及引水建筑物、对外交通和水电站的出线等因素。

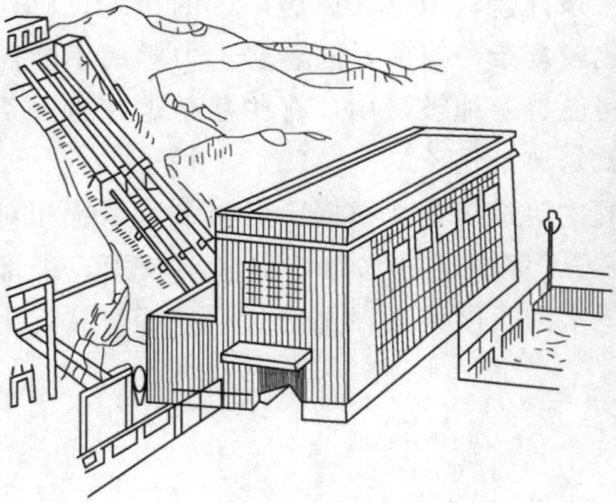

(a) 剖面图

(b) 实物图

图 1-15　河岸式厂房

(6) 露天式厂房。如把地面厂房的上部结构去掉，用一个防护罩将发电机罩上，就成为露天式厂房，如图 1-16 所示。每台发电机都要单独设防护罩并应留有吊物孔和进人孔。用门式吊车代替桥式吊车。机组安装或检修时，打开防护罩的顶盖，在露天下进行。

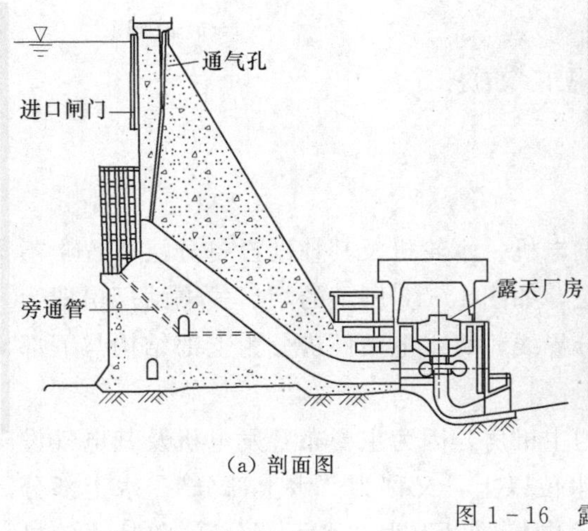

(a) 剖面图

(b) 立体示意图

图 1-16　露天式厂房

露天厂房是靠取消上部结构减少投资的。其缺点是对防护罩的防雨、防风、防冻的要求较高，运行上也有很多不便。因此，该方案应在经济效果与运用管理等多方面综合论证，确实有较大优势情况下方才选用。

2. 地下式厂房

有压引水式（主要是混合式）水电站，如因地形地质条件或其他条件限制不宜布置成河岸式地面厂房，则可布置成为地下式厂房（如图 1－17 所示）。地下式厂房对地质条件要求较高，受地形条件影响较小，故厂房的位置选择比较灵活；施工不受季节气候影响，可全年施工。其缺点是：地下岩石开挖工程量大；除主体工程外还有通风洞、出线洞、交通洞的施工；投资大、施工条件差；地下式厂房厂区的布置、对外交通及通风采光等条件比较差，厂房结构也比较复杂。当前，随着岩土力学的不断发展以及地下开挖技术的日趋成熟，地下式厂房已普遍地被采用，有些甚至是在岩石条件不好的情况下，我国著名的小浪底水电站就是典型例子。

引水洞和尾水洞是地下式厂房水流系统的主要建筑物。根据厂房与水流系统相对位置的不同。地下式厂房可分为：首部式——厂房靠近进水口，引水洞较短；中部式——厂房位于水流系统的中部，引水洞和尾水洞长度接近；尾部式——厂房靠近出水口，引水洞较长，尾水洞较短。

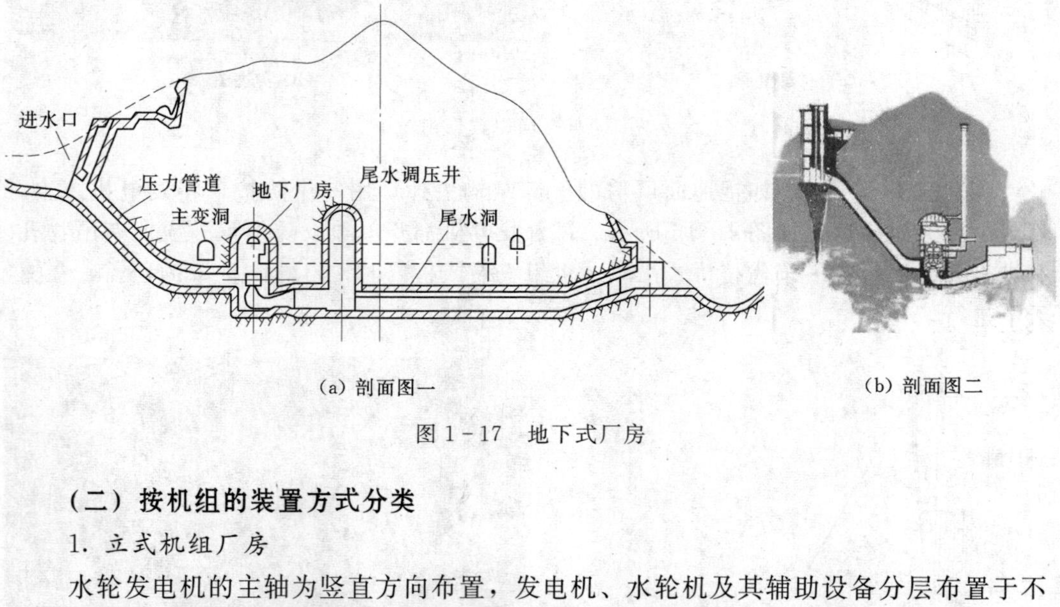

(a) 剖面图一　　(b) 剖面图二

图 1－17　地下式厂房

（二）按机组的装置方式分类

1. 立式机组厂房

水轮发电机的主轴为竖直方向布置，发电机、水轮机及其辅助设备分层布置于不同的高程之上，因此在竖直方向分有若干层，如图 1－18 所示的坝后式电站厂房即为立式机组厂房。总体上以发电机层地板为分界线，将水电站厂房分为上部结构与下部结构。

厂房的上部结构是宽敞、明亮、干燥的主机房，因为主要布置发电机及其电气设备，故称发电机层。通常位于尾水最高洪水位以上，又称为“水上部分”。水上部分在结构上和常见的一般工业厂房相似。在发电机层以下为“水下部分”，包括水轮机层及其以下的蜗壳层和尾水管层的混凝土块体结构。水下部分的工程量大，设计时要在满足结构安全可靠的前提下力求节省。

2. 卧式机组厂房

如图 1－19 所示，卧式机组厂房的水轮机和发电机安装在同一高程的地板上。卧

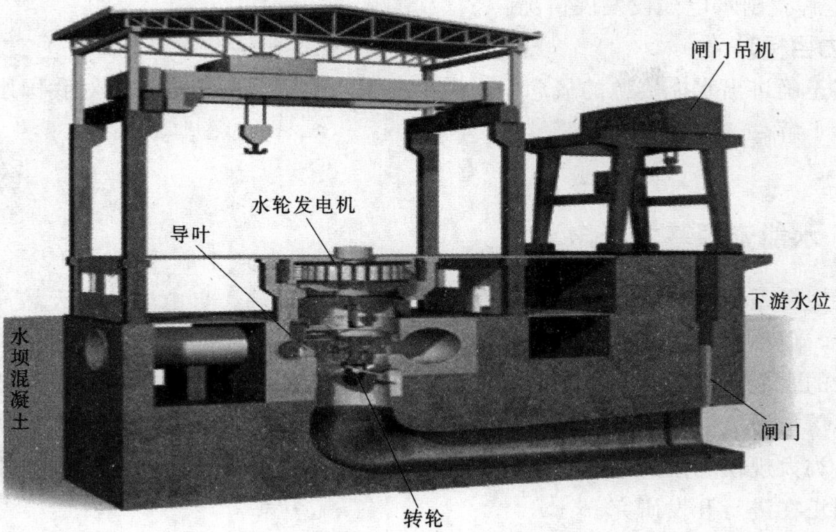

图 1-18 立式机组厂房

式机组厂房的面积比立式机组厂房的相对大一些，但厂房高度小，总的工程量比立式机组厂房少。其优点是投资省，运行管理方便，安装、维修也简便。

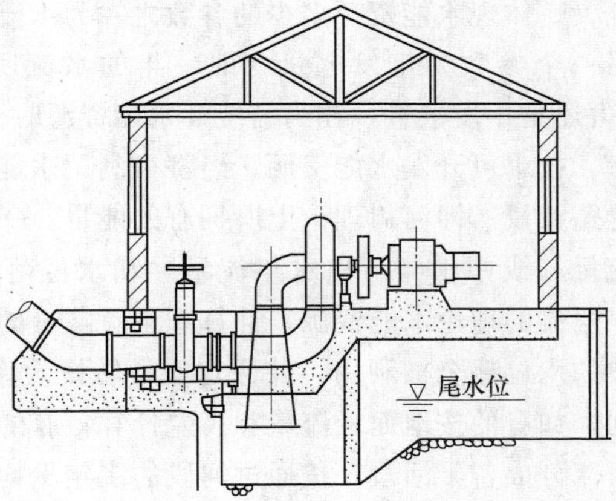

图 1-19 卧式机组厂房

任务四 我国水能资源概况

水力发电与火力发电是我国当今两种主要发电方式。相对于火力发电，水力发电是清洁、无污染的，所以是我国要大力发展的发电方式。那么，我国的水能资源状况如何？有什么特点？开发利用程度如何？

【知识目标】

1. 掌握水能资源的概念。

2. 知道我国水能资源的特点。

3. 了解我国水电建设发展情况。

【能力目标】

能够正确讲出水能资源的概念；能说出我国水能资源的特点；能对我国水电建设情况有所了解。

一、水能资源基本概念

水能资源是指水体的动能、势能和压力能等能量资源。自由流动的天然河流的出力和能量，也称河流潜在的水能资源，或称水力资源。

广义的水能资源包括河流水能、潮汐水能、波浪能、海流能等能量资源；狭义的水能资源单指河流的水能资源。水能是一种可再生能源。到20世纪90年代初，河流水能是人类大规模利用的水能资源；潮汐水能也得到了较成功的利用；波浪能和海流能资源则正在进行开发研究。

人类利用水能的历史悠久，但早期仅将水能转化为机械能，直到高压输电技术得到发展、水力交流发电机发明后，水能才被大规模开发利用。目前水力发电几乎是水能利用的唯一方式，故通常把水电作为水能的代名词。

构成水能资源的最基本条件是水流和落差。流量大，落差大，所包含的能量就大，即蕴藏的水能资源大。体现水能资源多少的参数之一为水流的出力（此为功率的概念，单位：kW），另一个参数为年发电量（即一年的水流所具有的能量，单位：kW·h/a）。无论是出力还是年发电量，在当前统计水能资源时一般都采用三级指标，即水能资源理论蕴藏量、技术可开发水能资源、经济可利用水能资源。

（1）水能资源理论蕴藏量。即河川理论上所拥有的能量。一般采用将河流分成若干段，每段取其平均流量（或中水年、枯水年流量）和水位落差，逐段计算其能量后，累计的数值即为该河流的理论水能资源。计算理论蕴藏量的公式中，均假定通过河流的水量和计算河段的水位差全被利用，并假定能量转换效率为100%。世界各国在计算精度上不尽相同，如有的按地面径流量和高差计算；有的则按降水量和地面高差计算。我国把一条河流分成若干河段，按通过河段的多年平均年径流量及其上下游两端的水位差，河段的理论蕴藏量采用下式计算：

$$E=0.00272WH \tag{1-4}$$

理论蕴藏量的功率：

$$P=9.81QH \tag{1-5}$$

式中　E——多年平均年发电量计算的理论蕴藏量，kW·h/a；

W——河段两端多年平均年径流量的均值，m^3；

H——河段两端水位的高程差，m；

P——按平均功率表示的理论蕴藏量，kW；

Q——通过河段的多年平均流量，m^3/s。

一条河流、一个水系或一个地区的水能资源理论蕴藏量是其范围内各河段理论蕴藏量的总和。

(2) 技术可开发水能资源。即按当前技术水平可开发利用的水能资源。由于工程技术条件或其他自然、社会条件的限制，实际上河流和海湾的理论水能资源不可能全部被利用，而且在能量转换过程中，无论是转变为机械能还是电能都会有一定的损失，因此，技术上可开发的水能资源要比理论水能资源少。一般根据各河流的水文、地形、地质、水库淹没损失等条件，经初步规划来拟定可能开发的水电站，统计这些水电站的装机容量和多年平均年发电量并求其总和，即技术可开发资源。按技术可开发资源统计的多年平均年发电量应比理论蕴藏量少很多。差别在于，计算技术可开发资源时，有 3 点不同于计算理论蕴藏量，即：①不包括不宜开发河段的资源；②对可开发河段，考虑了因水库调节能力的限制、库水位变动和引水系统输水过程中的损失等因素，致使部分水量和水头没有被利用；③采用实际可能的能量转换效率，$\eta<1.0$。

由于技术可开发资源随技术水平和社会、环境等条件的发展而变化，故技术可开发资源的数值也随时间变化而有所变化。

(3) 经济可开发水能资源。在技术可开发水能资源的基础上，根据造价、淹没损失、输电距离等条件，挑选技术上可行、经济上合理的水电站进行统计，即得出经济可利用的水能资源。计算时，一般根据河流或流域所在地区的经济发展的要求，并与其他能源发电分析比较后，对认为经济上有利的可开发水电站，按其装机容量或多年平均年发电量进行累加统计。经济可开发水电站是从技术可开发水电站群中筛选出来的，故其可利用水能资源数值小于技术可开发资源。经济可开发资源与社会经济条件、各类电源相对经济性等情况有关，故其数量不断有所调整。

值得一提的是，在以上三种统计水能资源方法的基础上，根据生态和环境保护的要求，部分专家与学者开始提出“生态和环境保护前提下可利用的水能资源”的概念，即在重视生态和环境保护的前提下提出水能资源的开发方案，确定可利用资源量。

二、我国水能资源特点

我国地势高差巨大，地形复杂多样。我国西南部的青藏高原是世界上地势最高地区，延伸出许多高大山脉，向东逐渐降低。我国北部有阿尔泰山、天山、昆仑山、祁连山、秦岭、阴山、大兴安岭等，南部有喜马拉雅山、横断山、南岭、武夷山等。从高原和山地，发源出众多的大小江河，遍布全国。

我国水能资源的第一个特点是蕴藏量丰富。在广袤的国土上，河流众多，径流丰沛、落差巨大，蕴藏着非常丰富的水能资源。据我国水能资源第三次普查结果，我国河流水能资源理论蕴藏量为 6.76 亿 kW，年发电量为 59200 亿 kW·h；其中技术可开发水能资源装机容量为 4.76 亿 kW，相应年发电量为 21684 亿 kW·h。经济可利用水能资源装机容量为 2.94 亿 kW，相应年发电量为 12807 亿 kW·h，为技术可开发水能资源量的 59.1%，或理论蕴藏量的 21.6%。

不论是水能资源蕴藏量，还是可能开发的水能资源或者是技术可开发水能资源，我国在世界各国中均居第一位。其次为俄罗斯、巴西和加拿大。

我国具有径流丰沛和落差巨大的优越自然条件。尽管国土面积小于俄罗斯和加拿大，年径流总量又小于巴西、俄罗斯、加拿大和美国，但我国地形高低悬殊，河流落差巨大，是我国水能蕴藏量能超过这些国家而居世界首位的决定性因素。

当然，也应清醒地认识到，我国水能资源总量虽然十分丰富，但人均资源占有量并不富裕。

我国水能资源的第二个特点是在地区分布上极不均衡，与经济发展的现状分布很不匹配。我国的地势西高东低，成阶梯状，由西南的青藏高原、西部的帕米尔高原向东部沿海地区逐渐降低；降水量则随各地距海远近和地形条件变化，由东南向西北逐渐减少，而且河道径流年内、年际变化大；西部地区河道坡降陡、落差大；南部地区径流丰富。我国的水能资源集中在经济相对欠发达的西部，尤其是西南，云、贵、川、渝、陕、甘、宁、青、新、藏等 10 个省（自治区，直辖市）的水能资源占 67.8%，其中西南的云、川、藏三省（自治区）就占全国总资源量的 60%，而经济发达的东部 13 个省（直辖市）（辽、吉、黑、京、津、冀、鲁、苏、浙、皖、沪、粤、闽）仅占 7%左右。从长远看，能输出水电的主要是云、川、青、藏四省（自治区）；从河流看，能输出电能的主要是金沙江、雅鲁藏布江、雅砻江、澜沧江、怒江和黄河上游青海段。

第三个特点是：大型水电站所占的比重很大，单站规模大于 200 万 kW 的水电站资源量占 50%。如已建成的位于雅砻江上的二滩水电站总装机容量为 330 万 kW；长江三峡工程的装机容量为 2240 万 kW，多年平均年发电量为 1000 亿 kW·h；位于四川雷波县和云南永善县交界处的溪洛渡水电站，装机容量为 1260 万 kW；位于雅鲁藏布江的墨脱水电站，经查勘研究，计划开凿 35km 长的隧洞，引水 2000m^3/s 以上，落差可超过 2000m，其装机容量可达 5000 万 kW，多年平均年发电量为 3000 亿 kW·h。建设大型电站，因其水头高、单机容量大，将带来很多技术难题，且淹没损失大，移民数量多，这些问题在人口较密的地区显得尤为突出。

三、我国水电建设发展概况

我国水能资源虽然丰富，但在新中国成立前，水电建设几乎是空白，1912 年在云南建成了第一座水电站——石龙坝水电站，装机容量仅为 480kW。之后的几十年，由于旧中国的贫穷落后，我国的水电建设几乎没有得到什么进展，到 1949 年，包括由日本人为了进一步掠夺我国自然资源而建设、但未建完且留有众多质量隐患的丰满水电站在内，全国的水电装机容量仅为 16.3 万 kW，年发电量仅为 7.1 亿 kW·h。

新中国成立后，特别是改革开放以来，我国的水电建设取得了辉煌的成就，设计和建造了一大批具有世界先进技术水平的大中型水电站。装机容量为 66.25 万 kW 的新安江水电站建于 20 世纪 50 年代末期，仅用 3 年时间就建成了；在长江中游修建的葛洲坝水电站，装机容量达 271.5 万 kW；贵州乌江渡水电站的建成，为在岩溶发育地区修建大型水电站开创了先例；在海拔 2600m 以上，地质条件又极为复杂的青海高原，建造了坝高 178m，总库容为 247 亿 m^3 的龙羊峡大坝；在湖南耒水建造了拱坝高达 157m 的东江水电站；还先后建成了装机容量为 338 万 kW，坝高 240m 的四川二滩水电站，以及世界瞩目的超大型水电站三峡水电站、溪洛渡水电站等。除了常规水电站以外，我国抽水蓄能电站的建设也取得很大的成绩。广州抽水蓄能电站总装机容量为 240 万 kW，是我国第一座也是目前世界上最大的抽水蓄能电站。该电站总装机 8 台，采用 30 万 kW 容量可逆式高参数抽水蓄能机组，设计水头为 535m，综合效率为 76%。

2020 年，我国常规水电装机容量 3.5 亿 kW，年发电量 13220 亿 kW·h。其中东部地区（京津冀、山东、上海、江苏、浙江、广东等）开发总规模达到 3520 万 kW，约占全国的 10%，水力资源基本开发完毕。中部地区（安徽、江西、湖南、湖北等）开发总规模达到 6150 万 kW，约占全国的 17.5%，开发程度达到 90%以上，水力资源转向深度开发。西部地区总规模为 2.54 亿 kW，约占全国的 72.5%，其开发程度达到 54%，其中广西、重庆、贵州等省（直辖市）开发基本完毕，四川、云南、青海、西藏还有较大开发潜力；到 2030 年，我国常规水电装机容量将达 4.3 亿 kW，年发电量 18530 亿 kW·h。其中东部地区 3550 万 kW，约占全国的 8%左右。中部地区 6800 万 kW，约占全国的 16%。西部地区总规模为 3.26 亿 kW，约占全国的 76%，其开发程度达到 69%，四川、云南、青海的水电开发基本结束，西藏水电还有较大开发潜力；到 2050 年，我国常规水电装机容量将达 5.1 亿 kW，年发电量 14050 亿 kW·h。其中东部地区 3550 万 kW，约占全国的 7%；中部地区 7000 万 kW，约占全国的 14%；西部地区总规模为 4.06 亿 kW，约占全国的 79%，其开发程度达 86%，新增水电主要集中在西藏自治区，西藏东部、南部地区河流干流水力开发基本完毕。

项目二　水电站动力设备

水流流过水轮机时，将水能转换成旋转的机械能，通过主轴带动发电机将旋转机械能转换成电能，这是水力发电的简单原理。水轮机与发电机相连接的综合体称为水轮发电机组，也称为水电站的动力设备。

2.0-1

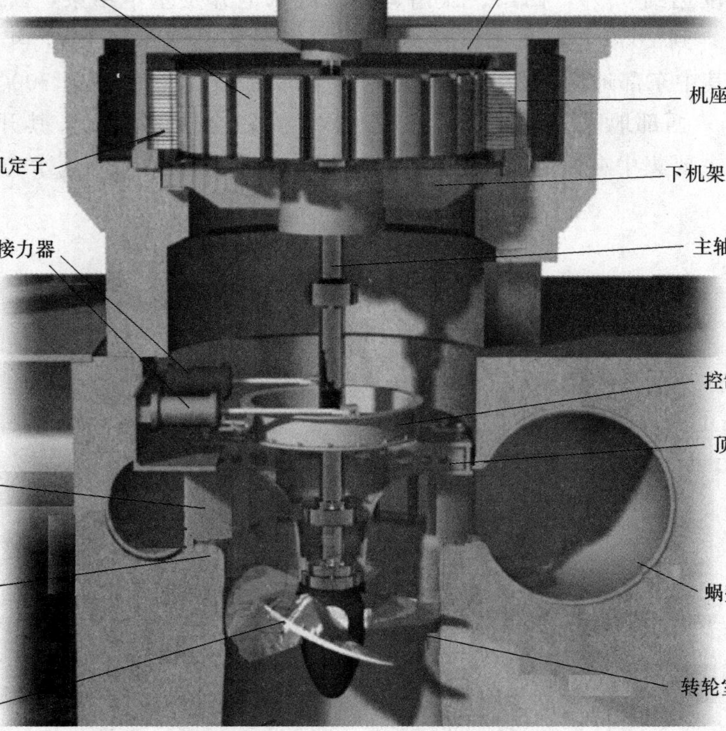

任务一　水轮机的类型与基本构造

将水能转变为旋转的机械能是通过水流流过水轮机这样的过程来实现的。水轮机都有哪些类型呢？各种类型水轮机的内部结构又是怎样的？只有把这些问题都弄明白了，才能更好地利用水能发电。

【知识目标】

1. 掌握水轮发电机组的概念。

2. 理解反击式水轮机与冲击式水轮机的划分原则。

3. 掌握水轮机的基本类型、特点和应用范围。

【能力目标】

知道水轮发电机组由哪些构成；能说出两大类水轮机的划分原则；能根据不同水轮机的特点说出它的适用范围。

一、水轮机的类型和应用范围

（一）水轮机的基本类型

水轮机是将水流能量转换成机械能的一种原动机，根据水流能量转换特征不同，把水轮机分为反击式和冲击式两大类。

利用水流的势能（位能和压能）和动能的水轮机，称为反击式水轮机；只利用水流动能的水轮机，称为冲击式水轮机。

两大类水轮机按水流流经转轮的方向及结构特征不同，又分为若干种型式。

近代水轮机的主要类型如图 2－1 所示。

1. *反击式水轮机*

反击式水轮机转轮由若干个具有空间三维扭曲面的叶片组成，压力水流充满水轮机的整个流道。当压力水流通过转轮时，受转轮叶片作用使水流的压力、流速大小和方向发生变化，因而水流便以其压能和动能给转轮以反作用力，此反作用力形成旋转力矩使转轮转动。

- 水轮机
  - 反击式
    - 混流式(HL)
    - 轴流式(ZL)
      - 轴流转桨式(ZZ)
      - 轴流定桨式(ZD)
    - 斜流式(XL)
    - 贯流式(GL)
      - 贯流转桨式(GZ)
      - 贯流定桨式(GD)
  - 冲击式
    - 水斗式(切击式)(CJ)
    - 斜击式(XJ)
    - 双击式(SJ)

图 2－1　近代水轮机的主要类型

反击式水轮机按水流流入和流出转轮方向的不同，又分为混流式、轴流式、斜流式和贯流式水轮机。

2. *冲击式水轮机*

冲击式水轮机是在大气中进行能量交换的，水流能量以动能形态转换为转轮旋转的机械能。有压水流先经过喷嘴形成高速自由射流，将压能转变为动能并冲击转轮旋转，故称为冲击式。在同一时间内水流只冲击部分转轮，水流不充满水轮机的整个流道，转轮只部分进水。根据转轮的进水特征，冲击式水轮机又分为切击式、斜击式和双击式水轮机等三种类型。

（二）水轮机的特点及应用范围

1. 混流式水轮机

2.1-1

混流式水轮机又称弗朗西斯式（Francis）水轮机，水流自径向进入转轮，大体上沿轴向流出，故称为混流式。如图 2-2 所示。

混流式水轮机结构简单，运行可靠，效率高，是应用最为广泛的机型。混流式水轮机应用水头范围宽阔，一般为 20～700m，最高达 734m。我国龙羊峡水电站 320MW 的水轮发电机组，采用就是混流式水轮机。

2. 轴流式水轮机

2.1-2

轴流式水轮机，水流进入和流出这种水轮机的转轮时，都是轴向的，故称轴流式。其应用水头约为 3～80m，如图 2-3 所示。根据转轮叶片在运转中能否转动，又分为轴流定桨式和轴流转桨式两种。轴流转桨式又称为卡普兰（Kaplan）式。

图 2-2 混流式水轮机

图 2-3 轴流式水轮机

轴流定桨式水轮机的转轮叶片在运行时是固定不动的，因而结构简单。由于叶片固定，当水头及负荷变化时，叶片角度不能迎合水流情况，效率会急剧下降，因此这种水轮机一般用于水头和负荷变化幅度较小的电站。轴流定桨式水轮机的应用水头一般为 3～50m。

轴流转桨式水轮机适用于负荷变化较大的大、中型低水头电站，其应用水头一般为 2～88m。我国葛洲坝水电站安装的 175MW 机组，采用的就是轴流转桨式水轮机。

3. 斜流式水轮机

2.1-3

水流流经水轮机转轮时，水流方向与轴线呈某一倾斜角度。它是 20 世纪 50 年代发展起来的一种机型，其结构和特性方面，均介于混流式和轴流转桨式之间。如图 2-4 所示。斜流式水轮机的叶片角度也可以根据运行需要进行调整，实现导叶与转轮叶片的双重调节。斜流式水轮机有较高的高效率区，且具有可逆性，常作为水泵水轮机用于抽水蓄能电站中。应用水头范围一般为 40～200m，因其结构复杂，造价较高，很少用于小型水电站。

4. 贯流式水轮机

贯流式水轮机，当轴流式水轮机的主轴水平（或倾斜）装置，且不设置蜗壳，采用直尾水管，水流一直贯通，这种水轮机称为贯流式水轮机。如图 2－5 所示。贯流式水轮机是开发低水头水力资源的一种机型，应用水头通常在 20m 以下。

图 2－4　斜流式水轮机

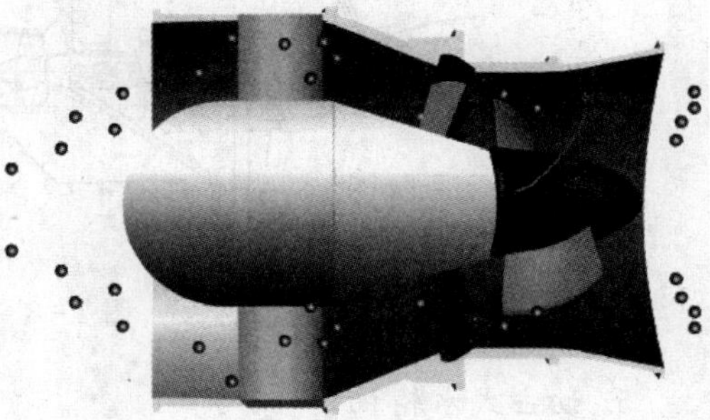

图 2－5　贯流式水轮机

贯流式水轮机也有定桨与转桨之分，由于发电机的装置方式及传动方式不同，这种水轮机又分为全贯流式和半贯流式两类。将发电机转子安装在水轮机转轮外缘的叫全贯流式水轮机，如图 2－6 所示。它的优点是流道平直、过流量大、效率高。但由于转轮叶片外缘的线速度大、周线长，因而旋转密封困难。目前这种机型已很少使用。半贯流式水轮机有灯泡式、轴伸贯流式、竖井贯流式和虹吸贯流式等结构型式。如图 2－7、图 2－8 所示。目前应用最多的是灯泡贯流式水轮机，其结构紧凑、稳定性好、效率高，其发电机布置在被水绕流的钢制灯泡体内，水轮机与发电机可直接连接，也可通过增速装置连接。

2.1－4

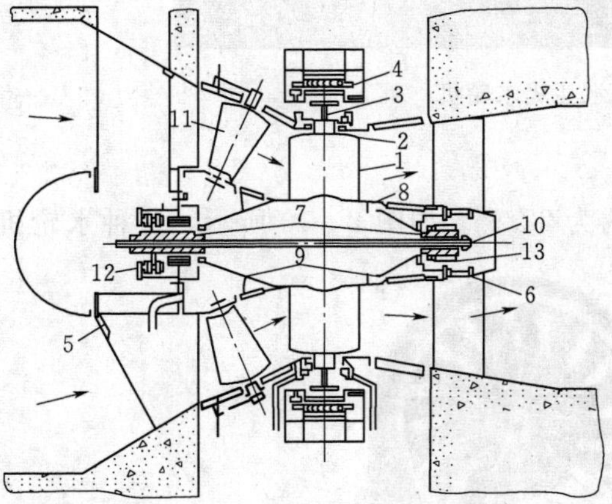

图 2－6　全贯流式水轮机

1—转轮叶片；2—转轮轮缘；3—发电机转子轮辋；4—发电机定子；5、6—支柱；7—轴颈；8—轮毂；9—锥形插入物；10—拉紧杆；11—导叶；12—推力轴承；13—导轴承

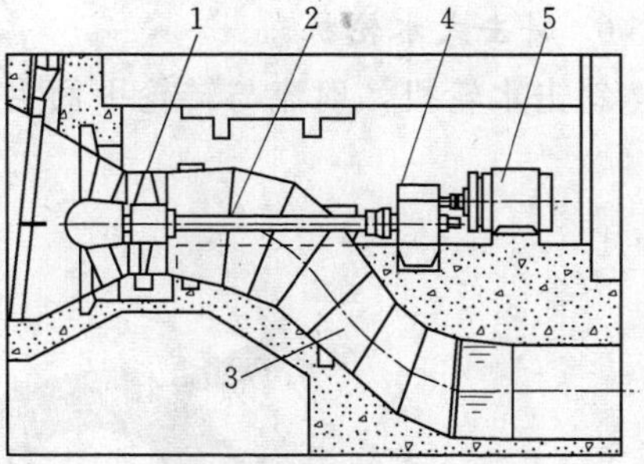

图 2－7　轴伸贯流式水轮机

1—转轮；2—水轮机主轴；3—尾水管；4—齿轮转动机构；5—发电机

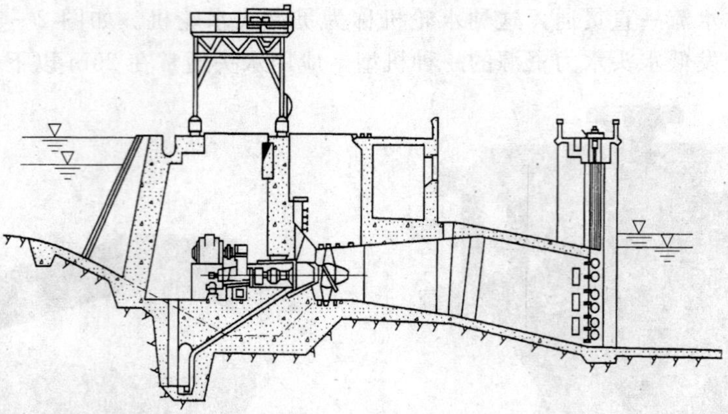

图 2-8　竖井贯流式

5. 切击式水轮机

切击式水轮机一般又称水斗式水轮机或培尔顿（Pelton）水轮机，如图 2-9 所示。它是冲击式水轮机中应用最广泛的一种机型，它适用于高水头电站。中小型切击式用于水头 100～800m，大型切击式一般应用在 400m 水头以上。目前最高应用水头达 1770m。

图 2-9　水斗式水轮机

6. 斜击式水轮机

斜击水轮机，射流与转轮平面夹角约为 22.5°。如图 2-10 所示，这种水轮机用

图 2-10　斜击式水轮机

在中小型水电站，使用水头一般在400m以下，最大单机出力可达4000kW。

7. 双击式水轮机

双击式水轮机，结构简单，制造容易，但效率低，只适应于小水电站，如图2－11所示。该类水轮机应用于水头10～150m的水电站。

2.1－6

图2－11　双击式水轮机

2.1－7

2.1－1

二、水轮机的基本部件

水轮机的基本部件较多，这里只简要介绍对水轮机能量转换过程有直接影响的主要过流部件。

（一）反击式水轮机

反击式水轮机一般有四大基本过流部件，即引水部件、导水部件、工作部件和泄水部件。不同型式的反击式水轮机，上述四大部件不尽相同。

1. 引水部件

引水部件又称引水室，反击式水轮机引水室的主要作用是以最小的水力损失将水流引向导水机构，尽可能保证水流沿导水机构周围均匀、轴对称的流入；并使水流进入导水机构前形成一定的环量以及保证空气不进入转轮。

为适应不同的条件，引水室有不同的型式，常用的类型有开敞式和封闭式两类。开敞式又称为明槽式；封闭式引水室中水流不具有自由水面，有压力槽式、罐式、蜗壳式三种。

（1）明槽式引水室。明槽式引水室的水面与大气相通。为了减少明槽内的水力损失及保证水流的轴对称，明槽引水室的平面尺寸通常比较大，这种引水室一般用于水头10m以下，转轮直径小于2m的小型渠道电站。如图2－12所示。

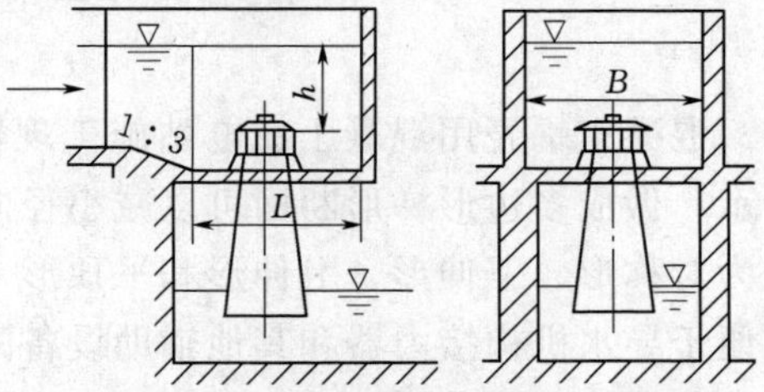

(a) 引水室纵断面　(b) 引水室横断面

图2－12　明槽式引水室

（2）压力槽式引水室。压力槽式引水室适用于8～20m的小型水轮机，如图2－13所示。

(3) 罐式引水室。罐式引水室中的水流具有一定的压力，属于封闭式。它由一个圆锥形金属机壳构成，一端与压力钢管相连，另一端与尾水管连接。这种引水室结构简单，但水力损失大，一般用于水轮机转轮直径 D_1 小于 0.5m，水头 10～35m，容量小于 1000kW 的小型水轮机，如图 2-14 所示。

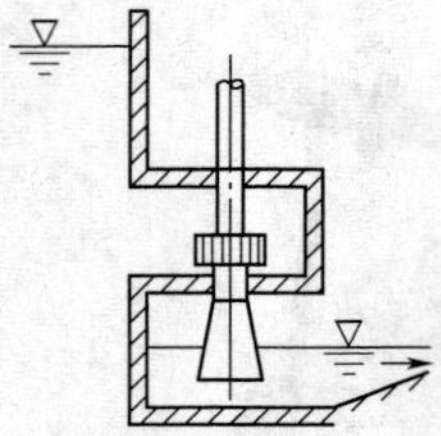

图 2-13　压力槽式引水室

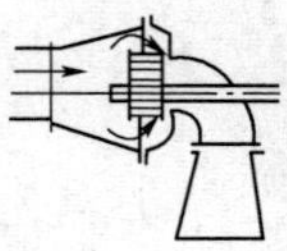

图 2-14　罐式引水室

(4) 蜗壳式引水室。蜗壳式引水室俗称蜗壳，其进口与压力引水管相连，沿进口断面向末端，断面面积逐渐缩小，它属于封闭式引水室。

垂直于压力水管来水方向的蜗壳断面，叫作蜗壳的进口断面。蜗壳断面面积为 0 的一端，称为蜗壳的末（鼻）端，由末端到任意断面之间所形成的圆心角叫包角，由末端到进口断面之间所形成的圆心角为最大包角（φ_{max}）。

水轮机的应用水头不同，作用在蜗壳内的水压力不相同。水头高则水压力大，要求蜗壳具有较高的强度，因此采用金属制造；而低水头时压力较小，强度可以降低，故一般采用混凝土制作。

金属蜗壳通常采用铸造或钢板焊接结构，其断面为圆形，最大包角接近 360°（通常为 345°）。工作水头在 40m 以上时，一般采用金属蜗壳。如图 2-15 所示。

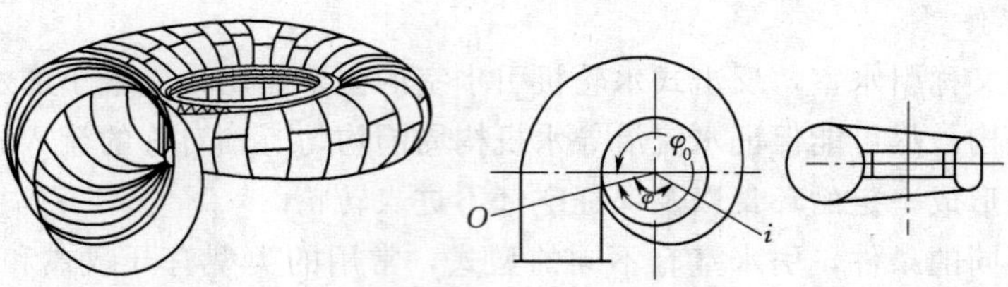

(a) 金属蜗壳立体示意图　　(b) 横断面图　　(c) 纵断面图

图 2-15　金属蜗壳

i—任意断面号；φ—任意断面断面角；φ_0—蜗壳包角

混凝土蜗壳用混凝土在电站施工现场浇筑而成，其断面为梯形断面，如图2-16所示。做成多边形梯形断面可以减小径向尺寸以及便于制作模板和施工。梯形断面又分为对称形、下伸形、上伸形和平顶形 4 种。其中对称形和下伸形应用较广，其优点是便于导水机构接力器和其他辅助设备的布置，降低水轮机层高度，减小厂房水下部分混凝土体积，有利于机组在上游水位较低时运行并保持较高的效率。上伸形妨碍接力器布置，只有当下游水位变幅较大，尾水管形状特殊时才采用。

2. 导水部件

导水部件即导水机构，位于引水室和转轮之间，它的作用是引导水流以一定的方向进入转轮，形成一定的速度矩，并根据机组负荷变化调节水轮机的流量以达到改变水轮机功率的目的。为达到上述目的，通常导水机构是由流线型的导叶及其转动机构（包括转臂、连杆、剪断销、控制环等）所组成，而控制环的转动是通过调速器控制油压接力器来实现的，其原理如图 2-17、图 2-18 所示。当控制环相连的连杆同时带动所有转臂转动，而转臂又带动导叶以相等的角速度沿同一方向关闭，反之开启。

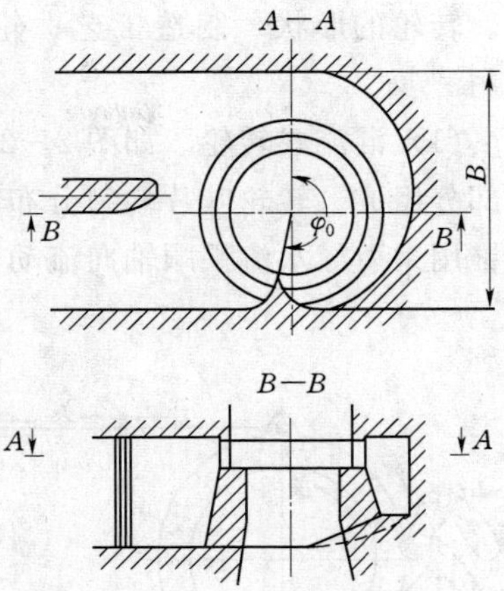

图 2-16　混凝土蜗壳

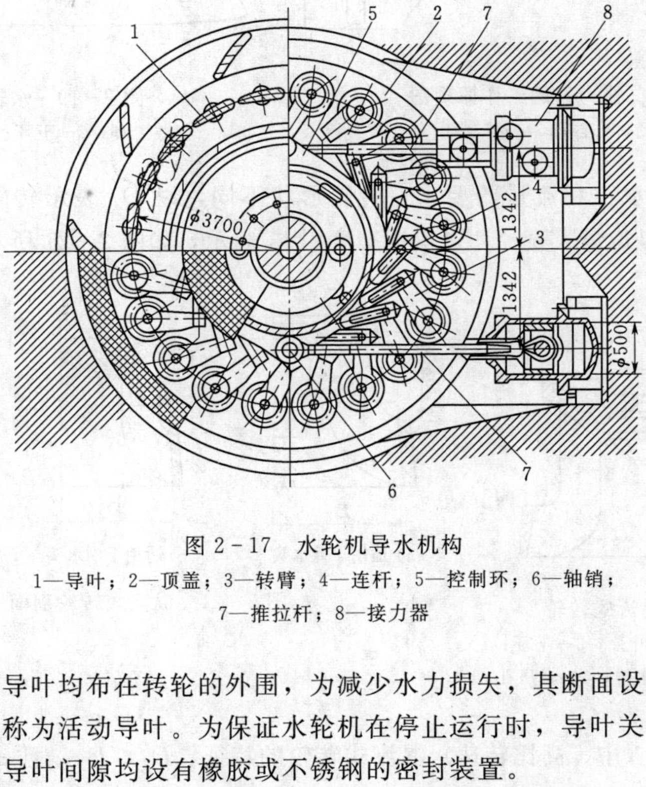

图 2-17　水轮机导水机构

1—导叶；2—顶盖；3—转臂；4—连杆；5—控制环；6—轴销；7—推拉杆；8—接力器

（1）导叶。导叶均布在转轮的外围，为减少水力损失，其断面设计成翼形，导叶可随其轴转动，称为活动导叶。为保证水轮机在停止运行时，导叶关闭不漏水，在导叶的上下端面、导叶间隙均设有橡胶或不锈钢的密封装置。

（2）座环。座环位于引水部件（蜗壳）与导水机构之间，由上环、下环和中间若干个流线型立柱（也称固定导叶）组成，如图 2-19 所示。其作用是承受水轮发电机的部分重量、水轮机的轴向水推力、顶盖的重量及部分混凝土重量，并将此荷载通过立柱传给下部基础。同时，座环也是水轮机的过流部件和水轮机安装基准部件。

3. 工作部件

工作部件即转轮，它的作用是将水能转换为机械能，实现水流能量转换的核心部件。转轮的形状、制造工艺、轮叶数目对水轮机的性能、结构、尺寸起决定性的作用。

(1) 混流式转轮。如图 2-20 所示，转轮由轮毂上冠、下环、转轮叶片和泄水锥等部分组成。转轮叶片均匀分布在上冠与下环之间，一般轮叶数目为 12～20 片。泄水锥用来引导水流平顺轴向流动，避免出流相互撞击，减少水头损失和振动。

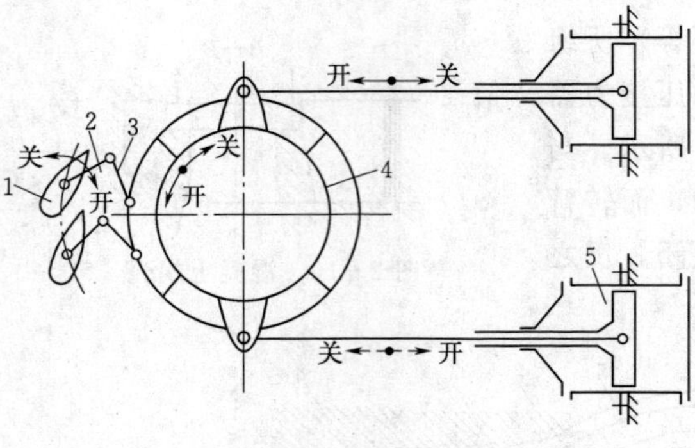

图 2-18 接力器的工作原理图

1—导叶；2—转臂；3—连杆；4—控制环；5—接力器

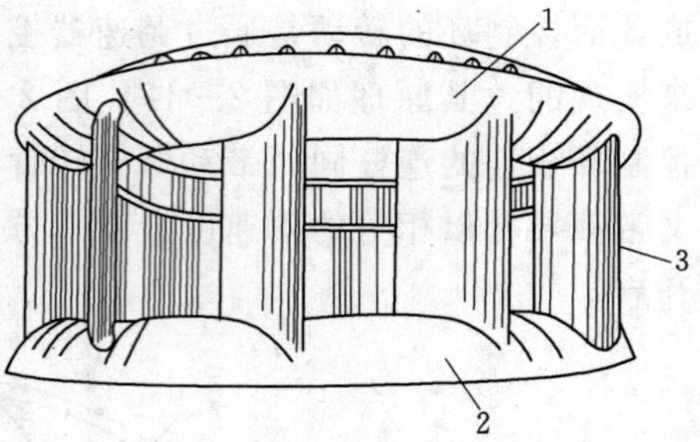

图 2-19 水轮机座环

1—上环；2—下环；3—固定导叶

为适应不同水头和流量的要求，转轮形状不同，以 D_1 表示转轮进口边最大直径，D_2 表示出口边最大直径，进口边高度用 b_0 表示，如图 2-21 所示。

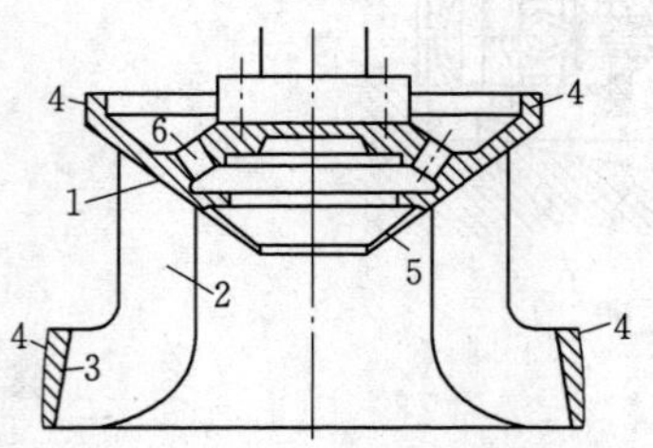

图 2-20 混流式转轮

1—轮毂；2—转轮叶片；3—下环；4—止漏环；5—泄水锥；6—减压孔

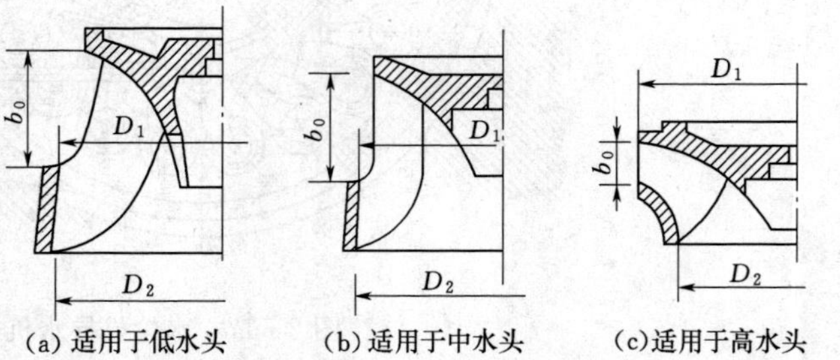

(a) 适用于低水头 (b) 适用于中水头 (c) 适用于高水头

图 2-21 混流式转轮剖面图

中、低水头（中、高比转速）混流式转轮的特征：$D_1 \leqslant D_2$，且 $\frac{b_0}{D_1}=0.2 \sim 0.39$，$\frac{b_0}{D_1}$ 数值较大，适用于水头低、流量大的水电站。

高水头（低比转速）混流式转轮的特征：$D_1 > D_2$，且 $\frac{b_0}{D_1} < 0.2$，$\frac{b_0}{D_1}$ 数值较小，适用于水头较高、流量相对较小的水电站。

(2) 轴流式转轮。轴流式转轮如图 2-22 所示，由轮毂、转轮叶片和泄水锥组成。它分为轴流定桨式转轮和轴流转桨式转轮。轴流定桨式转轮叶片形状类似船舶的螺旋桨，叶片固定，水轮机制造厂通常可提供同一转轮型号及标称直径而叶片装置角 φ 不相同的定桨式转轮，电站依具体情况选择。轴流转桨式转轮叶片在工作过程中可绕自身轴线转动。其工作原理如图 2-23 所示。

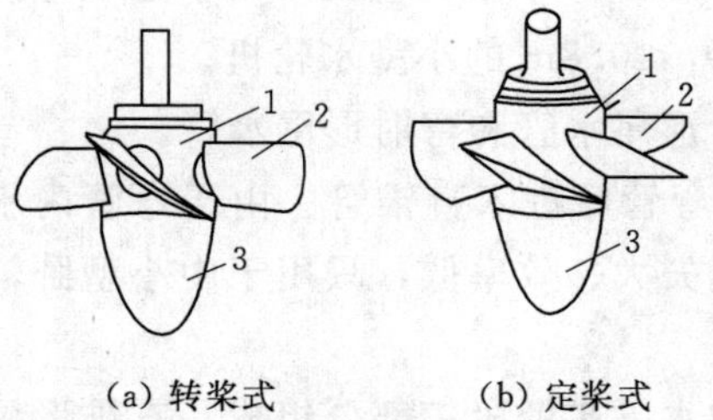

图 2-22　轴流式转轮

1—轮毂；2—转轮叶片；3—泄水锥

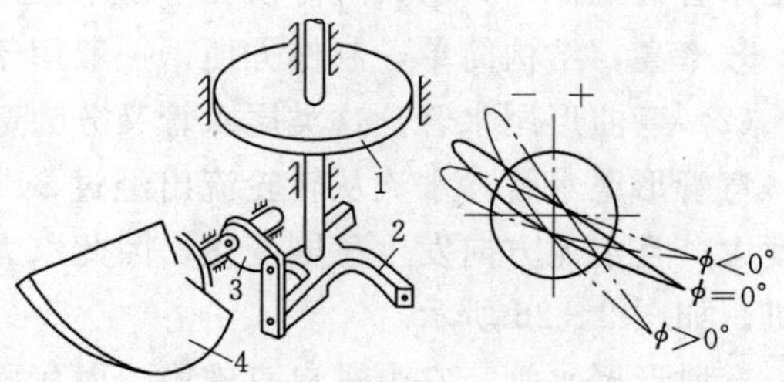

图 2-23　转桨机构原理图

1—活塞；2—操作架；3—转臂；4—叶片

（3）斜流式转轮。斜流式转轮如图 2-24 所示，其结构与轴流式转轮相似，水流流经转轮时与主轴成某一个倾斜角度，这种转轮结构复杂，制造工艺要求很高。

（4）贯流式转轮。贯流式转轮与轴流式转轮整体形状类似，相当于水平放置的轴流式水轮机，水流直接贯入，过流能力大，适用于低水头大流量的电站。

4. 泄水部件

泄水部件即尾水管。它的作用为：将流出转轮的水流平顺地引向下游；回收转轮出口的部分动能（动力真空）及势能（静力真空）。

尾水管可分为直尾水管和弯曲形尾水管两类。

（1）直锥形尾水管。如图所示 2-25，直锥形尾水管是由钢板成形后焊接而成的直圆锥形管。它的进口直径为 D_3，出口直径为 D_5，D_5 与尾水管的出口流速有关，一般 $V_5=(0.235\sim0.70)\sqrt{H}$；$L$ 为尾水管的长度，θ 为尾水管的锥角，为减少基础开挖，一般合理的 $\frac{L}{D_3}=3\sim4$，相应的 $\theta=12°\sim14°$。

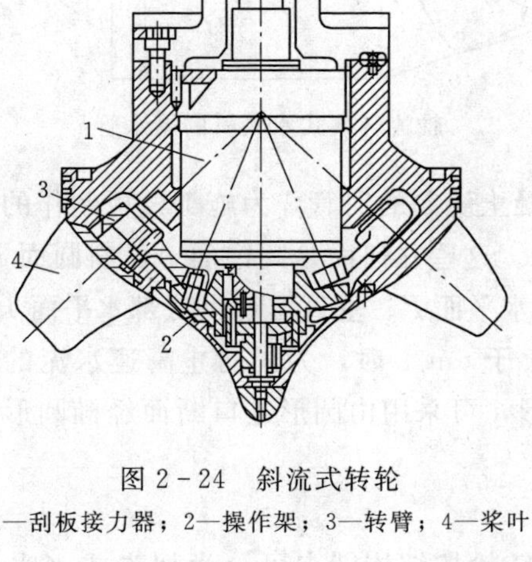

图 2-24　斜流式转轮

1—刮板接力器；2—操作架；3—转臂；4—桨叶

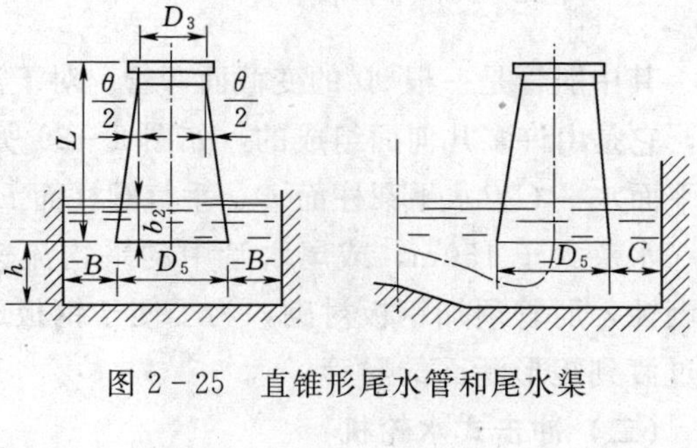

图 2-25　直锥形尾水管和尾水渠

为了保证尾水管排出的水流能够在尾水渠中畅通，尾水渠的尺寸应满足 $h=(1.1\sim1.5)D_3$，$B=(1.2\sim1.0)D_3$，$C=0.85B$（h 为尾水管距尾水渠底部高程，B 为尾水管距尾水渠两侧的距离，C 为尾水管距尾水渠背侧的距离）。同时，为了保证尾水管的工作，其出口应淹没在下游水位以下 0.3～0.5m。直锥形尾水管水力损失小，效率高，结构简单，制作方便，一般用于 $D_1<0.8$m 的小型水轮机。

(2) 弯曲形尾水管。这类尾水管又分为弯管形尾水管和弯肘形尾水管。

弯管形尾水管，水流从转轮流出经过 90°的弯管后进入直锥管。由于弯管内水流速度大，且水流方向发生急剧变化，因此水力损失大、效率低，只用于中小型卧轴水轮机。如图 2-26 所示。

弯肘形尾水管，它由进口直锥段、肘弯段和水平扩散段三部分组成。直锥形尾水管虽然损失小、效率高，但如果应用在转轮直径较大的水轮机中，尾水管将要做得很长，基础开挖及土建投资大。因此，大中小型立式装置的水轮机，广泛采用弯肘形尾水管。图 2-27 为轴流转桨式水轮机的弯肘形尾水管；图 2-28 为混流式水轮机的弯肘形尾水管，可以看出它们都是由进口直锥段、肘管和出口扩散段三部分组成。

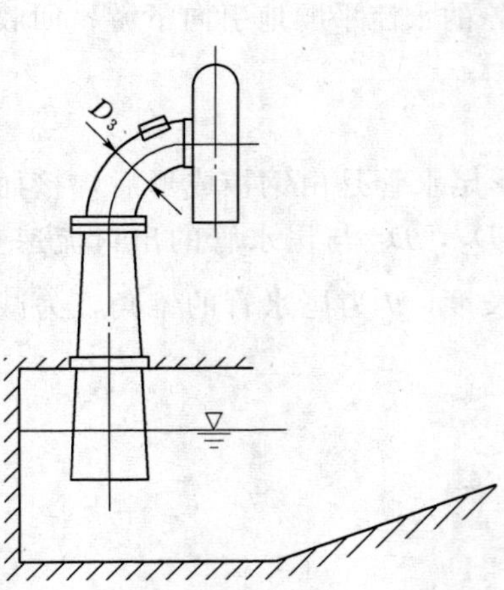

图 2-26 弯管形尾水管

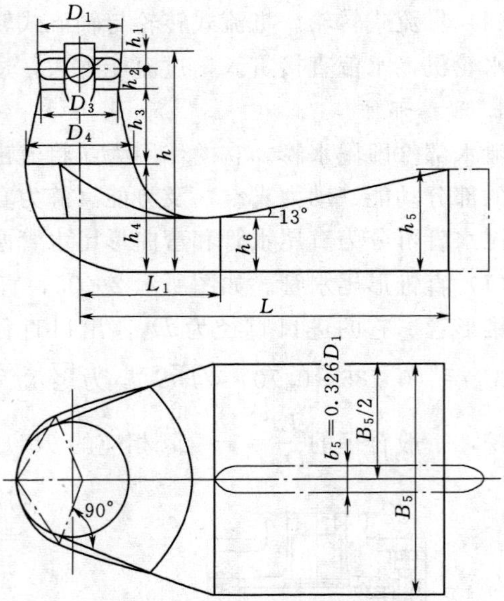

图 2-27 轴流转桨式水轮机的尾水管

其中肘管是一根 90°的变截面弯管。对于混凝土浇制的肘管，为施工模板制作的方便，它是由许多几何面组成的，如图 2-29 所示。这些几何面是圆锥面 A、斜圆面 B、斜平面水平 C、水平圆柱面 D、垂直圆柱面 E、水平面 F、垂直面 G 和底部水平面 H。

水头大于 150m，或尾水管中的平均流速大于 6m/s 时，为了防止高速水流的冲刷剥蚀，肘管须加钢板衬砌，为了便于钢板成形，可采用由圆形进口断面经椭圆形断面过渡到矩形断面的肘管。

（二）冲击式水轮机

冲击式水轮机的结构一般比较简单，它的转轮按结构特点可分为切击式（水斗

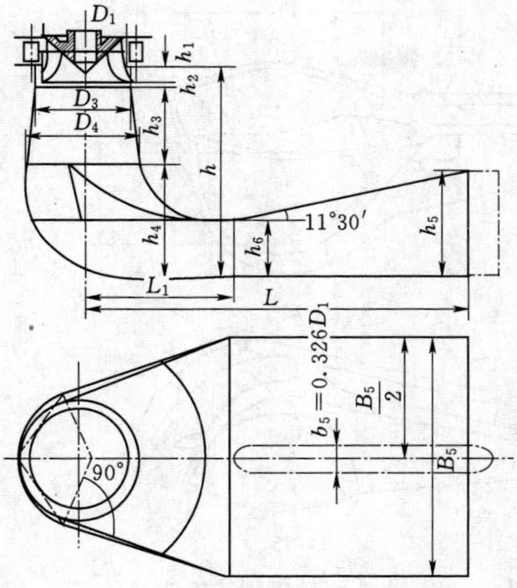

图 2-28　混流式水轮机的尾水管

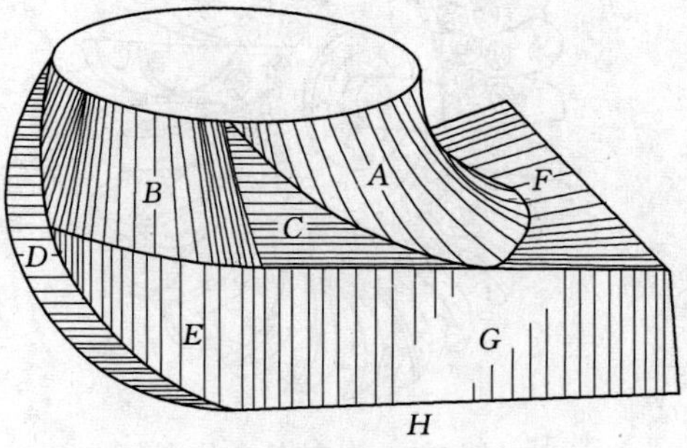

图 2-29　混凝土肘管几何面

式)、斜击式和双击式三种。这里着重论述冲击式水轮机中最常用的水斗式水轮机，其装置如图 2-30 所示。可以看出：水斗式水轮机由引水管、喷管、外调节机构、转轮、机壳及尾水槽等组成。高压水流由引水管引入喷管后，经过喷嘴将水流的势能转变为射流的动能，高速水流冲击做功后，自由落入尾水槽流向下游河道。

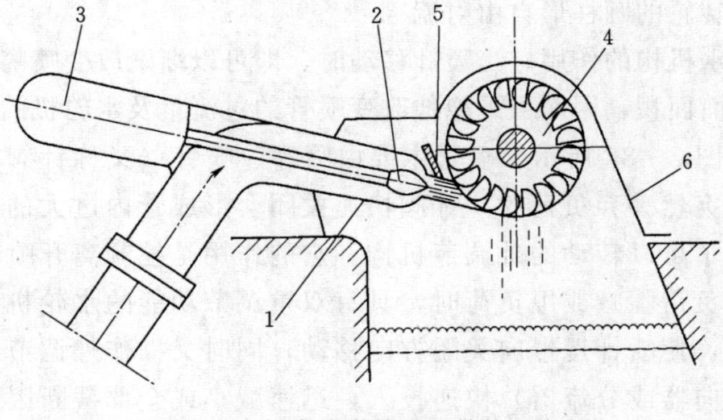

图 2-30　切击式水轮机的结构示意图

1—喷嘴；2—针阀；3—喷针控制机构；4—转轮；5—外调节机构；6—机壳

水斗式转轮如图 2-31 所示，它是由轮辐和若干呈双碗状的水斗组成。转轮每个斗叶的外缘均有一个缺口（图 2-32)，缺口的作用则使其后的斗叶不进入先前射流作用的区域，并且不妨碍先前的水流。承受绕流射流作用的凹面称为斗叶的工作面。斗叶凸起的外侧表面称为斗叶的侧面。位于斗叶背部夹在两水斗之间的表面称为斗叶的背面。两水斗间的工作面的结合处称为斗叶的进水边（又称分水刃)。进水边在斗叶的横剖面上为一锐角。缺口处工作面与背面结合处称为斗叶的切水刃。水斗工作面与侧面间的端面称为斗叶的出水边。

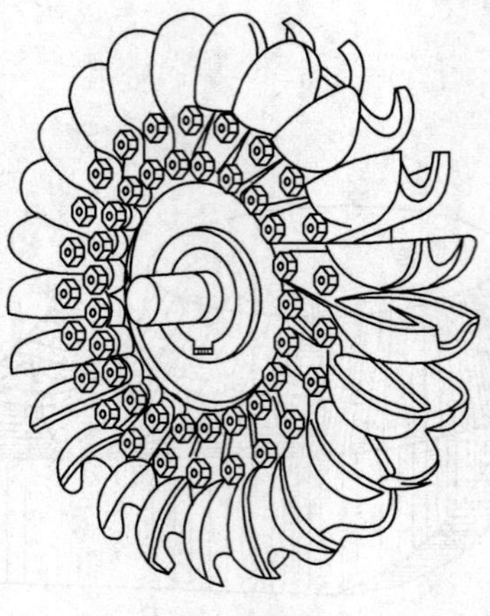

图 2-31　转轮立体图

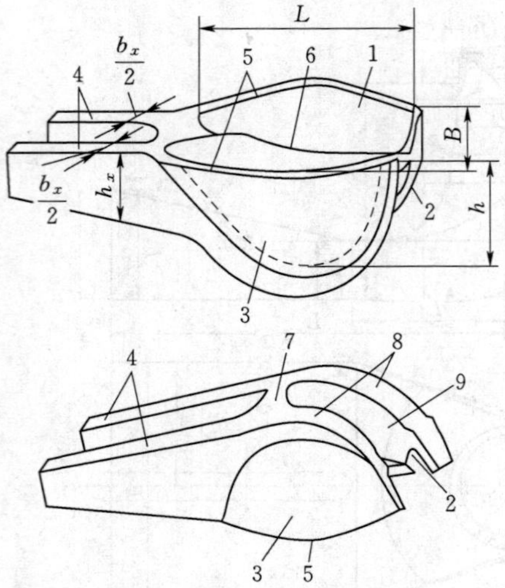

图 2-32　水斗水轮机的转轮斗叶

1—工作面；2—切水刃；3—侧面；4—尾部；5—出水边；6—进水边；7—横向筋板；8—纵向筋板；9—背面；B—宽度；L—长度；h—深度

其作用如下：

（1）将水流的压力势能转换为射流动能，则当水从进水管流进喷管时，在其出口便形成一股冲向转轮的圆柱形自由射流。

（2）起着导水机构的作用。当喷针移动时，即可以渐渐改变喷嘴出口与喷针头之间的环形过水断面面积，因而可平稳地改变喷管的过流量及水轮机的功率。

喷管结构如图 2-33 所示。喷管主要由喷嘴、喷针（又称针阀）和喷针控制机构组成。当机组突然丢弃负荷时，针阀快速关闭会形成管内过大的水锤压力，为此在喷嘴口外装置了可以转动的外调节机构。它的作用是控制离开喷嘴后的射流大小和方向。当机组负荷骤减或甩负荷时，具有双重调节功能的水轮机调速器，一方面操作喷针接力器，使喷针慢慢向关闭方向移动，同时又操作外调节机构接力器，使外调节机构（折向器或分流器）快速投入，迅速减小或全部截断因针阀不能立即关闭而继续冲向转轮水斗的射流。这样既解决了因针阀快速关闭而在引水压力钢管中产生的较大水锤压力，又解决了因针阀不能及时关闭而使机组转速上升过高的问题。

机壳的作用是将转轮中排出的不再做功的水排往下游而不溅落在转轮和射流上。机壳内的压力要求与大气相当。为此，往往在转轮中心附近的机壳上开设有补气孔，以消除局部真空。机壳的形状应有利于转轮出水流畅，不与射流相干扰。因此在机壳的内部还设置了引水板。喷管也常固定在机壳上，卧式机组的轴承支座也和机壳连在一起，因而要求机壳具有足够的强度、刚度和耐振性能。机壳上一般开有进入门孔，机壳下部应装有静水栅，以消除排水能量。静水栅要求有一定的强度，可作为机组停机观察和检修时的工作平台。

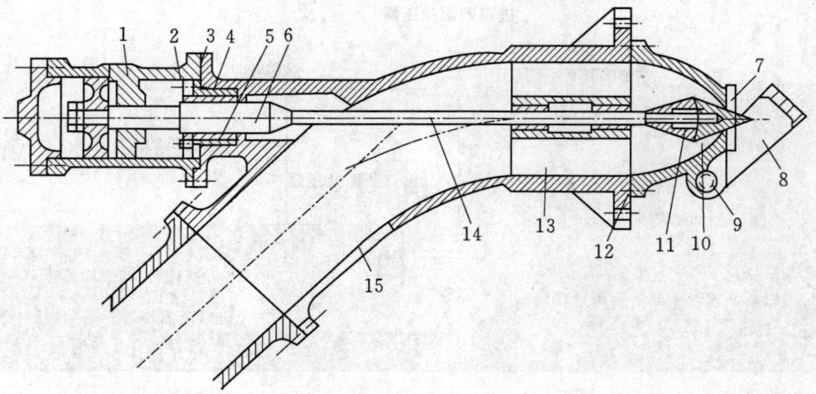

图 2-33　喷管结构图

1—缸体；2—填料压盖；3—喷嘴座；4—填料盒；5—填料；6—杠杆；7—喷嘴口环；8—折向器；9—销杆；10—喷针；11—喷针座；12—喷嘴；13—喷管；14—杆体；15—喷管弯管

任务二　水轮机的基本工作参数、牌号及标称直径

水轮机的工作参数是表征水流通过水轮机、水流的能量转换为转轮的机械能过程中的一些特征数据。知道了这些特征数据才能更好地分析水轮机的特性及工作原理。水轮机是一种设备，我国对各种设备的牌号都有一定的规定，这里介绍水轮机这种设备的牌号规则。

【知识目标】

1. 知道水轮机的工作参数，并知道各参数的含义。
2. 掌握我国水轮机牌号的组成及表达的含义。
3. 理解水轮机的标称直径概念。

【能力目标】

会分析水轮机各参数及它们之间的关系；能根据牌号说出其表达的含义；会计算、选取水轮机的标称直径。

一、水轮机的工作参数

当水流通过水轮机时，水流的能量被转换为水轮机的机械能，用一些参数来表征能量转换的过程，这些参数称为水轮机的基本工作参数，主要有：工作水头 H、流量 Q、出力 N、效率 η、转速 n 等。

2.2-1

（一）工作水头 *H*

如图 2-34 所示，水流从水库进水口经压力管道流入水轮机，在水轮机内进行能量交换后通过尾水管排至下游。

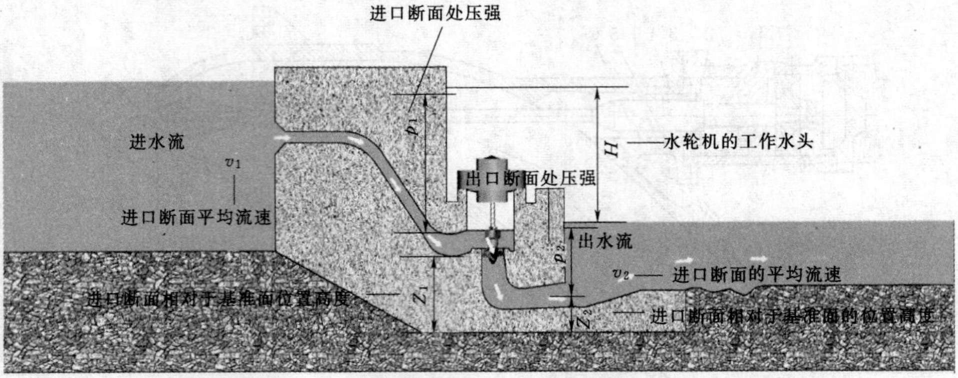

图 2-34　水轮机的工作参数

在水轮机进口断面 1—1 处和出口断面 2—2 处，水流所具有的单位能量分别为

$$E_1 = Z_1 + \frac{p_1}{\gamma} + \frac{\alpha_1 v_1^2}{2g}$$

$$E_2 = Z_2 + \frac{p_2}{\gamma} + \frac{\alpha_2 v_2^2}{2g}$$

把水轮机进口断面（1—1 断面）与出口断面（2—2 断面）的单位能量差，定义为水轮机的工作水头，即

$$H = \left(Z_1 + \frac{p_1}{\gamma} + \frac{\alpha_1 v_1^2}{2g}\right) - \left(Z_2 + \frac{p_2}{\gamma} + \frac{\alpha_2 v_2^2}{2g}\right) \tag{2-1}$$

式中　H——水轮机的工作水头，m；

v_1——进口断面的平均流速，m/s；

v_2——出口断面的平均流速，m/s；

α_1——进口断面动能不均匀系数；

α_2——出口断面动能不均匀系数；

p_1——进口断面处的压强，Pa；

p_2——出口断面处的压强，Pa；

g——重力加速度，m/s^2；

γ——水的重度，$\gamma = 9.81 kN/m^3$；

Z_1、Z_2——进、出口断面相对于基准面的位置高度，m。

水电站的装置水头又称毛水头 H_g，等于电站上、下游水位差。因此水轮机的工作水头（净水头）等于电站毛水头 H_g 减去引水系统的水头损失 h_w，即：$H = H_g - h_w$，单位为 m。

水轮机的工作水头是水轮机的重要工作参数，它的大小表征水轮机利用水流单位能量的多少，它影响水电站的开发方式、机组类型和经济效益等。在水轮机的工作过程中，工作水头是不断变化的，它有几个特征水头值：

水轮机的设计水头 H_r——水轮机以额定转速运转时发出额定出力所必需的最小水头。

水轮机的最大水头 H_{max}——水轮机运行中允许的最大工作水头。

水轮机的最小水头 H_{min}——保证水轮机稳定运行的最小工作水头。

（二）流量 Q

单位时间内通过水轮机的水流体积称为流量，其代表符号为 Q，单位为 m^3/s。

（三）出力 N 和效率 η

单位时间内水轮机主轴所输出的功称为水轮机的功率。功率也称出力，用 N 表示，单位用 kW 表示。

具有一定水头和流量的水流通过水轮机时，水流的出力为

$$N_s = 9.81QH \tag{2-2}$$

水轮机不可能将水流的功率 N_s 全部转换和输出，由于水轮机在能量转换的过程中，会产生一定的损耗，因此水轮机的出力必然小于水流的出力。

水轮机的出力 N 与水流的出力 N_s 之比，称为水轮机的效率，用 η 表示，即

$$\eta = N/N_s \tag{2-3}$$

水轮机效率 η 由三部分组成，即容积效率 η_v、水力效率 η_s 和机械效率 η_j，而水轮机效率 η 为上述三项效率的乘积。

因此，水轮机的出力可写成

$$N = N_s\eta = 9.81QH\eta \tag{2-4}$$

效率为小于 1.0 的正系数，它表征水轮机对水流能量的有效利用程度。

（四）转速 n

水轮机的转速是指水轮机转轮在单位时间内旋转的次数，用 n 表示，单位为 r/min。当水轮机主轴和发电机主轴采用直接联结时，其额定转速应满足下列关系式：

$$n = \frac{60f}{p}(\text{r/min}) \tag{2-5}$$

式中　f——电流频率，我国规定为 50Hz；

　　　p——发电机的磁极对数。

2.2-1

二、水轮机型号表示方法

我国水轮机产品型号由三部分组成，各部分之间用短横线相连。

第一部分表示水轮机类型和转轮型号（比转速代号），水轮机类型用两个汉语拼音字母表示，各种类型水轮机的规定代表符号见表 2-1。转轮型号用阿拉伯数字表示，采用统一规定（效率为 88%时）的比转速。

表 2-1　　水轮机型式的代表符号

水轮机型式	代表符号	水轮机型式	代表符号
混流式	HL	贯流转桨式	GZ
轴流转桨式	ZZ	水斗式	CJ
轴流定桨式	ZD	双击式	SJ
斜流式	XL	斜击式	XJ
贯流定桨式	GD		

注　在水轮机型式代表符号后加“N”，表示可逆式水轮机。

第二部分由两个汉语拼音字母组成，前一个字母表示水轮机主轴的布置形式，后一个字母表示引水室特征，主轴布置形式和引水室特征的代表符号见表 2-2。

表 2-2　主轴布置型式与引水室特征代表符号

名称	代表符号	名称	代表符号
立轴	L	罐式	G
卧轴	W	灯泡式	P
斜轴	X	竖井式	S
金属蜗壳	J	虹吸式	X
混凝土蜗壳	H	轴伸式	Z
明槽	M		

第三部分为水轮机的标称直径 D_1（cm）或其他必要的指标。

水轮机的标称直径表征转轮的主要几何尺寸，用 D_1 表示，以 cm 计。不同类型转轮规定的标称直径 D_1 如图 2-35 所示。

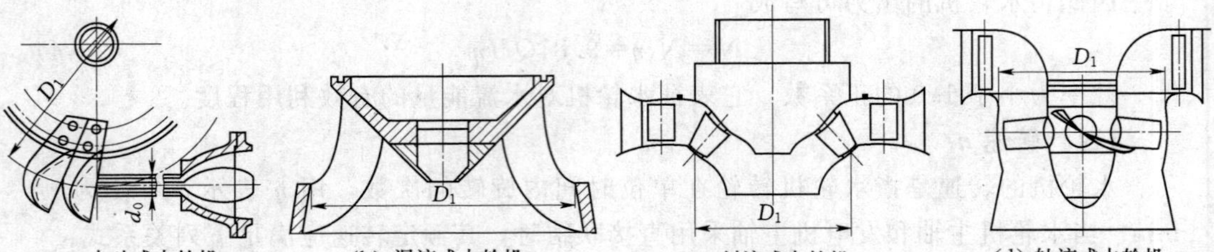

图 2-35　各类水轮机的转轮标称直径

混流式水轮机的标称直径 D_1 指转轮叶片进口边的最大直径。

轴流式水轮机和斜流式水轮机转轮的标称直径 D_1 指转轮叶片轴线与转轮室表面相交处的转轮室内径。

水斗式水轮机转轮的标称直径 D_1 指转轮与射流中心线相切处的节圆直径。

反击式水轮机转轮直径尺寸系列（以 cm 计）如下（括号内尺寸仅适用于轴流式）：

25、30、35、(40)、42、50、60、71、(80)、84、100、120、140、160、180、200、225、250、275、300、330、380、410、450、500、550、600、650、700、750、800、850、900、950、1000、(1020)、(1130)。

水斗式水轮机第三部分表示方法如下：

$$\frac{\text{水轮机转轮标称直径 } D_1\ (\text{cm})}{\text{作用在每个转轮上的喷嘴数}\times\text{设计射流直径 (cm)}}$$

型号表示示例：

(1) HL180-LJ-410，表示混流式水轮机，转轮型号为 180，立轴，金属蜗壳，转轮标称直径 D_1 为 410cm。

(2) ZZ560-LH-1130，表示轴流转桨式水轮机，转轮型号为 560，立轴，混凝土蜗壳，转轮标称直径为1130cm。

(3) XLN200－LJ－300，表示斜流可逆式水轮机，转轮型号为200，立轴，金属蜗壳，转轮标称直径为300cm。

(4) GD600－WP－250，表示贯流定桨式水轮机，转轮型号为600，卧轴，灯泡式引水室，转轮标称直径为250cm。

(5) 2CJ26－W－120/2×8.5，表示一根主轴上装有两个转轮的水斗式水轮机，转轮型号26，卧轴，转轮标称直径为120cm，作用在每个转轮上的喷嘴数为2个，设计射流直径为8.5cm。

(6) ZD760－LM－120($\varphi=+10°$)，表示轴流定桨式水轮机，转轮型号为760，立轴，明槽式引水室，转轮标称直径为120cm，转轮叶片安装（装置）角为$+10°$。

水轮机的型号编制规则，有利于转轮型谱的制定，有利于水轮机产品的标准化、系列化和通用化。对暂未列入型谱的转轮，则采用厂家代号和序号来表示，如A代表哈尔滨电机厂，D代表东方电机厂，T代表天津发电设备厂，J代表金华水轮机厂等，例如HLA006，HLD003等。另外，在部标颁发以前，主要是沿用苏联的代号，表示方法大体相同，但第一部分中的转轮型号所表示的阿拉伯数字是模型转轮的编号，不是比转速代号，如HL123－LJ－225，其中123表示该转轮的模型编号。

任务三　水轮机的工作原理

一切物理现象都可以用一定的理论来证明或解释，水轮机这种设备能将水能转化为旋转机械能，它是怎么工作的呢？它在什么工作状况下工作效率最高？水轮机在什么工作状况下最容易发生汽蚀？这里通过理论分析和公式推导，解释了水轮机的工作原理。

【知识目标】

1. 理解水轮机的基本方程的含义。
2. 掌握水轮机的能量损失及水轮机的效率。
3. 理解水轮机最优工况的概念。
4. 掌握水轮机汽蚀的类型、产生原因、采取措施。
5. 理解不同类型水轮机的安装高程。

【能力目标】

会分析水轮机基本方程；知道采取什么措施来提高水轮机的效率、水轮机最优工况、水轮机汽蚀危害最小；会确定水轮机的安装高程。

一、水轮机的基本方程式

（一）水流在转轮中的运动

水流在转轮中的运动是一种复杂的三维空间运动。根据运动学原理，在水头、流量和转数不变的稳定工况下，水流在转轮流道运动时，可分解为两种简单运动：一种是水流从转轮进口沿叶片流道到转轮出口的流动，称为相对运动，其相对速度用 $\boldsymbol{W}$ 表示；另一种是水流质点随转轮做旋转运动，称为圆周运动（牵连运动），其圆周速度用 $\boldsymbol{U}$ 表示。水流在转轮中的运动是以上两种运动合成的结果，称为绝对运动，其绝对速度用 $\boldsymbol{V}$ 表示，则

$$\boldsymbol{V}=\boldsymbol{W}+\boldsymbol{U}$$

由 $\boldsymbol{W}$、$\boldsymbol{U}$ 和 $\boldsymbol{V}$ 构成的三角形称为速度三角形，水流质点在转轮中任一位置都有其相应的速度三角形，转轮进口和出口的速度三角形是研究水轮机工作的重要条件，分别用下标 1 表示进口速度三角形，下标 2 表示出口速度三角形。

如图 2-36 所示为一般形式的速度三角形。图中 α 角为圆周速度与绝对速度之间的夹角；β 角为圆周速度与相对速度之间的夹角；V_u 为绝对速度在圆周方向的分量，称为圆周分速度，$V_u=V\cos\alpha$；V_m 为绝对速度在某一轴面（考虑质点与主轴中心线所在平面）上的分速度，称为轴面速度，$V_m=V\sin\alpha$。

（二）水轮机的基本方程式的表示

反击式水轮机，压力水流以一定的流速进入转轮，由于空间扭曲叶片间所形成的流道对水流产生的约束，迫使水流的运动速度和方向不断改变，因而水流给叶片以反作用力使转轮旋转做功。为了说明水流能量在转轮中是怎样转换为机械能，可从基本方程式得到回答。

当水流质点的质量为 m 以速度 v 运动时，其动量为 mv。如质点对定轴 o 的距离为 r，而质点所在处的速度 v 与半径 r 的圆周切线之夹角为 α，则质量 m 对定轴的动量矩为 $mvr\cos\alpha$（如图 2-37 所示），根据动量矩定理，则有

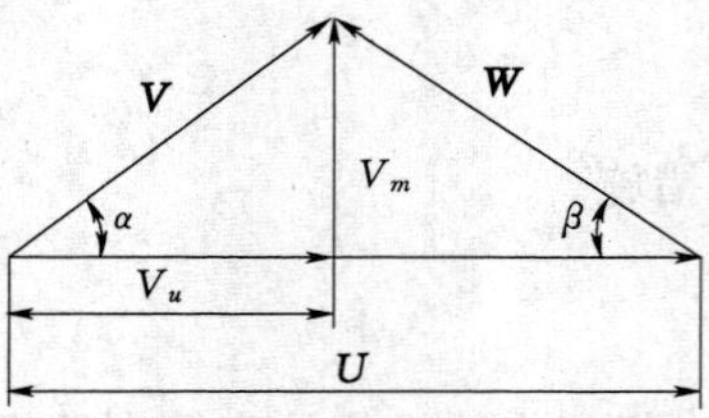

图 2-36 速度三角形

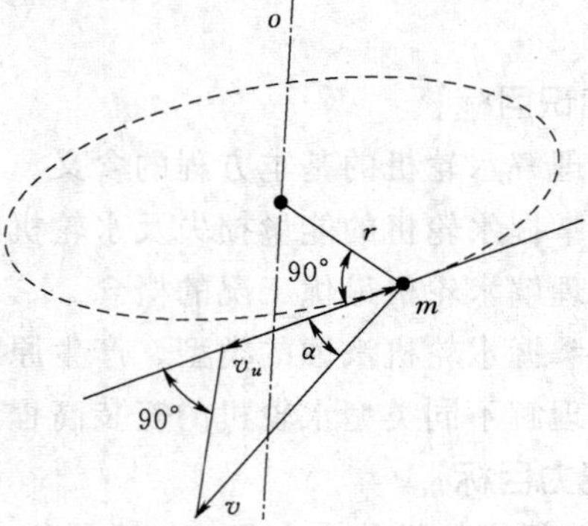

图 2-37 质点 m 的动量矩

$$\sum M_\alpha=\frac{\mathrm{d}}{\mathrm{d}t}\sum mvr\cos\alpha \tag{2-6}$$

式中 M_α——外力矩。

公式表明：单位时间内水流对定轴的动量矩变化等于作用在水流上全部外力对定轴的力矩和。

现讨论方程（2-6）的右边，即动量矩的变化，如图 2-38 所示，水流充满流道

微元 $aabb$，经过 $\mathrm{d}t$ 时间，有部分水流从流道流出（$bbdd$），其质量为 $\frac{\gamma q_2}{g}\mathrm{d}t$，同时间又有部分水流进入流道（$aacc$），其质量为 $\frac{\gamma q_1}{g}\mathrm{d}t$。由于水流连续且不可压缩，则 $\frac{\gamma q_1}{g}\mathrm{d}t=\frac{\gamma q_2}{g}\mathrm{d}t=\frac{\gamma q}{g}\mathrm{d}t$，对整个转轮则水流质量为 $\frac{\gamma Q_e}{g}\mathrm{d}t$。

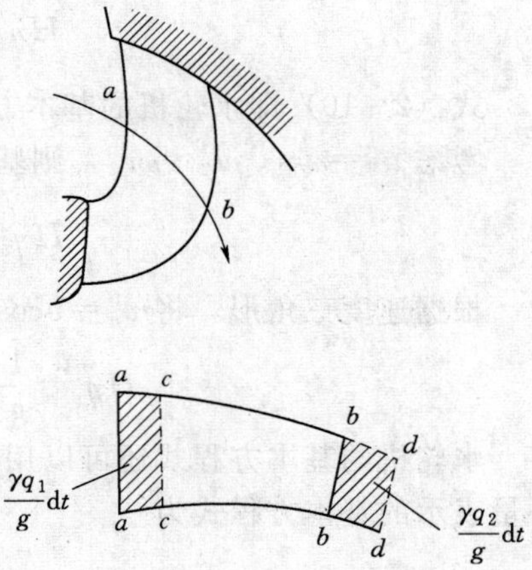

图 2-38 水流通过转轮时的动量矩的变化

因为水流是稳定量，故 $ccbb$ 部分的动量矩没有变化，因此微元中的动量矩变化应等于 $bbdd$ 部分的动量矩减去 $aacc$ 部分的动量矩。若在转轮进、出口对 $vr\cos\alpha$ 取平均值，对整个转轮则有

$$\frac{\mathrm{d}}{\mathrm{d}t}\sum mvr\cos\alpha=\frac{\gamma Q_e}{g}\ (v_2 r_2\cos\alpha_2-v_1 r_1\cos\alpha_1)$$

再讨论方程（2-6）左边的外力矩。现分析可能作用在水流质量上的外力及其形成的力矩。作用在水流上的外力有：①重力；②上冠、下环内表面对水流的作用力；③转轮外的水流对流道进、出口的压力；④转轮叶片对水流的作用力。由于重力与轴线重和，而转轮上冠、下环为环形件，水流成轴对称，其合力分别与轴线相交，均不能对水流产生力矩，能对水流产生力矩的只有转轮叶片对水流的作用力，它迫使水流改变其运动方向和速度的大小。

这样，作用在水流上的外力矩仅有转轮叶片对水流产生的作用力矩 M_b，即

$$M_a=M_b$$

因此有

$$M_b=\frac{\gamma Q_e}{g}(v_2 r_2\cos\alpha_2-v_1 r_1\cos\alpha_1)$$

叶片对水流有作用力矩 M_b，则水流对叶片有反作用力矩 M，它们大小相等方向相反，即

$$M=-M_b$$

于是，水流对转轮的作用力矩为

$$M=-M_b=\frac{\gamma Q_e}{g}(v_1 r_1\cos\alpha_1-v_2 r_2\cos\alpha_2)\tag{2-7}$$

因 $v_1\cos\alpha_1=v_{u1}$，$v_2\cos\alpha_2=v_{u2}$，则上式可写为

$$M=\frac{\gamma Q_e}{g}(v_{u1}r_1-v_{u2}r_2)\tag{2-8}$$

水流对转轮的作用力矩为 M，使转轮以角速度 ω 旋转，转轮获得的有效功率为

$$N_e=M\omega=\frac{\gamma Q_e}{g}(v_{u1}r_1-v_{u2}r_2)\omega\tag{2-9}$$

将水轮机的有效功率 $N_e=\gamma Q_e h\eta_s$ 代入式（2-10）得

$$H\eta_s=\frac{\omega}{g}(v_{u1}r_1-v_{u2}r_2) \tag{2-10}$$

式（2-10）即水轮机的基本方程式。

考虑 $u_1=\omega r_1$、$u_2=\omega r_2$，则基本方程式可写成

$$H\eta_s=\frac{1}{g}(v_{u1}u_1-v_{u2}u_2) \tag{2-11}$$

根据速度三角形，将 $v_u=v\cos\alpha$ 代入式（5-15），则基本方程式可写为

$$H\eta_s=\frac{1}{g}(v_1u_1\cos\alpha_1-v_1u_2\cos\alpha_2) \tag{2-12}$$

水轮机的基本方程式还可以用环量来表示，因水流的速度环量 $\Gamma=2\pi v_u r$，则用环量表示的基本方程式为

$$H\eta_s=\frac{\omega}{2\pi g}(\Gamma_1-\Gamma_2) \tag{2-13}$$

又由转轮进、出口速度三角形可得

$$\begin{aligned}w_1^2&=v_1^2+u_1^2-2v_1u_1\cos\alpha_1\\&=v_1^2+u_1^2-2u_1v_{u1}\\w_2^2&=v_2^2+u_2^2-2v_2u_2\cos\alpha_2\\&=v_2^2+u_2^2-2u_2v_{u2}\end{aligned}$$

将上列关系代入式（2-11）得

$$H\eta_s=\frac{v_1^2-v_2^2}{2g}+\frac{u_1^2-u_2^2}{2g}+\frac{w_2^2-w_1^2}{2g} \tag{2-14}$$

此式为用相对运动表达的基本方程式。它给出了有效水头与速度三角形中各速度之间的关系式。式中第一项为水流作用在转轮上的动能水头，第二、三项为势能水头，它主要用于克服水流因旋转产生的离心力和加速转轮中水流的相对运动。

（三）水轮机基本方程式分析

基本方程式的物理意义在于：水流对转轮作用的有效能量是水流内部能量转换相平衡的，它实质上是水能转换成机械能的平衡方程式。

基本方程说明，转轮的作用就是改变水流速度矩而做功。如果转轮进口和出口速度矩转换不充分，则水流对转轮作用的有效能量就要减少；如果转轮由进口到出口的环量没有改变，转轮将不会受到任何力矩的作用。因此，正确设计转轮叶片进口、出口角是十分重要的。

在正确设计叶片进、出口角，以保证所要求的环量差以后，进出口之间的叶片形状和变化规律对能量转换无直接影响，但中间环量的分布规律，对水轮机气蚀性能、工作稳定性等有一定影响。

保证进、出口一定的环量差，虽可达到对转轮有效地做功，但进、出口环量的绝对值则必须根据过流部件整体考虑。如出口环量可选择为0，也可选择略带正值，对转轮的作用都一样，但对尾水管的工作则有不同效果。

二、水轮机的能量损失与效率

水流进入水轮机的水流功率 N_s（即水轮机的输入功率）大于水轮机的输出功率

N，两者之差便是水轮机工作过程中产生的能量损失。按损失特性可把能量损失分为：容积损失、水力损失和机械损失。各种损失相应的效率分别称为容积损效率、水力效率和机械效率。

（一）容积效率

水轮机的旋转部分与固定部分之间存在间隙，因此进入水轮机的流量 Q 不可能全部进入转轮做功，有一小部分流量 q 会从间隙中漏损掉，这部分漏损掉的流量称为容积损失。它对转轮做功的有效流量为 $Q_e=Q-q$，它所产生的有效流量功率 N'_e 为

$$N'_e=\gamma Q_e H=\gamma(Q-q)H \tag{2-15}$$

水流输入水轮机的功率为 $N_s=\gamma QH$，我们将水流的有效功率 N'_e 与水轮机输入功率 N_s 之比称为容积效率，即

$$\eta_v=\frac{N'_e}{N_s}=\frac{\gamma(Q-q)H}{\gamma QH}=\frac{Q-q}{Q}=1-\frac{q}{Q} \tag{2-16}$$

可见，要提高容积效率，必须使漏水量 q 尽量减少，保证转轮正常运行和安装检修方便的前期下，应尽量减小止漏环间隙。应注意，在运行中由于泥沙磨损和气蚀等原因，止漏环间隙会增大，因而会降低容积效率。

（二）水力效率

水流经过引水室、导水机构、转轮、尾水管流过，必然要产生沿程水头损失和局部水头损失，这些水头损失，称为水力损失。

水轮机的工作水头 H 减去上述总的水头损失 $\sum\Delta H$，便是水轮机的有效水头 H_e，即

$$H_e=H-\sum\Delta H$$

有效水头和有效流量产生的功率，便是水轮机的有效功率 $N_e=\gamma Q_e H_e$。

有效功率 N_e 与有效流量功率 N'_e 之比，称为水力效率，即

$$\eta_s=\frac{N_e}{N'_e}=\frac{\gamma(Q-q)(H-\sum\Delta H)}{\gamma(Q-q)H}=\frac{H-\sum\Delta H}{H}=1-\frac{\sum\Delta H}{H} \tag{2-17}$$

由式（2-17）可知，提高水力效率的途径是尽可能减少过流部件的水力损失。如过流部件表面应光滑、符合流线型以及避免撞击、漩涡和脱流等局部损失。在运行中，由于气蚀和泥沙磨损等会降低水力效率，因此运行时要尽可能接近最优工况，避开气蚀区等。

（三）机械效率

转轮获得的有效功率 N_e 不能全部输出给发电机，有一部分会消耗在各种机械损失上，如主轴与轴承间的摩擦、与密封装置的摩擦、转轮外表面与水流的摩擦等。

设 ΔN_j 为总的机械摩擦损失功率，则水轮机的输出功率为

$$N=N_e-\Delta N_j$$

因此机械效率为

$$\eta_j=\frac{N}{N_e}=\frac{N_e-\Delta N_j}{N_e} \tag{2-18}$$

要提高机械效率，应尽量减少机械摩擦损失，如保证导轴承的良好润滑条件，正

确设计、安装导轴承和密封装置，处理好机组轴线等。

根据水轮机效率：

$$\eta=\frac{N}{N_s} \tag{2-19}$$

考虑到这些损失的综合影响，可将水轮机效率表示为

$$\eta=\frac{N}{N_s}=\frac{N'_e}{N_s}\frac{N_e}{N'_e}\frac{N}{N_e}=\eta_v\eta_s\eta_j \tag{2-20}$$

即水轮机的效率等于容积效率、水力效率和机械效率三者的乘积，它是评价水轮机能量性能特性的主要依据。水轮机的效率，表征了水轮机对水流能量的有效利用程度，在设计、制造、安装、运行和检修中，都应采取一系列可能的措施，力求减少各种损失，以提高水轮机的效率。

三、水轮机的最优工况

水头、流量、出力等工作参数，在水轮机的运行过程中经常发生变化。因此，转轮内的水流流态也是不断变化的。不同的运行工况，对水轮机的性能有很大的影响。其中效率最高的工况，称为最优工况。最优工况以外的工况，称为非最优工况（一般工况）。

水轮机最优工况时，能量转换最充分，水力损失最小。在水轮机的各项损失中，水力损失是最主要的。在水力损失中，局部撞击损失和漩涡、脱流损失的比重很大。水轮机设计时，要按水力损失最小的工况作为依据。水轮机最优工况的必要条件，是无撞击进口和法向出水。

（一）无撞击进口

转轮进口水流相对速度 w_1 的方向与叶片骨线方向一致，称为无撞击进口，这时水流与叶片形状一致，绕流平顺，不产生撞击、脱流和漩涡等现象，水力损失最小，如图 2-39（b）所示。

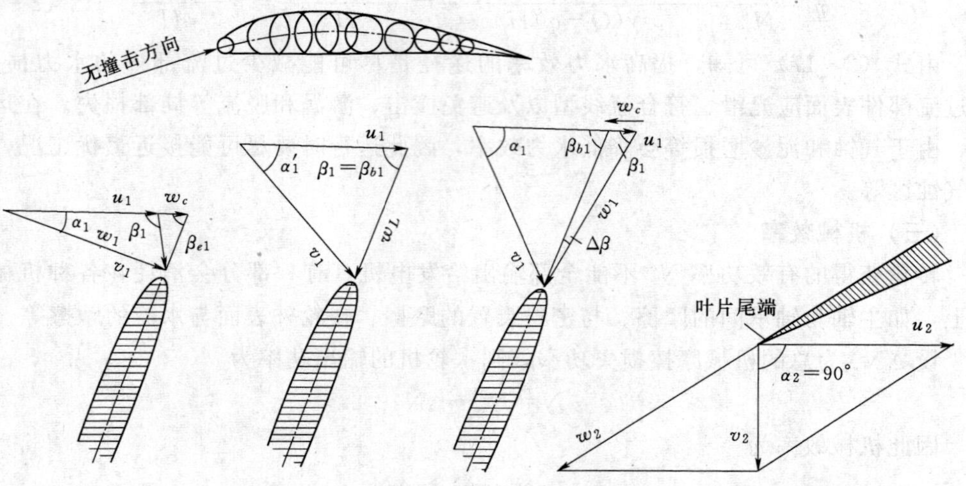

图 2-39　水流的进口情况

设计时必须满足

$$\beta_1=\beta_{e1}$$

当 $\beta_1 \neq \beta_{e1}$ 时，如图 2-39（a）、（c）所示，将产生入口撞击而增加水头损失，并因此出现漩涡和脱流现象降低水力效率。$\Delta\beta=\beta_1-\beta_{e1}$ 称为冲角。

由于叶片断面为翼形，实践证明，当冲角较小时，撞击速度是微小的。冲角 $\Delta\beta$ 一般不超过 8°，在此范围内水力损失增加甚微，且可减少叶片的弯曲程度，有利于改善水力性能。

（二）法向出水

法向出水是指水流离开转轮叶片时水流出口绝对速度 v_2 与出口圆周速度 u_2 垂直，即 v_2 的方向是法向的。法向出水时 v_2 最小，且不存在圆周分量（$v_{u2}=0$），即出口环量为 0。法向出水时 $\frac{v_2^2}{2g}$ 最小，因此出口动能损失最小；由于不存在 v_{u2} 分量，水流离开转轮后，不发生旋转，因此尾水管中的摩擦损失小；另外 $v_{u2}=0$，可改善尾水管对转轮出口动能的恢复（回收），提高水力效率。

近来的研究表明，转轮出口处的绝对速度 v_2 略带正向圆周分量，会给水轮机的工作带来一些好处。略带正环量则水流在本身旋转（离心力）作用下能紧贴尾水管壁流动，可避免在尾水管发生脱流损失；同时转轮相对速度可略为减小，从而也能降低一些转轮中的水力损失，并有利于气蚀性能的改善。

不论是法向出水还是略带正环量，都是从对整个水轮机性能有利来考虑的。这两种考虑在实际水轮机设计时都会采用。

最优工况的进、出口速度三角形，如图 2-39（b）、（d）所示。

四、水轮机的气蚀、吸出高度与安装高程

（一）气蚀

1. 气蚀现象

水以三态存在，而三态之间可以转化，当液态水转化为气态水时通常称为汽化现象。汽化现象的产生既与水温有关也与压力有关。压力越低，水开始汽化的温度越低。水在某一温度下开始汽化的临界压力称为该温度下的汽化压力。水在各种温度下的汽化压力值见表 2-3。

表 2-3　　水的汽化压力值

水温/℃	0	5	10	20	30	40	50	60	70	80	90	100
汽化压力/mH_2O	0.06	0.09	0.12	0.24	0.43	0.72	1.26	2.03	3.18	4.83	7.15	10.33

由上述可见，对于某一温度的水，当压力下降到某一汽化压力时，水就开始产生汽化现象。通过水轮机的水流，如果在某些地方流速增高了，根据水力学的能量方程知道，必然引起该处的局部压力降低。如果该处水流速度增加很大，以致使压力降低到在该水温下的汽化压力时，则此低压区的水就开始局部汽化产生大量气泡。同时，水体中存在的许多肉眼看不见的气核体积骤然增大也形成可见气泡，这些气泡随着水

流进入高压区（压力高于汽化力）时，气泡瞬时破灭。由于气泡中心压力较低，气泡周围的水质点将以很高的速度向气泡中心撞击形成巨大的压力（可达几百甚至上千个大气压力），并以很高的频率冲击金属表面。在初始阶段，由于金属材料固有的抵御能力，一般表现为表面失去光泽而变暗；尔后随着时间的推移，表面变毛糙并逐渐出现麻点；接着表面逐渐形成疏松的海绵蜂窝状，严重时甚至可能造成水轮机叶片的穿孔破坏，如图 2-40 所示。

图 2-40　水轮机的气蚀

2.3-1

高频率冲击的结果，使水轮机过流部件金属表面产生的上述物理电化学作用破坏现象就称为气蚀现象，简称气蚀。

2. 气蚀的危害

气蚀对水轮机的运行主要有下列危害：

(1) 降低水轮机效率，减小出力。

(2) 破坏水轮机过流部件，影响机组寿命。气蚀产生，使金属表面失去光泽，产生麻点，蜂窝，严重时轮叶上产生孔洞或大面积剥落。

(3) 产生强烈的噪音和振动，恶化工作环境，从而影响水轮机的安全稳定运行。

气蚀破坏是机械、化学、电化学共同作用的结果，其中以机械破坏为主。

3. 气蚀类型

根据气蚀产生部位的不同，气蚀可分为翼形气蚀、间隙气蚀、空腔气蚀、局部气蚀四种类型。如图 2-41 所示。

(1) 翼形气蚀：发生在水轮机转轮叶片上的气蚀，是反击式水轮机的主要气蚀形式。水流流经转轮时，一般叶片正面为正压，背面为负压，靠近流道出口处的压力最低——压力最低点，此处最易产生气蚀。

(2) 间隙气蚀：在水轮机过流部件的间隙部位产生的气蚀为间隙汽蚀。如反击式水轮机转轮与转轮室之间，导叶端面间隙，转轮止漏装置处；冲击式水轮机喷嘴内腔、针阀表面等部位。

(3) 空腔气蚀：反击式水轮机偏离最优工况时，水轮机出口流速则产生一圆周分

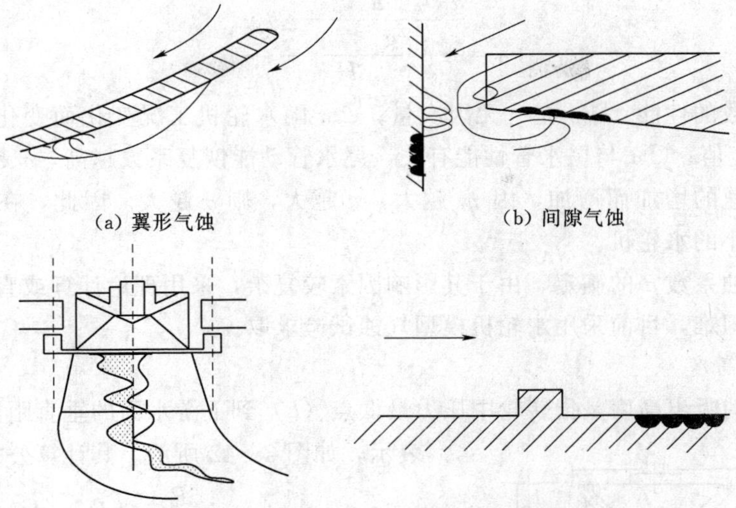

(a) 翼形气蚀　(b) 间隙气蚀

(c) 空腔气蚀　(d) 局部气蚀

图 2-41　气蚀类型

量使水流在转轮出口处产生脱流和旋涡形成一个大空腔，在中心产生很大真空，形成空腔气蚀。空腔气蚀多发生在尾水管中，使尾水管壁破坏，且有强烈的噪音和振动，危害较大。

(4) 局部气蚀：水轮机过流部件局部凸凹不平时，引起局部压力降低形成过流部件局部的气蚀。

4. 水轮机气蚀的防护

为防止和减轻气蚀对水轮机的危害，一般从以下几个方面来考虑。

(1) 水轮机设计制造方面。合理设计叶片形状、数目使叶片具有平滑流线；尽可能使叶片背面压力分布均匀，减小低压区；提高加工工艺水平，减小叶片表面粗糙度。采用耐气蚀性（耐磨、耐蚀）较好的材料，如不锈钢、环氧树脂等。

(2) 工程措施方面。合理确定水轮机安装高程，使转轮出口处压力高于汽化压力。多沙河流上设防沙、排沙设施，防止粗粒径泥沙进入水轮机造成过多压力下降和对水轮机部件的磨损。

(3) 运行方面。拟定合理的水电站运行方式，尽可能避免在气蚀严重的工况区运行。在发生空腔气蚀时，可采用在尾水管进口补气增压，破坏真空涡带的形成。对于遭受破坏的叶片，及时采用不锈钢焊条补焊，并采用非金属涂层（如环氧树脂、环氧金刚砂、氯丁橡胶等）作为叶片的保护层。

2.3-1

(二) 水轮机的吸出高度

1. 气蚀系数

水轮机中产生气蚀的根本原因是过流通道中出现了低于当时水温的汽化压力的压力值。要避免翼形气蚀产生，只需使最低压力不低于当时水温下的汽化压力。

因动力真空不能确切表达水轮机气蚀特性，也不便进行水轮机间气蚀性能的比较，故常采用动力真空的相对值来表示，称此相对值为气蚀系数，用 σ 表示。

$$\sigma=\frac{\dfrac{\alpha_k v_k^2-\alpha_5 v_5^2}{2g}-\Delta h_{k-5}}{H} \tag{2-21}$$

气蚀系数的性能：①σ 是一无因次量；②σ 随水轮机工况变化而变化，工况一定时，σ 为一定值；③σ 与尾水管性能有关，尾水管动能恢复系数越高，σ 越大；④σ 随水轮机比转速的增加而增加，因 η_s 越大，v 越大，则 σ 越大。因此，在满足性能要求下，选 σ 小的水轮机。

对于气蚀系数 σ 的确定，由于其影响因素较复杂，采用理论计算或直接在叶片流道中测量很困难，目前采用水轮机模型气蚀试验求取。

2. 吸出高度

水轮机的吸出高度是指转轮中压力最低点（k）到下游水面的垂直距离，常用 H_s 表示，如图 2-42 所示。其计算公式为

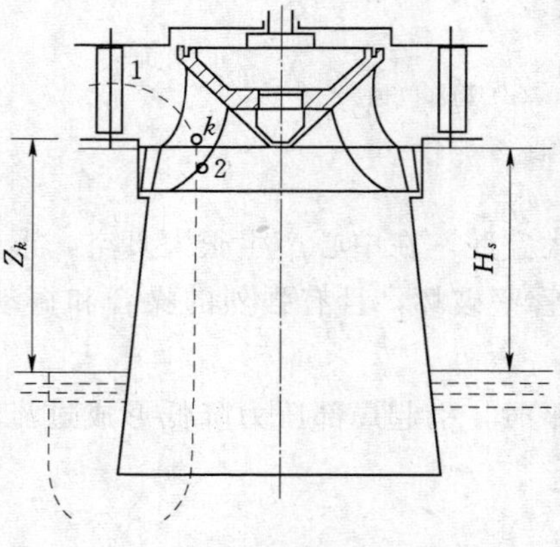

图 2-42　吸出高度示意图

$$H_s\leqslant\frac{P_a}{\gamma}-\frac{p_{汽}}{\gamma}-\sigma H \tag{2-22}$$

式中　$\frac{P_a}{r}$——水轮机安装地点的大气压力。

海平面标准大气压力为 10.33m 水柱高。水轮机安装处的大气压随海拔高程升高而降低，在 0～3000m 范围内，平均海拔高程每升高 900m，大气压力就降低 1m 水柱高。若水轮机处海拔高程为▽时，则当地大气压为

$$\frac{P_a}{r}=10.33-\frac{\nabla}{900} \tag{2-23}$$

式中　$\frac{P_a}{r}$——当时水温下的汽化压力。

水温在 5～20℃时，汽化压力$\frac{P_a}{r}=0.09\sim0.24$m 水柱高。为安全和计算的简便，通常取$\frac{P_a}{r}=0.33$m 水柱高。所以，满足不产生气蚀的吸出高度为

$$H_s\leqslant10.0-\frac{\nabla}{900}-\sigma H \tag{2-24}$$

σ 由模型气蚀试验得出，因客观因素和主观因素的影响，试验得出的 σ 与实际的 σ 存在着一定的差别，所以在计算水轮机的实际吸出高度 H_s 时，通常引进一个安全裕量 $\Delta\sigma$ 或安全系数 k（取 1.1～1.2），对 σ 进行修正。实际计算吸出高度 H_s 时，采用计算公式如下：

$$H_s=10.0-\frac{\nabla}{900}-(\sigma+\Delta\sigma)H \tag{2-25}$$

或

$$H_s=10.0-\frac{\nabla}{900}-k\sigma H \tag{2-26}$$

$\Delta\sigma$ 为气蚀系数修正值，$\Delta\sigma$ 与设计水头有关，可由图 2-43 查得；H_s 有正负之分，当最低压力点位于下游水位以上时 H_s 为正，最低压力点位于下游水位以下时 H_s 为负。

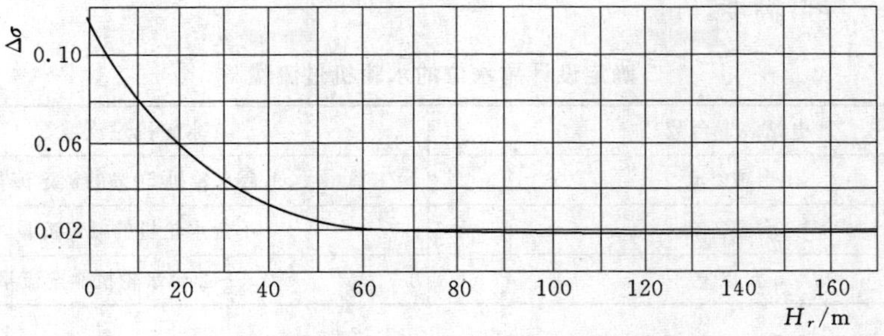

图 2-43　气蚀系数修正值 $\Delta\sigma$ 与设计水头 H 的关系曲线

吸出高度 H_s 本应从转轮中压力最低点算起，但在实践中很难确定此点的准确位置，为统一起见，对不同形式水轮机的 H_s 做如下规定：

(1) 立轴轴流式水轮机，H_s 为下游水面至叶片转动中心的距离。

(2) 立轴混流式水轮机，H_s 为下游水面至导叶下部底环平面的垂直高度。

(3) 立轴斜流式水轮机，H_s 为下游水面至叶片旋转轴线与转轮室内表面相交点的垂直距离。

(4) 卧轴混流式、贯流式水轮机，H_s 为下游水面至叶片最高点的垂直高度。

(三) 水轮机安装高程

水轮机规定作为安装基准的某一平面的海拔高程称为水轮机安装高程。一般情况下，由水轮机各种工况下允许吸出高度值和相应尾水位确定；地下厂房机组的安装高程还取决于水电站水力过渡过程有关的参数，甚至对导叶关闭规律的优化，洞室间距的确定，以及调压井形式和尺寸的选取有着重要的影响。

作为水电站厂房设计中的控制性高程，水轮机安装高程直接影响着水电站土建施工开挖工程量和水轮机运行的气蚀性能，进而影响水电站建设和运行维护的经济成本，因此，水电站水轮机的安装高程需根据机组的运行条件，经过技术经济比较后确定。对于不同类型、不同装置方式的水轮机，工程上规定的安装高程位置不同，立轴轴流式和混轴式水轮机安装高程是指导叶高度中心面高程，卧轴混流式和贯流式水轮机指主轴中心线所在水平面高程。

1. 设计尾水位

确定水轮机安装高程的尾水位通常称为设计尾水位。设计尾水位可根据水轮机的过流量从下游水位与流量关系曲线中查得。一般情况下水轮机的过流量可按电站装机台数确定，参见表 2-4。

2. 反击式水轮机安装高程确定

(1) 立轴混流式水轮机。

$$Z_s = Z_a + H_s + \frac{b_0}{2} \qquad (2-27)$$

式中　Z_s——安装高程，m；

Z_a——下游尾水位，m；

H_s——吸出高度，m；

b_0——导叶高度，m。

表 2-4　确定设计尾水位的水轮机过流量

电站装置台数	水轮机过流量
1台或2台	1台水轮机50%的额定流量
3台或4台	1台水轮机的额定流量
5台以上	1.5～2台水轮机额定流量

(2) 立轴轴流式和斜流式水轮机。

$$Z_s = Z_a + H_s + XD_1 \tag{2-28}$$

式中　Z_s、Z_a、H_s 意义同上；

X——结构系数，转轮中心与导叶中心距离与 D_1 的比值，一般取 $X=0.38\sim0.46$；

D_1——转轮标称直径，m。

(3) 卧轴混流式和贯流式水轮机。

$$Z_s = Z_a + H_s - \frac{D_1}{2} \tag{2-29}$$

3. *冲击式水轮机安装高程确定*

冲击式水轮机无尾水管，除喷嘴、针阀和斗叶处可能产生间隙气蚀外，不产生翼形气蚀和空腔气蚀，故其安装高程确定应在充分利用水头又保证通风和落水回溅不妨碍转轮运转的前提下，尽量减小水轮机的泄水高度 h_p。

$$Z_s = Z_{a\max} + h_p \tag{2-30}$$

式中　$Z_{a\max}$——下游最高水位，（采用洪水频率 $p=2\%\sim5\%$ 洪水相应的下游水位），m；

h_p——泄水高度，取 $h_p \approx (1\sim1.5)D_1$，立轴机组取大值，卧轴机组取小值。

任务四　水轮机的特性

在水电站设计中，为了选择适合于各水电站条件的水轮机，就必须了解水轮机的特性，水轮机都有哪些特性呢？

【知识目标】

1. 理解水轮机的相似原理。
2. 理解水轮机的单位参数的概念。
3. 理解水轮机模型修正的意义。
4. 掌握水轮机的特性曲线的特点。

5. 掌握水轮机综合运转特性曲线。

【能力目标】

会分析水轮机相似原理；知道为什么要进行参数修正、怎么修正；会根据水轮机工综合运转特性曲线分析出水轮机的一些重要参数。

一、水轮机的相似原理

水轮机在各种工况下运行的特性可用水头 H、流量 Q、转速 n、出力 N、效率 η 以及气蚀系数 σ 等参数以及这些参数之间的关系来描述。但这些参数之间的关系非常复杂，目前完全用理论分析全面阐明其特性是不可能的。然而在水电站设计中，为了选择适合于各水电站的条件的水轮机，就必须了解水轮机的特性。所用，实践中均通过模型试验获取模型水轮机的全面性能，然后将模型试验成果换算到原型水轮机上去。为完成这种换算，就要研究模型水轮机和原型水轮机之间的相似条件和相似定律。

（一）水轮机的相似条件

水轮机的相似条件是指模型与原型水轮机满足这些条件后，模型与原型中的水流流态相似，即模型水轮机中的水流运动就是原型水轮机水流运动的缩影，此时模型与原型水轮机水力性能相似，因而也有相似的工况。

要想模型与原型水轮机相似，就要满足力学相似条件。两个水轮机的液流如果是力学相似时，必须具备以下三个条件：几何相似、运动相似和动力相似。

1. 几何相似

几何相似是指两个水轮机的过流部件形状相同（即过流部件几何形状的所有对应角相等），尺寸大小成比例。如图 2-44 所示。即

$$\beta_1'=\beta_{1m}';\beta_2'=\beta_{2m}' \qquad (2-31)$$

$$\frac{D_1}{D_{1m}}=\frac{b_0}{b_{0m}}=\frac{a_0}{a_{0m}}=\cdots \qquad (2-32)$$

式中　D_1——水轮机的转轮直径；

b_0——导叶高度；

a_0——导叶开度。

记有下标 m 者，代表模型参数，以下同此。

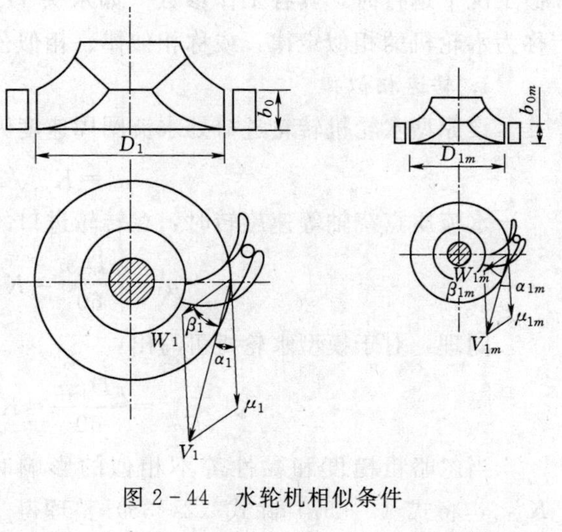

图 2-44　水轮机相似条件

满足几何相似的一系列大小不同的水轮机，称为同轮系（或同型号）水轮机。只有同轮系的水轮机才能建立起运动相似或动力相似。

2. 运动相似

运动相似是指同一轮系的水轮机，水流在过流通道中对应点的同名流速方向相同，大小成比例，即相应点的速度三角形相似。如图 2-44 所示。即

$$\frac{V_1}{V_{1m}}=\frac{\mu_1}{\mu_{1m}}=\frac{W_1}{W_{1m}}=\cdots \tag{2-33}$$

$$\alpha_1=\alpha_{1m};\beta_1=\beta_{1m} \tag{2-34}$$

式中　V_1——进口绝对速度；

μ_1——进口圆周速度；

W_1——进口相对速度；

α_1——进口绝对速度与圆周速度的夹角；

β_1——进口相对速度与圆周速度的夹角。

从几何相似和运动相似的关系来说，运动相似时必须是几何相似，但几何相似的水轮机不一定是运动相似，因为有各种不同工况。

两个水轮机运动相似就称此两个水轮机为等角工作状态（或相似工况）。

3. 动力相似

动力相似是指同一轮系水轮机在等角工作状态下，水流在过流部件对应点的作用力（惯性力、重力、黏滞力、摩擦力等），数量相同、名称相同，且同名力的方向相同，大小成比例。此外还包括相同的边界条件。例如，一个水流有自由表面，另一个水流也必须有自由表面。

在进行模型试验时，完全满足上述力学相似的三个条件是困难的，有时是不可能的（如表面相对糙度、黏滞力等），必须把这些矛盾主次分清，抓住主要矛盾，忽略某些次要条件，得出近似的关系式，待由模型换算到原型去时，再进行适当的修正。

（二）水轮机的相似定律

同一系列水轮机保持运动相似的工况状况简称为水轮机的相似工况。水轮机在相似工况下运行时，其各工作参数（如水头 H、流量 Q、转速 n 等）之间的固定关系称为水轮机的相似定律，或称相似律、相似公式。

1. 转速相似律

设原型水轮机转轮进口处水流圆周速度为 μ_1，由水力学可知：

$$\mu_1=K_{\mu_1}\sqrt{2gH\eta_s} \tag{2-35}$$

水流质点绕轴等速旋转时，在转轮进口的圆周速度 μ_1 可写成：

$$\mu_1=\frac{\pi D_1 n}{60}=K_{\mu 1}\sqrt{2gH\eta_s} \tag{2-36}$$

同理，对于模型水轮机可写出：

$$\mu_{1m}=\frac{\pi D_{1m}n}{60}=K_{\mu 1m}\sqrt{2gH\eta_s} \tag{2-37}$$

当忽略粗糙度和黏性等不相似的影响时，相似水轮机在相似工况下有 $K_{\mu 1}=K_{\mu 1m}$，将式（2-37）除式（2-38）整理得

$$\frac{n}{n_m}=\frac{D_{1m}\sqrt{H\eta_s}}{D_1\sqrt{H_m\eta_s}} \tag{2-38}$$

该式称为水轮机的转速相似律，亦称为转速方程式。它表示相似水轮机在相似工况下其转速与转轮直径成反比，而与有效水头的平方根成正比。

2. 流量相似律

通过水轮机转轮的有效流量可按下式计算：

$$Q\eta_0 = V_{m1}F_1 \tag{2-39}$$

式中　V_{m1}——转轮进口处的水流轴面流速；

　　F_1——转轮进口处的过水断面面积。

由水力学可知：

$$V_{m1} = K_{V_{m1}}\sqrt{2gH\eta_s} \tag{2-40}$$

而 F_1 可写成：

$$F_1 = \pi D_1 b_0 f = \pi f \bar{b}_0 D_1^2 = \alpha D_1^2$$

$$\bar{b}_0 = \frac{b_0}{D_1}$$

式中　$\bar{b}_0$——导叶相对高度；

　　f——转轮进口的叶片排挤系数；

　　α——综合系数，$\alpha = \pi f \bar{b}_0$。

将 V_{m1} 和 F_1 的表达式代入式（2-39），可得

$$\frac{Q\eta_0}{D_1^2\sqrt{H\eta_s}} = \alpha K_{V_{m1}}\sqrt{2g} \tag{2-41}$$

同样，对模型水轮机也可写出：

$$\frac{Q_m\eta_{0m}}{D_{1m}^2\sqrt{H_m\eta_{sm}}} = \alpha K_{V_{m1m}}\sqrt{2g} \tag{2-42}$$

对于相似水轮机有 $\alpha = \alpha_m$，又当忽略粗糙度及黏性等不相似的影响时，有 $K_{V_{m1}} = K_{V_{m1m}}$，将式（2-41）除式（2-42）整理得

$$\frac{Q\eta_v}{Q_m\eta_{vm}} = \frac{D_1^2\sqrt{H\eta_s}}{D_{1m}^2\sqrt{H_m\eta_{sm}}} \tag{2-43}$$

式中　$Q\eta_v$——有效流量。

该式称为水轮机的流量相似律，亦称为流量方程式。它表示相似水轮机在相似工况下其有效流量与转轮直径平方成正比，与其有效水头的平方根成正比。

3. 出力相似律

水轮机出力为

$$N = 9.81\eta QH \tag{2-44}$$

设式（2-43）右端的常数为 C，则可得 $Q = CD_1^2\sqrt{H\eta_s}/\eta_0$，代入式（2-44），并考虑到 $\eta = \eta_s\eta_0\eta_j$，得

$$\frac{N}{D_1^2(H\eta_s)^{3/2}\eta_j} = 9.81C \tag{2-45}$$

同理，对模型水轮机有

$$\frac{N_m}{D_{1m}^2(H_m\eta_{sm})^{3/2}\eta_{jm}} = 9.81C \tag{2-46}$$

由式（2-45）、式（2-46）得

$$\frac{N}{N_m}=\frac{D_1^2(H\eta_s)^{3/2}\eta_j}{D_{1m}^2(H_m\eta_{sm})^{3/2}\eta_{jm}} \tag{2-47}$$

该式称为水轮机的出力相似律，也称出力方程式。它表示相似水轮机在相似工况下其有效出力与转轮直径平方成正比，与有效水头的3/2次方成正比。

假定 $\eta_s=\eta_{sm}$、$\eta_v=\eta_{vm}$、$\eta_j=\eta_{jm}$ 和 $\eta=\eta_m$ 时，得出近似相似律公式如下：

$$\frac{n}{n_m}=\frac{D_{1m}\sqrt{H}}{D_1\sqrt{H_m}} \tag{2-48}$$

$$\frac{Q}{Q_m}=\frac{D_1^2\sqrt{H}}{D_{1m}^2\sqrt{H_m}} \tag{2-49}$$

$$\frac{N}{N_m}=\frac{D_1^2H^{3/2}}{D_{1m}^2H_m^{3/2}} \tag{2-50}$$

（三）水轮机的单位参数

在进行水轮机模型试验时，由于试验装置情况和要求不同，水轮机的模型直径和试验水头也不相同，因此模型试验得到的参数 n、Q、N 也就不可能相同，这样就不便于进行水轮机的性能比较。为了比较时有一个统一的标准，通常规定把模型试验成果都统一换算到转轮直径为 $D_1=1\text{m}$，有效水头 $H=1\text{m}$ 时的水轮机参数，这种参数就称为它为单位参数。单位参数有单位转速 n_1'、单位流量 Q_1' 和单位出力 N_1'。

将式（2-48）～式（2-50）分别改写为

$$\frac{nD_1}{\sqrt{H}}=\frac{n_mD_{1m}}{\sqrt{H_m}}=n_1';\ n_1'=\frac{nD_1}{\sqrt{H}} \tag{2-51}$$

$$\frac{Q}{D_1^2\sqrt{H}}=\frac{Q_m}{D_{1m}^2\sqrt{H_m}}=Q_1';\ Q_1'=\frac{Q}{D_1^2\sqrt{H}} \tag{2-52}$$

$$\frac{N}{D_1^2H^{3/2}}=\frac{N_m}{D_{1m}^2H_m^{3/2}}=N_1';\ N_1'=\frac{N}{D_1^2H^{3/2}} \tag{2-53}$$

由上述表达式可看出：当水轮机转轮直径 $D_1=1\text{m}$、水头 $H=1\text{m}$ 时，n_1'、Q_1'、N_1' 分别等于水轮机的转速、流量和出力，所以 n_1'、Q_1'、N_1' 分别被称为单位转速、单位流量和单位出力，统称为单位参数。

目前在模型中整理试验成果时，或在初步设计时，都采用式（2-51）～式（2-53）三公式，它们应用简便，但比较粗糙，常作近似计算。特别是在水轮机选型计算中，可利用单位参数确定原型水轮机的主要参数（水轮机的直径 D_1、转速 n 和流量 Q 等）。

同系列水轮机在相似工况下，单位参数值是相等，而当工况改变时，其值也要随之改变为另一个新的常数。因此，水轮机单位参数可以表示出相似水轮机的特性，是几何相似水轮机保持相似工况的一种判别准则。同时对几何形状不同的各种系列水轮机，利用单位参数可以比较方便地进行过流能力、转速高低、出力大小的性能比较，选择性能较好的转轮。

显然，单位参数（n_1'、Q_1'、N_1'）就代表了同轮系水轮机的一个工作状态（工况）。水轮机效率最高时的工作状态（工况）称为最优工作状态（最优工况），相应于最优工作状态（最优工况）的单位参数称为最优单位参数，并分别以 n'_{10}、Q'_{10}、N'_{10} 表示。

由流量相似律可知：$Q=Q'_1D_1^2\sqrt{H}$，则

$$N'_1=\frac{N}{D_1^2H^{3/2}}=\frac{9.81QH\eta}{D_1^2H^{3/2}}=\frac{9.81Q'_1D_1^2H^{3/2}\eta}{D_1^2H^{3/2}}=9.81\eta Q'_1$$

显然可知，N'_1 并非独立参数，而是由 Q'_1 换算得来，因此，在单位参数中，常用的只有 n'_1 和 Q'_1。由前述可知，单位出力 N'_1 是由单位流量 Q'_1 换算得来，所以，只应用单位转速 n'_1 和单位流量 Q'_1 就可表示水轮机的工作状态（工况）。

（四）水轮机的比转速

水轮机的单位参数 n'_1、Q'_1、N'_1 只能分别从不同的方面反映水轮机的性能。为了找到一个能综合反映水轮机性能的参数，提出了比转速的概念。

由 $n'_1=\frac{nD_1}{\sqrt{H}}$，$N'_1=\frac{N}{D_1^2H^{3/2}}$可得

$$n_s=n'_1\sqrt{N'_1}=\frac{n\sqrt{N}}{H^{5/4}}=\frac{n\sqrt{N}}{H^{5/4}} \qquad (2-54)$$

由式（2-54）可知，当工作水头 $H=1\text{m}$，发出功率 $N=1\text{kW}$ 时，n_s 在数值上等于水轮机所具有的转速 n，故称 n_s 为水轮机的比转速。

比转速 n_s 是与水轮机转轮直径无关的一个重要综合性参数，它反映了水轮机的转速 n、出力 N 和 H 的相互关系。显然，当工作状态（工况）不同时，单位参数不同，所以，n_s 也不同。对同轮系水轮机而言，如果工作状态一定，则 n_s 就是唯一的。通常规定以设计工况（即设计水头、额定转速、额定出力）的比转速 n_s 值作为水轮机轮系的代表特征参数（也有采用最优工况下的比转速作为代表的）。n_s 也可作为水轮机选择的主要依据。

以水轮机比转速的整数值代表水轮机转轮型号，从型号就可定性地估计该水轮机的基本性能和转轮形状。选择水轮机时，如果客观条件允许，采用比转速较高的水轮机是有利的，因为：

（1）在相同水头和相同出力条件下工作的水轮机，比转速越大则转速越高，机组尺寸较小，故厂房尺寸也小，可降低水电站投资。

（2）在水头一定的情况下，水轮机转速相同时，比转速大的水轮机出力也大，其动能效益可增大。但比转速大的水轮机，其汽蚀系数也大，这就限制了比转速的提高。

因此，在满足汽蚀性能要求下，尽可能选比转速较高的水轮机。

二、模型水轮机的修正

（一）水轮机效率的修正

在实际应用中采用的近似相似律是在假定原型与模型水轮机效率相等的条件下得出的，然而实际上原型与模型水轮机的效率是不等的，其原因是：

（1）原型与模型水轮机过流部件的加工精度基本相同，糙率不可能按比例加工，因此两水轮机的水力损失是不同的，原型水轮机的水力损失要比模型水轮机的水力损失小。

(2) 通过原型和模型水轮机的水流，其黏滞力是相等的，但其对水轮机的相对影响是不同的，对原型的影响要比对模型的影响小得多。

(3) 由于制造工艺原因，原型与模型水轮机转轮与固定部件的间隙基本相同，但原型水轮机的相对容积损失和相对机械损失要比模型水轮机小得多。

由于上述原因，原型水轮机的效率总是大于模型水轮机的效率。所以，将模型试验成果换算为原型时必须进行效率修正。水轮机的效率是由水力效率、容积效率和机械效率三部分组成，但模型试验只能测出水轮机总效率，故在进行效率修正时只能对水轮机总效率进行修正。我国目前采用的修正方法是：先对最优工况（最高效率）进行修正，求得效率修正值，然后采用同一修正值对其他工况修正。

原型水轮最高效率计算推荐采用下列公式：

混流式水轮机：

当 $$H\leqslant 150\text{m 时},\eta_{\max}=1-(1-\eta_{m\max})\sqrt[5]{\frac{D_{1m}}{D_1}} \tag{2-55}$$

当 $$H>150\text{m 时},\eta_{\max}=1-(1-\eta_{m\max})\sqrt[5]{\frac{D_{1m}}{D_1}}\sqrt[20]{\frac{H_m}{H}} \tag{2-56}$$

对轴流式水轮机：

$$\eta_{T0}=1-(1-\eta_{m0})\left(0.3+0.7\sqrt[5]{\frac{D_{1m}}{D_1}}\sqrt[10]{\frac{H_m}{H}}\right) \tag{2-57}$$

式中　$\eta_{\max}$、$\eta_{m\max}$——分别为原型和模型水轮机的最高效率；

D_1、D_{1m}——分别为原型和模型水轮机的转轮直径；

H、H_m——分别为原型和模型水轮机的水头。

考虑制造工艺的影响，计入工艺修正值 $\Delta\eta_{工}$，则最优工况时的效率修正值为

$$\Delta\eta=\eta_{\max}-\eta_{m\max}-\Delta\eta_{工} \tag{2-58}$$

大型水轮机 $\Delta\eta_{工}=1\%\sim2\%$，中小型水轮机 $\Delta\eta_{工}=2\%\sim4\%$，其他工况时原型水轮机效率为

$$\eta=\eta_m+\Delta\eta \tag{2-59}$$

对于转桨式水轮机，因每一个轮叶装置角 ϕ 都有一个最高效率 $\eta_{\phi\max}$，相应于不同轮叶装置角 ϕ 的最高效率 $\eta_{\phi\max}$ 都有一个效率修正值 $\Delta\eta_{\phi}$，故对转桨式水轮机应按不同轮叶装置角 ϕ 分别计算。

(二) 单位转速 n_1' 和单位流量 Q_1' 的修正

原型水轮机在其他工况下的单位转速和单位流量，即

$$n_1'=n_{1m}'+\Delta n_1' \tag{2-60}$$

$$Q_1'=Q_{1m}'+\Delta Q_1' \tag{2-61}$$

单位转速和单位流量的修正值为

$$\Delta n_1'=n_{10}'-n_{10m}'=n_{10m}'\left(\sqrt{\frac{\eta_{\max}}{\eta_{m\max}}}-1\right) \tag{2-62}$$

$$\Delta Q_1'=Q_{10}'-Q_{10m}'=Q_{10m}'\left(\sqrt{\frac{\eta_{\max}}{\eta_{m\max}}}-1\right) \tag{2-63}$$

一般 $\Delta Q_1'$ 与 Q_1' 相比很小，可忽略不计，即不再进行单位流量的修正。对单位转速，当 $\frac{\Delta n_1'}{n_{10m}'}=\left(\sqrt{\frac{\eta_{\max}}{\eta_{m\max}}}-1\right)<3\%$ 时，$\Delta n_1'$ 亦可忽略不计，不进行单位转速的修正。

三、水轮机的特性曲线

用来表示水轮机各参数之间相互关系的曲线称为水轮机的特性曲线。水轮机的特性曲线可分为线性特性曲线和综合特性曲线两类。

（一）线性特性曲线

当其他参数为常数时，表示两个参数之间关系的特性曲线称为线性特性曲线。线性特性曲线按其所表达的内容不同，又分为转速特性曲线、工作特性曲线和水头特性曲线。

1. 转速特性曲线

转速特性曲线表示水轮机在导水叶开度 a_0、叶片转角 φ 和水头 H 为常数时，其他参数与转速之间的关系。如图 2－45 所示。

不同比转速的水轮机其转速特性也是不同的，在偏离额定转速时，水轮机的效率下降较快；而高比转速水轮机则下降较慢。比较图 2－46 曲线可以看出，低比转速水轮机的效率对转速的变化比较敏感。

2. 工作特性曲线

一般说来，在机组负荷则是经常变化的情况下，为表示水轮机工作在固定的转速和水头下的特性而绘制的曲线，称为水轮机工作特性曲线。如图 2－47 所示。

水轮机的工作特性曲线有三个重要的特征点：

（1）当功率为 0 时，流量不为 0，此处的流量 Q 称为空载流量，对应的导叶开度称空载开度。这时的流量很小，水流作用于转轮的力矩仅够克服阻力而维持转轮以额定转速旋转，没有输出功率。

（2）效率最高点对应的流量为最优流量。

（3）功率曲线最高点处的功率，称为极限功率，对应的流量称为极限

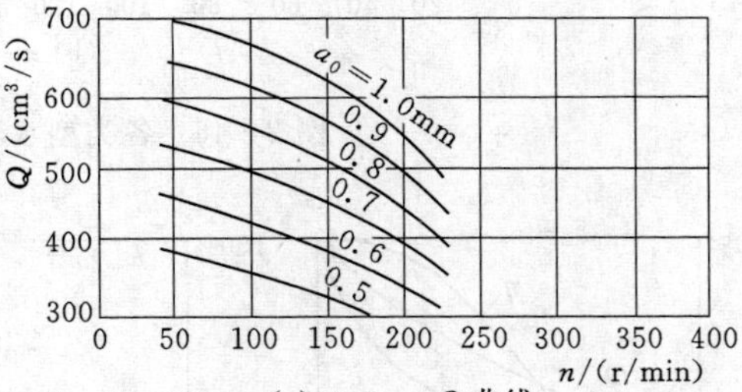

(a) a_0-n-Q 曲线

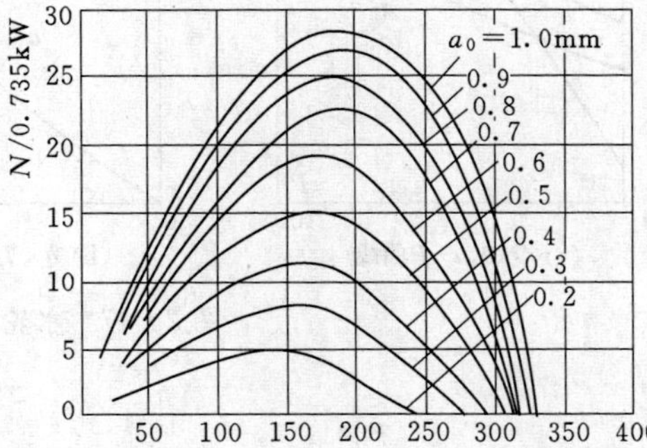

(b) a_0-n-N 曲线

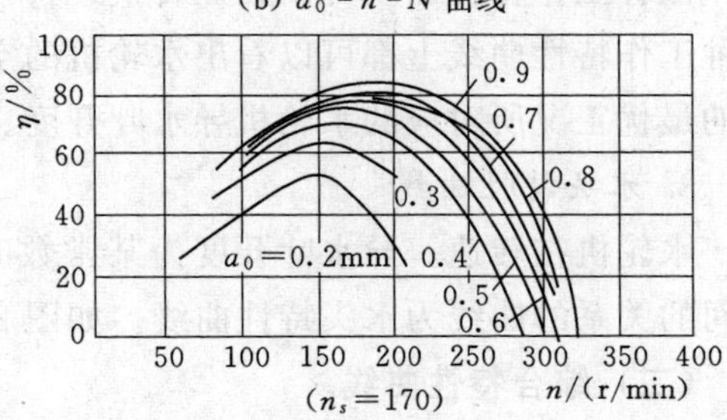

(c) $a_0-n-\eta$ 曲线

图 2－45　水轮机转速特性曲线

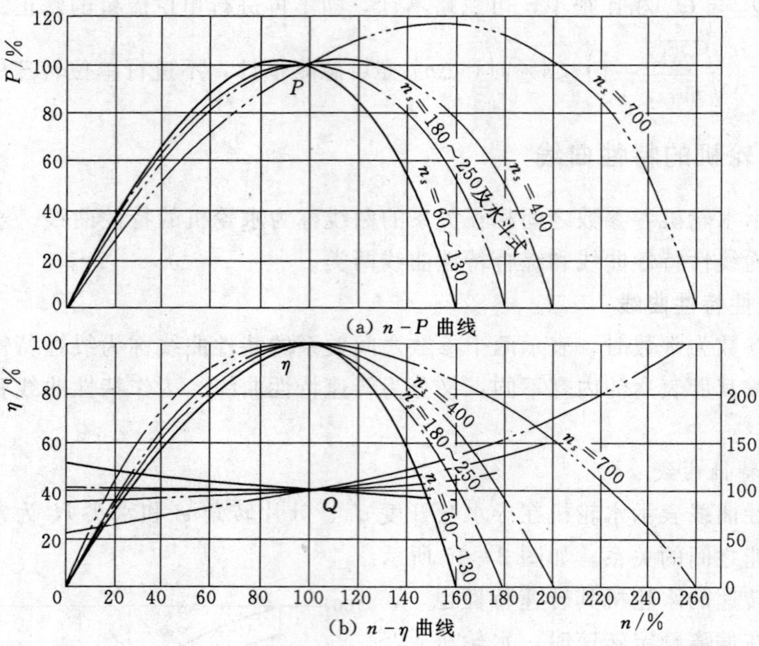

图 2-46 各类型水轮机转速特性的比较

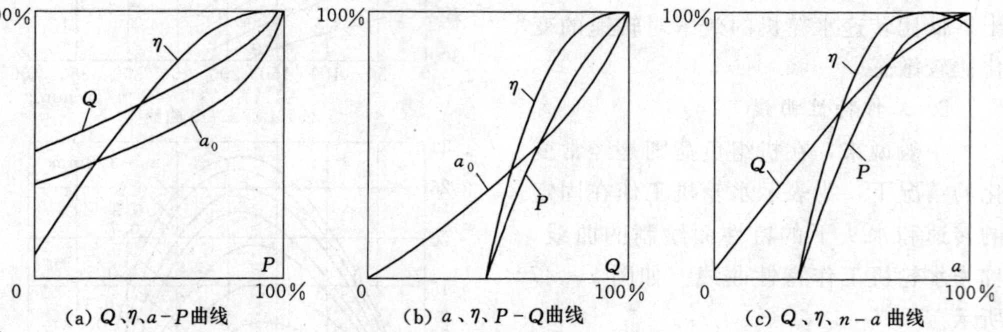

图 2-47 水轮机工作特性曲线

流量。

三种工作特性曲线可以相互转换，将一种形式变换成任何其他一种形式。从任何一种工作特性曲线上都可以看出水轮机的空载开度及所对应的流量，也可以看出水轮机的最优工况所对应的水轮机导水叶开度、流量与出力。

3. 水头特性曲线

水轮机在转速、导水叶开度为某常数时，其流量 Q、出力 N、效率 η 与水头 H 之间的关系的曲线为水头特性曲线。如图 2-48 水轮机水头特性曲线。

(二) 综合特性曲线

能反映水轮机各参数变化的曲线称为综合特性曲线。综合特性曲线又分为主要（或转轮）综合特性曲线和运转（或运行）综合特性曲线。

1. 主要综合特性曲线

在以 n_1' 为纵坐标和以 Q_1' 为横坐标的坐标系中，绘出等效率线 $\eta=f(n_1', Q_1')$、等导叶开度线 $a_0=f(n_1', Q_1')$、等汽蚀系数线 $\sigma=f(n_1', Q_1')$ 及相应出力限制线。该坐标系中的任意一点就表示了该轮系水轮机的一个工况（工作状态）。由这些曲线所组成的图形就可全面反映该轮系水轮机的特性，这个图形就称为水轮机的主要综合特性曲线。图 2-49、图 2-50、图 2-51、图 2-52、图 2-53 为不同类型水轮机的主要综合特性曲线示例。

主要综合特性曲线是由模型试验得出的，反映的是模型水轮机的全面特性，因此，在换算为原型参数时须进行修正。

2. 运转综合特性曲线

主要综合特性曲线虽然能全面反映水轮机的特性，但未能直观地反映水轮

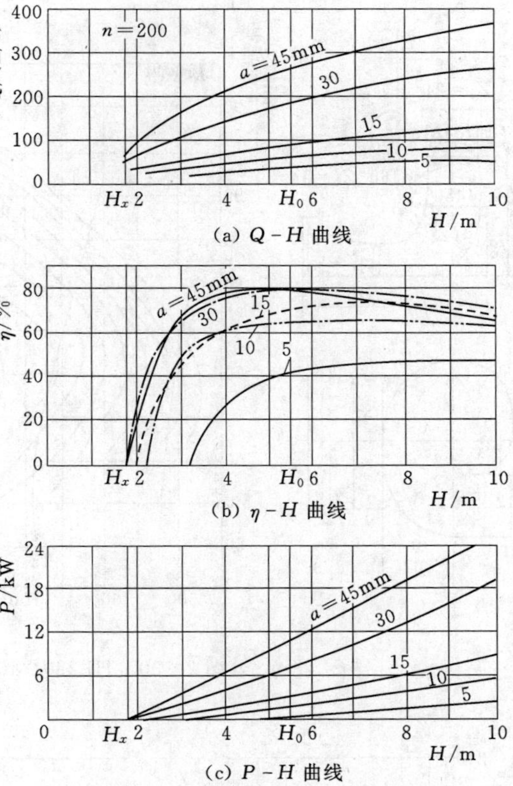

图 2-48 水轮机水头特性曲线

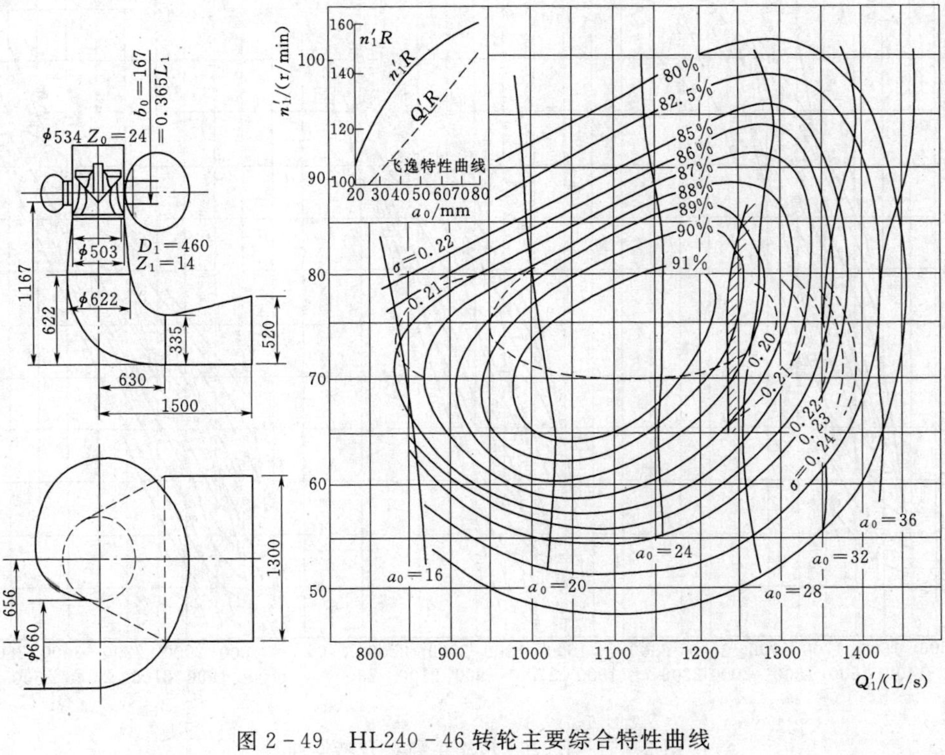

图 2-49 HL240-46 转轮主要综合特性曲线

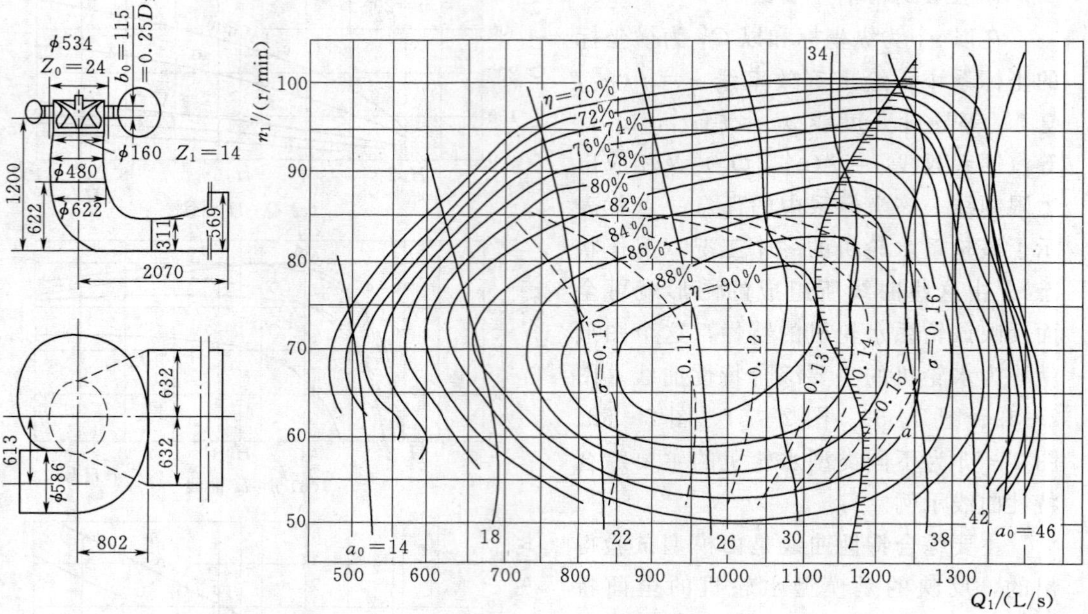

图 2-50 HL220-46 转轮主要综合特性曲线

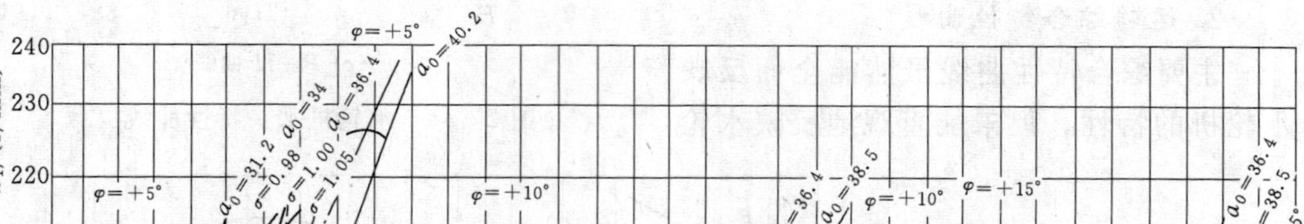

图 2-51 ZD760 转轮主要综合特性曲线

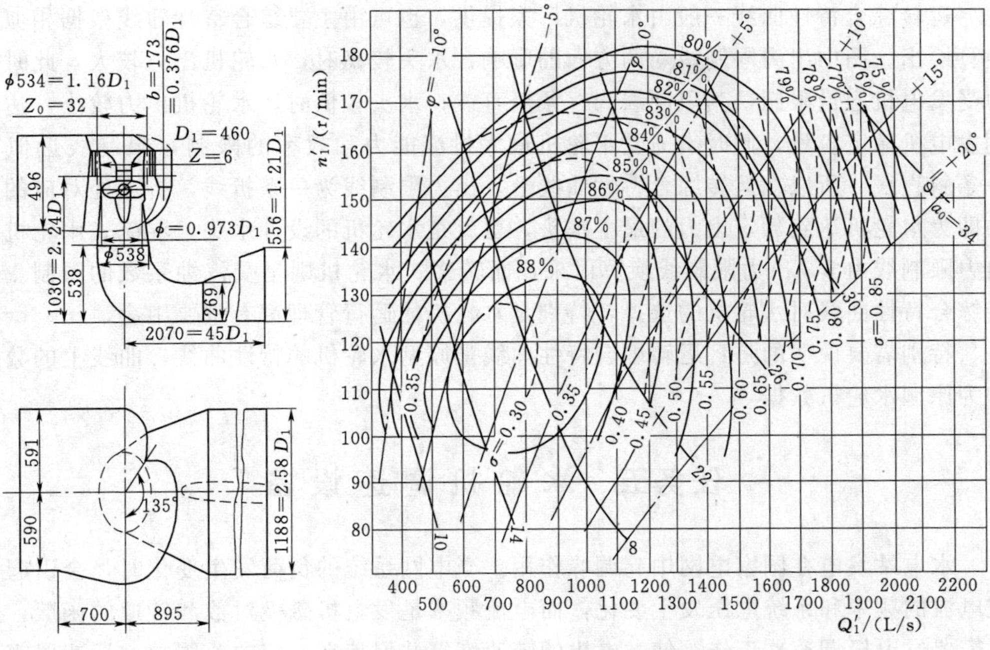

图 2-52 ZZ440 转轮主要综合特性曲线

机主要参数之间的关系，查用不便。运转综合特性曲线是表示某一固定水轮机（D_1 和 n 为定值）各主要参数之间的关系曲线，即在以 H、N 为纵横坐标的坐标系中，绘出等效率曲线 $\eta=f(N, H)$ 和等吸出高度曲线 $H_s=f(N, H)$ 及出力限制线。如图 2-53 所示。

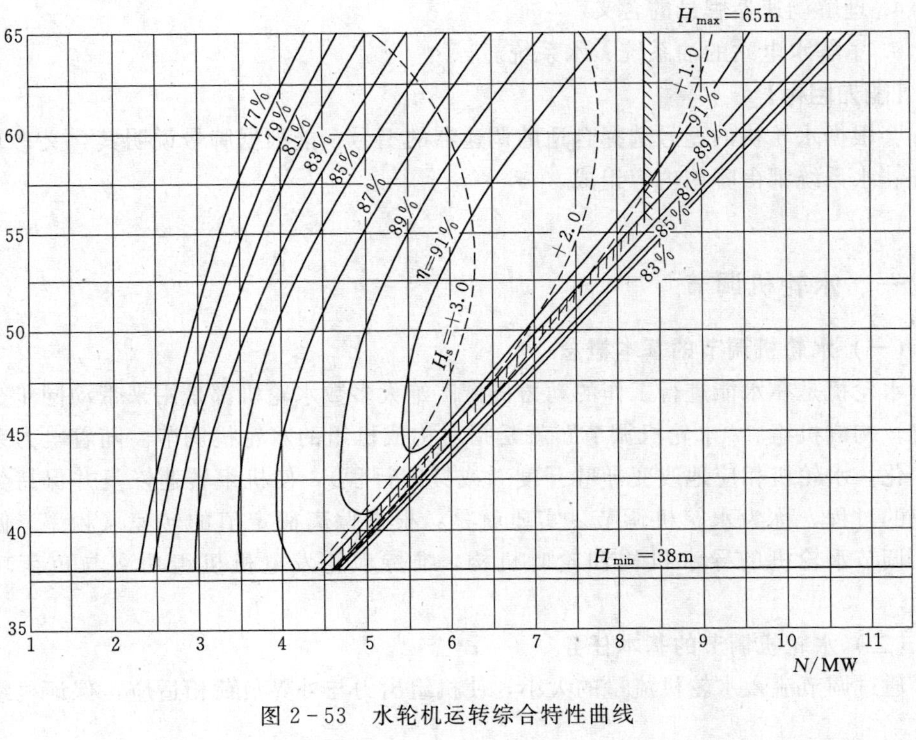

图 2-53 水轮机运转综合特性曲线

运转综合特性曲线一般由水轮机厂家提供，也可由主要综合特性曲线根据相似律换算绘出。图中出力限制线受两方面的影响：水头较高时，水轮机出力较大，此时出力受发电机容量限制，其限制线为一条竖直线；水头较低时，水轮机出力较小，达不到发电机额定容量，此时出力受水轮机最大过流能力和效率的限制，限制线近似于一条斜直线。所以在运转综合特性曲线上，出力限制线为一条折线，折点处对应的水头即为水轮机达到额定出力的最小水头，也就是水轮机的设计水头。混流式水轮机的出力限制线由5%出力限制线换算而来，而转桨式水轮机则是受汽蚀系数的限制。运转综合特性曲线对水轮机的选择，特别是水轮机的运行管理都有重要用途。

特别需要说明的是：运转综合特性曲线是原型水轮机的特性曲线，曲线上的数据均为原型水轮机数据。

任务五　水轮机调速设备

水电站发电在国家电网中起调峰作用。当电网系统的负荷发生变化时，会引起系统电流的频率和系统电压发生变化，而电流频率是发电机磁极对数和转速的函数，这时需要发电机调速器工作，使发电机的转速恢复并保持在一定的范围内。调速器都有哪些？它们是怎么工作的？

【知识目标】

1. 理解水轮机调节的概念、任务。
2. 理解水轮机调速器的工作原理。
3. 掌握调速设备的选择方法。
4. 理解调速器牌号的含义。
5. 了解水电站的油系统、水系统。

【能力目标】

会根据水轮机的型号选择合适的调速器的型号；能根据牌号说明其含义；知道油系统、水系统都由哪些内容组成。

一、水轮机调节

（一）水轮机调节的基本概念

水轮机是靠水能进行工作的动力机械。绝大多数水轮机都是用来带动同步交流发电机，构成机组。“水轮机调节”就是指对构成机组的水轮机调节。随着电力系统负荷变化，水轮机相应地改变导叶开度（或针阀行程），使机组转速恢复并保持为额定转速的过程，称为水轮机调节。实质就是：根据偏离额定值的转速（频率）偏差信号，调节水轮机的导水机构和轮叶机构，维持水轮发电机机组功率与负荷功率的平衡。

（二）水轮机调节的基本任务

通过调节流入水轮机流量的大小，使机组出力与外界负荷相适应，保证机组在额定转速下运行，从而保证机组发出的电流频率满足电力系统的要求。水轮机调节的具体任务是：

(1) 随外界负荷的变化，迅速改变机组的出力。

(2) 保持机组转速和频率变化在规定范围内。

(3) 启动、停机、增减负荷，对并入电网的机组进行成组调节（负荷分配）。

(三) 水轮机调节的途径

水轮发电机组的运动方程式为

$$J\frac{d\omega}{dt}=M_t-M_g \tag{2-64}$$

式中　J——机组转动部分的惯性矩，对一定机组为常数；

ω——机组转动角速度，$\omega=\frac{\pi n}{60}$；

$\frac{d\omega}{dt}$——机组转动角加速度；

M_t——水轮机的主动力矩，由水流对水轮机叶片作用形成，推动机组转动，$M_t=\frac{rQH\eta}{\omega}$；

M_g——发电机的阻力矩，发电机定子对转子作用力矩与 M_t 方向相反。

机组型号确定后则 J 为定值，当 $M_t=M_g$ 时 $\frac{d\omega}{dt}=0$，则转速稳定，机组稳定工作。若电力系统负荷变化时，则引起发电机 M_g 变化，$M_g\neq M_t$，就会使 $\frac{d\omega}{dt}\neq0$，会引起两种结果：

(1) $M_g>M_t$，增负荷，则 $\frac{d\omega}{dt}<0$，水轮机转速降低；

(2) $M_g<M_t$，减负荷，则 $\frac{d\omega}{dt}>0$，水轮机转速升高。

从 (1) (2) 可知，只要 $M_g\neq M_t$ 必会引起水轮机转速变化，而水轮机转速变化将会引起电流频率的变化，若频率 f 不变只需 $\frac{d\omega}{dt}=0$ 即 $M_t=M_g$ 这就需要不断调整水轮机主力矩 M_t 来适应不断变化的发电机阻力矩 M_g。水轮机引入流量的改变是通过调节水轮机导叶开度来实现的。

二、调速设备的工作原理

(一) 水轮机调速系统

1. 水轮机调速系统的组成

每台机组装设一套包括调速器、油压装置等附属设备组成的调速系统，根据电力系统要求自动调整机组的出力，同时使机组保持一定的额定转速。调速设备一般由三部分组成：调速器柜、接力器、油压设备。

(1) 调速器柜。单机容量不同，机型不同，调速系统也不一样。调速器柜的外形尺寸变化不大，一般为方形，尺寸为 800mm×800mm×1900mm。它以机械的传动杆和油管与作用筒相连。因作用筒多布置在机墩的上游侧，所以调速器柜也多布置在发电机的上游侧。

(2) 接力器。接力器是个油压活塞，大中型机组都采用两个，用来推转调节环。调节环带动导水叶来控制水轮机的引用流量，以调节机组的出力。因蜗壳上游断面尺寸较小，接力器一般布置在上游侧机墩内。

(3) 油压设备。油压设备由压力油罐、储油槽和油泵组成。油罐内油压为 2.5MPa，供推动活塞用。油压靠压缩空气维持，所以油桶内上部为压缩空气。工作后的油回到储油槽，罐内油量不足时，由油泵将油槽中的油打入罐内。油泵一般为两台，一台工作，一台备用。

2. 水轮机调速系统的特性

在水轮机调节系统适应负荷变化而保持转速不变的过程中，其工作状态有两种：一是转速不变的稳定状态，二是调节过程的调节状态。这两种状态的特性不同，第一种状态用调节系统的静特性来描述，第二种状态用动特性来描述。

(1) 静特性。机组负荷不变，则机组转速恒定，调节系统处于稳定状态下，此时机组转速与机组负荷间的关系称为调速器的静特性。

(2) 动特性。机组负荷发生变化时，调节过程中机组转速随时间的变化关系称为调速器的动特性。

(二) 调速器的工作原理

以机械液压式为例来介绍调速器的工作原理。如图 2-54 所示。

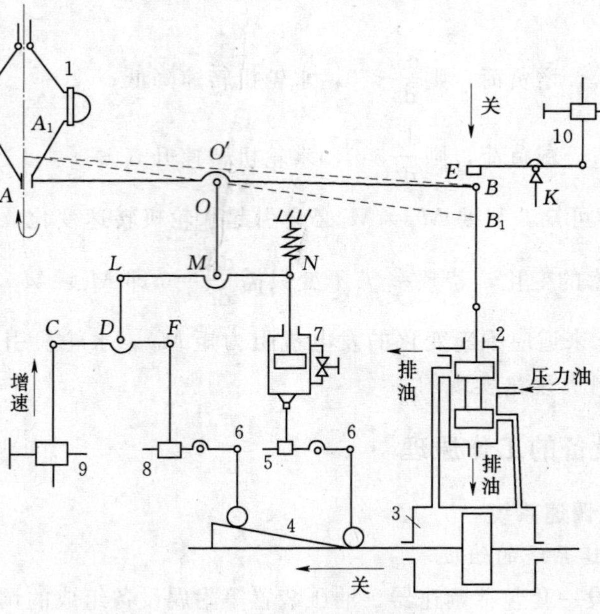

图 2-54　调速器的工作原理图

1—飞摆；2—主配压阀；3—接力器；4—斜块；5—软反馈整定装置；6—框架转轴；7—缓冲器；8—硬反馈整定装置；9—转速调整机构；10—开度限制机构

机械液压式调速器主要由离心飞摆、配压阀、接力器、缓冲器、反馈系统等组成。

转速稳定时，飞摆1转速稳定，其下端点在 A 处，主配压阀2的活塞杆端点位于 B，其两活塞封住通向接力器3两端油口，接力器不工作，此为初始平衡状态。当机组转速变化时，调速器开始工作。如负荷减小转速增加，飞摆离心力加大飞摆外张，下端到 A_1 点，AOB 杆转到 A_1OB_1 位置，使配压阀活塞下移，接力器右腔与压力油相通，左腔与排油管相通，接力器活塞左移关闭导水机构，入流量减小，水轮机转速下降。飞摆为测速，配压阀为放大，接力器为执行机构。

在调速器中仅由上述三个机构是不完善的，由于惯性的作用会形成过调，为改善过调，还应设反馈机构8。当接力器左移关闭时，活塞杆推动滑块4左移，使8点上移，若 C 点不动，D 点则上移，使 LMN 杆绕 N 点顺时针转动，M 上移，O 点移到 O' 点，使 AOB 杆占据 $A_1O'B$ 位置，主配压阀回复中间位置不向接力器供油停止动作，避免过调现象，接力器停止工作，A 点、O 点分居于 A_1、O' 位置，机组转速稍高于调节前的转速，调节前后转速有偏差，它可有利于机组合理稳定地担负电力系统分配的负荷。

机组正常运行时，有时需要人为地改变机组的转速和负荷，以完成同期并列和增减负荷，故还设有变速机构图中9。L 点除由8控制外，还可由 C 点控制，C 点由9来调整也可由人工操作。10为开度限制机构可开、停机。

三、调速器的主要设备及选择依据

（一）调速器的主要设备

调速器的主要设备包括调速器柜、油压设备和接力器三部分。中小型水轮机调速器的这三部分通常组成一个整体，也称为组合式（如图2-55所示）。组合式调速器结构紧凑，便于布置和安装，运行上也比较方便。大型水轮机调速器的油压设备和接力器尺寸均较大，采用分体式（如图2-56所示）。

图2-55　组合式调速器

图2-56　分体式调速器

调速柜也称为调速器的控制柜，它通常将测量元件、放大元件、反馈元件集成在一起，具有数据采集和数据处理功能。如果是微机调速器，其中还装有微型计算机。调速柜的面板上设置有按钮和键盘，在水轮机安装和检修期间，用于调整相关参数。水轮发电机组正常运行时，调速器自动工作，改变运行方式以及开机或关机等操作，通常是通过中控室控制台上的按钮或计算机键盘完成，而无须在调速柜上直接操作。

油压设备是供给调速器压力油能源的设备，由压力罐、回油箱、油泵、输油管及附件组成。

油罐中油的比例占30%～40%，高压空气的比例占60%～70%，额定工作油压有的电站为2.5MPa，有的电站为4.0MPa。调速器工作时的高压油来自油罐，低压侧的油通过回油管路进入回油箱。随着压力油罐内的油位降低，对于额定油压为2.5MPa的电站，当油压降到正常工作油压2.3～2.7MPa的下限时，油泵自动启动，将回油箱中的油泵入压力油罐，油压达到工作油压上限时，油泵停止工作。

接力器是调速器的执行元件，调速功的大小，不仅和调速器的工作油压有关，还和接力器活塞的面积有关。为了工作平稳和获得较大的调速功，大、中型水电站每台机组通常设置有两个或两个以上的接力器。

（二）调速设备的选择

1. 调速器的系列

在微机调速器出现以前，我国曾制定了反击式水轮机调速器的系列型谱，如表2-5所示。表中的型号由三部分组成，各部分用短横线分开。

表2-5　　反击式水轮机调速器系列型谱

<table>
<tr><th colspan="2" rowspan="3">类　型</th><th colspan="4">型　号</th></tr>
<tr><th colspan="2">压力油箱式</th><th colspan="2">通流式</th></tr>
<tr><th>大型</th><th>中型</th><th>小型</th><th>特小型</th></tr>
<tr><td rowspan="2">单调节调速器</td><td>机械液压式</td><td>YT-100</td><td>YT=1800
YT-3000</td><td>YT-300
YT-600
YT-1000</td><td>TT-35
TT-75
TT-150
TT-300</td></tr>
<tr><td>电气液压式</td><td>DT-80
DT-100
DT-150</td><td>YDT-800
YDT-3000</td><td></td><td></td></tr>
<tr><td rowspan="2">双调节调速器</td><td>机械液压式</td><td>ST-100
ST-150</td><td></td><td></td><td></td></tr>
<tr><td>电气液压式</td><td>DST-80
DST-100
DST-150
DST-200</td><td></td><td></td><td></td></tr>
</table>

第一部分用来表明调速器的基本特性和类型，采用汉语拼音的第一个字母：大型（无代号），中型带油压装置（Y）；机械液压型（无代号），电气液压型（D）；单调（无代号），双调（S）；调速器（T），通流式调速器（TT）。

第二部分的阿拉伯数字，对于中小型调速器是指最高工作油压下的主接力器工作容量（kg·m），对于大型调速器是指主配压阀的直径（mm）；字母 A、B、C、D…表示改型标记。

第三部分表示调速器的额定油压，也采用阿拉伯数字。为简便起见，对接力器工作容量为 $25kg/cm^2$（约 2.5MPa）及以下者不加表示，而对额定油压较高者则用油压数值表示。

型号示例：

（1）YT－3000，表示中型带油压装置的机械液压单调节型调速器，其接力器工作容量为 3000kg·m（29419.95N·m）。

（2）DST－100A－40，表示大型电气液压双调节型调速器，主配压阀直径为 100mm，经第一次改型后的产品，额定工作油压为 $40kg/cm^2$（约 4.0MPa）。

微机调速器出现以后，虽然已在我国的许多水电站投入使用，也是今后新建水电站的首选产品。但微机调速器在我国还处于不断的发展完善阶段，目前我国还没有制定出统一的标准系列和相应详细的技术标准，各生产厂家对型号的标注还不完全统一，因此在选择微机调速器时，要求对当时微机调速器的现状有足够的了解。

2. 调速器选择的一般原则

选择调速器的一般原则有以下几点：

（1）根据水轮机的出力和水头等有关参数，对小型机组，确定出所需的调速功；对大、中型机组，确定出接力器的直径和容量、主配压阀的直径及压力油箱（罐）的总容积，从而选出相应的调速器。

（2）对于大型水电站及中小型水电站中容量相对较大、在小电网中担任调频任务、单机带孤立负荷的运行方式、对电能品质要求较高或在系统中有较大冲击负荷的电站，应选择调节品质好、自动化程度高的调速器。

（3）当机组引水管道较长，有可能在压力管道内产生较大水击压力的情况下，宜选择调节规律较好的调速器，以减少水击压力。

（4）对于容量较小、在系统中地位不重要、经常承担基荷的机组，宜选用调节方式简单、性能稳定、价格便宜的调速器以节省投资。

（5）选择调速器应考虑和相关设备的功能匹配和协调，避免高端产品和低端产品结合，导致通讯不畅，利用率不高，造成不必要的浪费。

3. 中小型调速器的调速功估算

中小型水轮机的调速功是指接力器活塞上的油压作用力与其行程的乘积（kg·m），对反击式水轮机一般可采用以下经验公式进行计算：

$$A=(200\sim500)Q\sqrt{H_{max}D_1} \tag{2-65}$$

式中　A——调速功，kg·m；

H_{max}——最大水头，m；

Q——最大水头下额定出力时的流量，m^3/s；

D_1——水轮机转轮直径，m。

冲击式水轮机所需要的调速功 A 可按下式进行计算：

$$A=Z_0\left(d_0+\frac{d_0^3H_{\max}}{6000}\right) \tag{2-66}$$

式中 Z_0——喷嘴数目，个；

d_0——额定流量时的射流直径，m。

由计算出的调速功选择合适类型的调速器。

4. 大型水轮机调速器主接力器的选择

(1) 导叶接力器的选择。大型调速器通常采用两个接力器来操作导水机构，每个接力器的直径 d_0 可按下列经验公式计算：

$$d_s=\lambda D_1\sqrt{\frac{H_{\max}b_0}{P_0D_1}} \tag{2-67}$$

式中 λ——计算系数，可由表 2-6 查取；

P_0——调速系统的额定油压，kg/cm^2（或 MPa）；

b_0——导叶高度，m；

D_1——水轮机转轮直径，m。

表 2-6 中，λ 较小值用于型谱中一般过流能力的转轮，较大值用于增大流量改进后的新转轮。

表 2-6 计算系数 λ

水轮机水头范围	水轮机型式	标准导叶型式	叶型相对偏心 e_0	蜗壳包角 φ_0/(°)	λ
所有水头	混流式	不对称	0.05	345	0.140～0.155
		对称	0.05	345	0.135～0.150
低水头	轴流式	对称	0.05	180	0.135～0.150
				225～270	0.145～0.160
中水头		不对称	0.05	225～270	0.135～0.150
高水头				345	0.135～0.150

由式 (2-67) 计算得到 d_s 值，便可在标准接力器系列表 2-7 中选择相邻较大的直径。

表 2-7 标准接力器系列

接力器型号	200	225	250	275	300	325	350	375	400	450
直径/mm	500	550	600	650	700	750	800	850	900	

接力器最大行程 $S_{\max}$ (mm) 可由下列经验公式求得，即

$$S_{\max}=(1.4\sim1.8)a_{0\max} \tag{2-68}$$

式中 $a_{0\max}$——导叶最大开度，mm。

$a_{0\max}$ 可由模型水轮机的导叶最大开度 $a_{0M\max}$ 依式 (2-69) 换算求得，即

$$a_{0\max}=a_{0M\max}\frac{D_0Z_{0M}}{D_{0M}Z_0} \tag{2-69}$$

式中 D_0、D_{0M}——原型和模型水轮机导叶的轴心圆的直径；

Z_0、Z_{0M}——原型和模型水轮机的导叶数目。

式（2-68）中较小的系数用于转轮直径 $D_1<5\text{m}$ 的情况。将所求得的 $S_{\max}$ 的单位化为 m，则可求得两个接力器的总容积$\overline{V_s}$（m^3）为

$$\overline{V_s}=2\pi\left(\frac{d_s}{2}\right)^2 S_{\max}=\frac{\pi d_s^2 S_{\max}}{2} \tag{2-70}$$

(2) 转桨式水轮机转轮的叶片接力器的计算。转桨式水轮机转轮叶片接力器设在轮毂内，它的直径 d_c、最大行程 S_c 和容积$\overline{V_c}$可按式（2-71）和式（2-72）进行估算。

$$d_c=(0.3\sim0.45)D_1\sqrt{\frac{25}{P_0}} \tag{2-71}$$

$$S_c=(0.036\sim0.072)D_1 \tag{2-72}$$

$$\overline{V_c}=\frac{\pi {d_c}^2}{4}S_c \tag{2-73}$$

在式（2-71）和式（2-72）中，较小的系数用于 $D_1>5\text{m}$ 的水轮机。

5. 水轮机调速器主配压阀的选择

通常主配压阀的直径与通向接力器的油管直径是相等的。通过主配压阀油的流量为

$$Q=\frac{\overline{V_s}}{T_s} \tag{2-74}$$

式中 T_s——导叶从全开到全关的直线关闭时间，s。

导叶接力器的容积$\overline{V_s}$还可由推动导叶的调速功进行估算，此处不再赘述。

油管直径即主配压阀的直径为

$$d=\sqrt{\frac{4Q}{\pi v_m}} \tag{2-75}$$

式中 v_m——管内油的流速，一般在 4～8m/s 范围内选取，管道较短和工作油压较高时可选用较大的流速。

大型调速器是以主配压阀的直径为表征组成系列的，因此按式（2-75）计算出主配压阀直径 d，便可选择对应的调速器型号。

对于双调节的转桨式水轮机，操作转轮叶片的主配压阀直径与操作导水机结构的主配压阀直径相同，由于转轮叶片接力器运动速度一般比导叶接力器缓慢得多，所以能够满足导叶接力器运动的主配压阀也一定能够满足转轮叶片接力器的要求。

6. 水轮机调速器油压装置的选择

油压装置的工作能力是以压力油箱的总容积和额定油压为表征的。压力油箱的总容积$\overline{V_k}$可按式（2-76）、式（2-77）估算。

混流式水轮机：

$$\overline{V_k}=(18\sim20)V_s \tag{2-76}$$

转桨式水轮机：

$$\overline{V_k}=(18\sim20)V_s+(4\sim5)\overline{V_c} \tag{2-77}$$

四、水电站油系统

在水电厂中，机组调节系统工作时，能量的传递和机组转动部分的润滑与散热等，一般都是用油作介质来完成的，油系统是为水电厂用油设备服务的，油系统由一整套设备组成，它用来完成用油设备的给油，排油及净化处理等工作。

（一）油的作用

1. 透平油的作用

（1）在机组轴承中与瓦间进行润滑。

（2）利用冷却水在油中循环带走轴承热量的方法对瓦进行散热。

（3）在调速器与球阀控制中进行力矩的传递（或作为操作控制用油）。

2. 绝缘油的作用

（1）绝缘，对变压器的线圈和线圈之间，线圈和铁芯之间，线圈和外壳之间进行绝缘。

（2）散热，变压器油受热后产生对流，对变压器的线圈和铁芯进行散热。

（3）防腐，变压器油还能使木材，低等绝缘材料保持原有的化学和物理性能，并且有对金属的防腐作用。

（4）熄灭电弧。

（二）油的基本性质及其对运行的影响

1. 黏度

当液体质点受外力作用而相对移动时，在液体分子间产生的阻力称黏度，即液体的内摩擦力。

2. 凝固点

油品刚刚失去流动性时的温度称为凝固点。

3. 水分

油中水分的来源，一是外界侵入，二是油氧化而生成。油中含有水分会助长有机酸的腐蚀能力，加速油的劣化，使油的耐压降低。

4. 绝缘强度

在绝缘油中放一对电极，并施加电压，当电压升高到一定数值时，电流突然增大产生火花，这便是绝缘油的击穿，这个开始击穿的电压称“击穿电压”。绝缘强度是以标准电压下的击穿电压表示的，绝缘强度是保证设备安全运行的重要条件。

（三）油的劣化和净化处理

油在运输和贮存过程中，经过一段时间后，由于各种原因改变了油的性质，以致不能保证设备的安全、经济运行，这种变化称为油的劣化。油劣化的根本原因是油和空气中的氧气发生了作用，即油被氧化造成的。

影响油劣化的因素有水分、温度、空气、天然光线、电流及其他不良因素，一般预防油劣化的措施是：消除水分侵入；保持设备正常工况，不使油温过热（根据透平油油温不得高于45℃，绝缘油不得高于65℃）；减少油与空气的接触，防止泡沫形成；避免阳光直接照射；防止电流的作用，油系统设备选用合适的油漆等。

油的净化处理常用的方法有澄清、压力过滤和真空过滤，这三种都是机械净化方法。其中压力过滤能彻底消除机械杂质，但消除水分不彻底；真空过滤能彻底消除水分，但不能消除机械杂质。

（四）油系统的任务及组成

油系统是用管网把用油、贮油、油处理设备连接起来的油务系统。其任务是：接受新油；贮备净油；给设备充油；给运行设备添油；从设备中排出污油；污油的净化处理；油的监督与维护；收集和保存废油。油系统由油库、油处理室、油化验室、油再生设备、管网和测量及控制元件所构成。

五、压缩空气系统

（一）压缩空气系统的组成及布置

压缩空气系统的组成有空压机、储气罐、输气管、测量控制元件。

用气设备如远离厂房（如高压开关站及进水口），则在该处另设有压缩空气系统，厂房内高低压系统均要设置。空气压缩机室一般布置在水轮机层，安装间的下面，其噪声很大，要远离中央控制室，并满足防火防爆要求。

（二）压缩空气系统的作用

空气具有极好的弹性（即可压缩性），经压缩后，是储存压力能的良好介质。压缩空气使用方便、安全可靠，易于贮存和运输，因此，在水电站得到了广泛应用，无论在机组运行中还是在检修和安装过程中，均需使用压缩空气。

压缩空气系统在水电站中的应用主要有以下几个方面：

（1）水轮机调节系统及进水阀操作系统的油压装置用气。

（2）机组停机时制动用气。

（3）机组调相运行时转轮室充气压水及补气。

（4）维护检修及吹污清扫用气。

（5）水轮机主轴检修密封及进水阀空气围带用气。

（6）机组轴承气封、发电机封闭母线正压用气。

（7）水轮机尾水管强迫补气用气。

（8）灯泡贯流式机组发电机舱密闭增压散热用气。

（9）水泵水轮机压水调相和水泵工况压水启动用气。

（10）配电装置、发电机空气断路器用气。

（11）在寒冷地区闸门、拦污栅等处防冻吹冰用气。

六、水电站水系统

（一）供水系统

1．供水对象及要求

水电站厂房内的供水系统包括技术供水、生活供水、消防供水。技术供水包括冷却及润滑用水，如发电机的空气冷却器、机组导轴承和推力轴承的油冷却器、水润滑导轴承、空气压缩机气缸冷却器、变压器的冷却设备等。耗水量最大的是发电机和变压器的冷却用水，可达技术用水的80%左右，要求水质清洁、不含对管道和设备有害的化学成分。

2. 供水系统布置及供水方式

一般供水系统是从压力管道取水、上游水库取水、下游水泵取水和地下水源取水。供水系统由水源、供水设备、水处理设备、管网和测量控制元件组成。管路应尽可能靠近机组，以缩短管线并减少水头损失。供水泵房应布置在水轮机层或以下的洞室内。为保证水质，用水管把水引向过滤设备，经过滤后再分配用水。

(1) 水泵供水：当水电站的水头太低（水压力不够）或太高（需要减压设备）时采用此方式供水。

(2) 自流供水：适用于水头在12～60m之间的水电站，但当水头大于40m时需要减压设备。坝后式厂房从水库引水，引水式厂房从压力水管引水。

(3) 混合式供水：水电站水头变化较大时采用，高水头用自流方式，低水头时用水泵。

消防用水要求水流能喷射到建筑物的最高部位，水量一般为15L/s。消防用水可从上游压力管道、下游尾水渠或生活用水的水塔取水，并且应设置两个水源。生活用水根据工作人员的多少决定。

(二) 排水系统

1. 排水系统的作用和排水方式

厂房内的生活用水、技术用水、阀门或建筑物及其他设备的渗漏水，均需及时排走。发电机冷却用水等均自流排往下游。不能自流排除的用水和渗水，则集中到集水井，再用水泵排到下游，这个系统称为渗漏排水系统。

机组检修时常需要排空蜗壳和尾水管，为此需设检修排水系统。检修时，将检修机组前蝴蝶阀或进水闸门关闭，将蜗壳及尾水管中的水自流经尾水管排往下游。当蜗壳和尾水管中的水位等于下游尾水时，关闭尾水闸门，利用检修排水泵将余水排走。检修排水可采用下列几种方式：

(1) 集水井。各尾水管与集水井之间以管道相连，并设阀门控制，尾水管的积水可自流排入集水井，再用水泵排走。

(2) 排水廊道。在厂房最低处沿纵轴线设一廊道，各尾水管的积水直接排入廊道，再以水泵排走。由于廊道体积大，尾水管中积水排除迅速，可缩短检修时间。

(3) 分段排水。在每两台机组之间设集水井和水泵，担负两台机组的检修排水。

(4) 移动水泵。需检修某台机组时，临时移动水泵装在该处进行排水。

2. 排水系统的布置要求

水泵集中在水泵房内，集水井设在水泵房的下层。集水井通常布置在安装间下层、厂房一端、尾水管之间或厂房上游侧。集水井的底部高程要足够低，以便自流集水。每个集水井至少设两台水泵，一台工作，一台备用。

任务六　水轮发电机及附属设备

发电机是将水轮机的旋转机械能转化为电能的设备。发电机都有哪些类型，它的安装方式有哪些，辅助设备有什么组成，在这里将为大家介绍。

【知识目标】

1. 了解发电机的类型。

2. 掌握发电机的安装方式。

3. 了解发电机的附属设备。

【能力目标】

知道水轮发电机的类型有哪些；会正确进行发电机安装方式的选择；知道发电机的附属设备有哪些。

一、水轮发电机

（一）水轮发电机类型及传力方式

发电机是实现机械能向电能转化的主要电气设备，竖轴水轮发电机就其传力方式可分为两大类：

1. 悬挂式发电机

推力轴承位于转子上方，支承在上机架上。悬挂式发电机转动部分（包括发电机转子、水轮机转轮、大轴和作用于转轮上的水压力）的重量，通过推力头和推力轴承传给上机架，上机架传给定子外壳，定子外壳再把力传给机墩，整个机组好像在上机架上挂着一样，因此称为悬挂式。如图 2-57 所示。

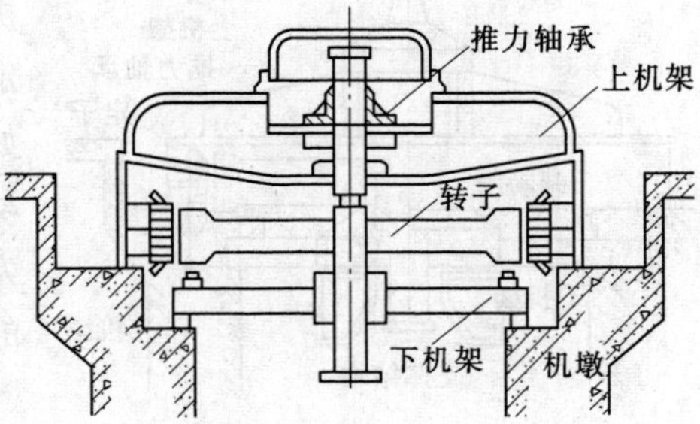

图 2-57　悬挂式发电机

下机架的作用是支撑下导轴承和制动闸，下导轴承是防止摆动的。当机组停机时，需用制动闸将转子顶起，以防烧毁推力头和推力轴承。制动闸反推力、下导轴承自重等通过下机架传给机墩。发电机楼板自重和楼板上设备重量通过通风道外壳传到机墩上。高转速的发电机则多做成悬挂式的，因其转子直径小、高度大、重心高。

2. 伞式发电机

伞式发电机推力轴承位于转子下方，设在下机架上。整个发电机像把伞，推力头像伞柄，转子像伞布，故称伞式发电机。

（1）普通伞式，有上下导轴承。机组转动部分的重量通过推力头和推力轴承传给下机架，下机架再把力传给机墩。上机架只支撑上导轴承和励磁机定子。由于利用水轮机和发电机之间的轴安放推力头，上机架的高度可减小，轴长可缩短，因而降低了厂房高度。发电机的重量比悬挂式要小，发电机转子可单独吊出，不需卸掉推力头，安装检修都比较方便。

伞式发电机转子重心在推力轴承之上，重心较高，运转时容易发生摆动，应用范围受到限制。对于大容量、低转速的发电机，由于转子直径大、高度小、重心低，多做成伞式。如图 2-58 所示。

(2) 半伞式，有上导轴承，无下导轴承。此种形式的发电机通常将上机架埋入发电机层地板以下。如图 2-59 所示。

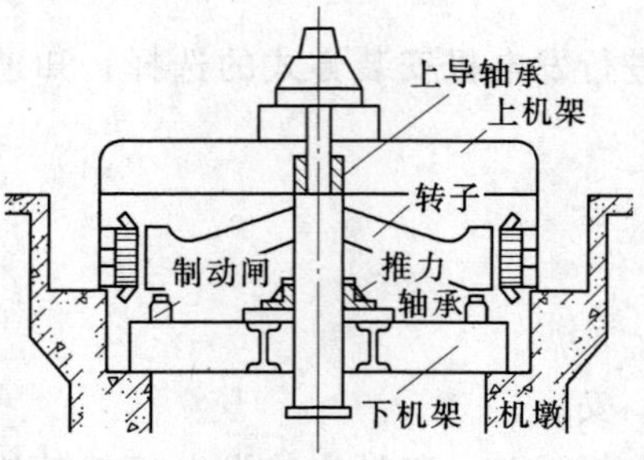

图 2-58 普通伞式发电机示意图

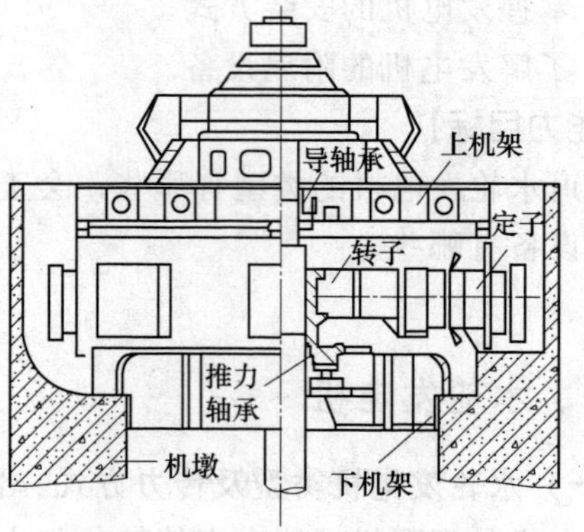

图 2-59 半伞式发电机示意图

(3) 全伞式，无上导轴承，有下导轴承。机组转动部分的重量通过推力轴承的支撑结构传到水轮机顶盖上，通过顶盖传给水轮机墩环。这种发电机的上机架仅仅支撑励磁机定子和上导轴承的重量，结构简单，尺寸小，如图 2-60 所示。下机架只支撑下导轴承和制动闸的反作用力，结构尺寸也较小。这种传力方式进一步缩短了发电机的轴长，减小了转子的重量，同时也降低了厂房的高度。

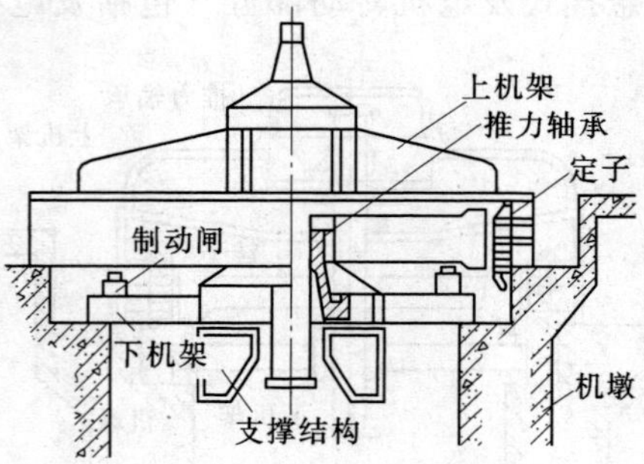

图 2-60 全伞式发电机示意图

(二) 发电机的励磁系统

励磁系统是向发电机转子供给形成磁场的直流电源。一般每台发电机都设各自独立的励磁系统。励磁系统包括励磁机和励磁盘。

1. *励磁机*

实际上是直流发电机，其励磁方式有采用与水轮发电机同轴的励磁机的直接励磁系统。采用直流发电机，由水银整流器组成的离子励磁系统、半导体整流等非直接励磁系统。大型水轮发电机多采用静电可控硅励磁方式。

2. *励磁盘*

它是装设水轮发电机励磁回路的控制设备和自动调整装置的配电盘，其作用是控制和调整水轮发电机的励磁电流。每台发电机一般有 3～5 块励磁盘。一般布置在发电机层的上游侧或下游侧。

（三）发电机的支承结构——机墩

机墩是发电机的支承结构，其作用是将发电机支承在预定位置上，并为机组的运行、维护、安装和检修创造条件。对于立式机组的机墩承受水轮发电机组的全部动、静荷载，这些荷载通过机墩传到水下混凝土。为保证机组正常运行，要求机墩具有足够的强度和刚度，同时具有良好的抗振性能，一般为钢筋混凝土结构。常见的机墩形式有以下几种。

1. 圆筒式机墩

其结构形式为厚壁钢筋混凝土圆筒，其壁厚在1m以上。外部形状可是圆形，也可是八角形。内壁为圆形的水轮机井，其直径一般为转轮直径的1.3～1.4倍。

圆筒式机墩的优点是刚度较大，抗压、抗振、抗扭性能较好，结构简单，施工方便。我国大中型电站采用较多。其缺点是水轮机井空间狭小，水轮机的安装、维修、维护不方便。

2. 环形梁立柱式机墩

由环形梁和立柱组成，发电机坐落在环形梁上，立柱底部固结在蜗壳上部混凝土上，并将荷载传到下部块体结构。此种机墩的优点是混凝土用量省，水轮机顶盖处宽敞，立柱间净空对设备的布置、机组的出线、安装、维修均比较方便。缺点是机墩刚度小，抗振、抗扭性能较差，一般用中小型机组。

3. 构架式机墩

机墩是由两个纵向刚架和两根横梁组成。发电机支承在框架上部的梁系上，并由框架将荷载经蜗壳外围混凝土传至下部块体结构。其优点是节约材料，施工简单，造价低。构架下面的空间便于布置管路和辅助设备，机组安装、检修都较方便。缺点是刚度更小，仅适用于小型机组。

（四）发电机的布置方式

发电机的布置方式是按发电机与发电机层楼板的相互位置划分的，常见的有定子外露式、定子埋入式、上机架埋入式三种。

1. 定子外露式布置

外露布置也叫开敞式，发电机定子完全露出于发电机层地面以上。此种布置在大型机组中不多见，因其占去发电机层地板很多位置，显得拥挤，同时水轮机层高度小，不便其间布置夹层。

2. 定式埋入式布置

发电机定子埋入发电机层楼板下机坑内。此种布置使得发电机层较宽敞，由于提高了发电机层高程而增高了水轮机层高度，可利用增设中间层布置发电机引出线及电气设备。目前采用较多。

3. 上机架埋入式布置

当单机容量在100MW以上的大型机组常采用上机架埋入布置，即发电机定子及上机架全部埋设在发电机层楼板之下，发电机层只留有励磁机。这样要增加一些厂房的高度，但发电机层较宽敞，检修场地大，利于各种控制设备和辅助设备的布置，有可能减小厂房的宽度。

（五）发电机的冷却与通风

发电机运行时会引起发热，如不进行冷却，会使机组效率降低甚至损坏。目前主要是依靠通风设备用冷空气冷却。发电机的通风方式与发电机的布置方式密切相关，主要有开敞式、川流式、半川流式和密闭式四种。

小型立轴水轮发电机采用开敞式通风，自厂房及机坑内吸入冷空气，热空气排入主机房中，适用于开敞式布置的发电机。

单机容量在10000kW以下的埋没式或半岛式布置的发电机，常采用川流式或半川流式通风，冷空气自水轮机机坑内或室外进入发电机，从定子出来的热风排出厂外或机房。

对于大容量埋没式或半岛式布置的发电机，宜采用密闭式通风，定子周围设置空气冷却器，冷却器冷却后的冷风经专设风道进入转子，热风从定子送入空气冷却器冷却，循环冷却时空气量是固定的。

二、水轮发电机附属设备

发电机的附属设备主要有主引出线、中性点设备、励磁系统、机旁盘和发电机的冷却设备等。

（一）发电机主引出线及其布置

主引出线即母线，一般采用方形的汇流铜排或铝排。由于母线价格较贵，故要求在厂房内母线长度应最短，并且是明线，没有干扰，出线要畅通，母线道应干燥，且通风散热条件好。故主引出线由发电机定子上的引出端接出后，通过主出线道进入母线道，经低压配电装置，最后接主变压器。引出线一般固定在出线层天花板的母线架上，并用铁丝网围护。在引出线上，常接有电压和电流互感器等。中性点的位置应与发电机主引出线位置错开一定角度。容量大的机组在中性点需设消弧线圈，可将它布置在机墩附近。

（二）励磁盘及其布置

励磁盘是用于控制和调整发电机励磁电流的，每机有3～5块，它与励磁机联系较多，故最好布置在空气比较干燥的主机房内，或布置在与发电机层同高的副厂房内。

（三）机旁盘及其布置

机旁盘一般包括机组自动操作盘、继电保护盘，测量盘和动力盘等，每机3～5块，用来监视和控制机组运行。采用电气液压调速器时，其电气元件盘常和机旁盘并列布置在一起。机旁盘常布置在发电机层主机的侧旁。对于采用金属蜗壳的中高水头水电站厂房，机旁盘与调速器操作柜常布置在发电机层上游侧。机旁盘与厂房墙之间应有不小于0.8m的检修试验通道，盘面至发电机风道盖板边缘或吊物孔边缘之间应有0.6～0.8m的通道，以便在机组或主阀检修时，盘前仍可通行。

任务七　水轮机选型基本知识

水轮机选型是水电站设计的第一步，面对原始的地形图和水文数据资料，怎样进行水轮机选型、水电站设计呢？这里介绍水轮机选型的基本知识。

【知识目标】

1. 了解水轮机选型设计的基本内容、基本要求。

2. 掌握水轮机台数的确定原则。

3. 了解水轮机的标准系列。

【能力目标】

会根据已知资料确定水轮机台数；会根据水轮机系列型谱选择水轮机类型；会根据公式进行蜗壳、尾水管尺寸计算。

一、水轮机选择

水轮机是水电站中最重要的动力设备之一，由于它关系到水电站的工程投资、安全运行和经济效益等重大问题。因此在水能规划的基础上，根据水电站的水头和负荷的工作范围、水电站的运行方式，正确进行水轮机选择是水电站设计中的主要任务之一。

（一）水轮机选型设计的基本内容

水轮机选型设计包括以下基本内容：

（1）根据水能规划推荐的电站总容量确定机组的台数和单机容量。

（2）选择水轮机的型号及装置方式。

（3）确定水轮机的转轮直径、额定出力、同步转速、安装高程等基本参数。

（4）绘制水轮机的运转特性曲线。

（5）确定蜗壳、尾水管的型式及它们的主要尺寸，以及估算水轮机的重量和价格。

（6）选择调速设备。

（7）结合水电站运行方式和水轮机的技术标准，拟定设备定购技术条件。

（二）水轮机选型设计的基本要求

水轮机的选型设计要充分考虑水能、水文、地质、枢纽布置以及水轮机制造、运输、安装、运行维护和电力系统等诸方面的因素，并和水工、电气设计协调，列出水轮机可能的待选方案进行动能经济比较和综合分析，力求选出技术上先进可靠、经济上合理的水轮机，具体的要求可归纳如下。

（1）水轮机有较好的能量特性，在额定水头能保证发出额定出力，额定水头以下的机组受阻容量小，水电站全厂机组平均效率高。

（2）水轮机性能要与水电站的整体运行方式和谐一致，运行稳定，可靠灵活。有良好的抗空蚀和抗磨损性能，对多泥沙河流上的电站更应如此。

(3) 水轮机的结构设计合理，便于安装与操作、检修与维护。

(4) 选择生产实力强、制造技术水平高、合作信誉好的制造厂商，使机组制造、供货、设备的技术要求能得到可靠保证。

(5) 考虑适度合理的经济节省原则。

(三) 水轮机选型设计须要收集和整理的基本资料

水轮机选型设计时须要收集和整理的基本资料有以下几方面。

1. 枢纽工程资料

枢纽工程资料包括河流水能总体规划、开发方式、水文、地质、水库调节性能、枢纽布置、电站类型、厂房型式、工程施工组织、工期安排等资料。其中水电站的总装机容量、保证出力、径流数据、水质状况、上游特征水位与下泄流量间的关系、下游水位与流量关系、引水渠道特征尺寸与底坡等都是选型设计时要直接使用的主要资料。

2. 电力系统资料

电力系统资料包括电站所在系统负荷构成、负荷规划、电站在系统中担当的角色、系统对电站的特殊要求及与其他电站并列调配运行方式等。

3. 水轮机产品技术资料

水轮机产品技术资料包括国内外水轮机的型谱、产品目录及相关技术特性资料，水轮机生产厂商的技术水平、执行标准、经营状况与信誉等级，国内外正在设计、施工和已经运行的同类水电站的水轮机选型设计及运行效果等方面的有关资料。

4. 运输及安装条件

了解设备供应地和水电站之间的交通条件、设备的现场装配条件、现场使用专用加工设备的可行性等。

5. 其他

工程投资意向及一些其他特殊要求。

(四) 确定机组台数和单机容量时要考虑的因素

依据水能计算结果确定电站总装机容量时，不仅要考虑电站设计保证率、保证出力、备用容量、多年平均发电量、水电站年利用小时等动能参数，还要从宏观上考虑水电站的总投资，年效益等经济指标。除有特殊要求或在小型水电站中受来流条件限制，才考虑安装不同型号和不同容量的机组外。一般情况下，同一水电站中希望安装同一型号和相同容量的水轮机。这对电站的设计、建设以及运行与维护都是有利的。下面的讨论是基于安装相同型号和相同单机容量的机组进行的。确定水电站机组台数和单机容量时，还要综合考虑下面的因素。

1. 机组台数与工程建设费用的关系

在水电站的装机容量基本已定的情况下，机组台数增多，单机容量减小。通常大机组单位千瓦耗材少，整体设备费用低；另外，机组台数少，厂房所占的平面尺寸也会减少。因此，较少的机组台数有利于降低工程建设费用。

2. 机组台数与设备制造、运输、安装及枢纽布置的关系

单机容量大，可能会在制造、安装和运输方面增加一定的难度。然而有些大型或特大型水电站，由于受枢纽平面尺寸的限制，总希望单机容量制造得大些，如葛洲

坝、三峡水电站。

3. 机组台数与水电站运行效率的关系

水轮机在额定出力或接近额定出力时，运行效率较高。机组台数不同，水电站的平均效率也不同。图 2-61 中给出了水电站安装 1 台、2 台和 4 台机时单机效率和水电站平均效率的关系。机组台数越少，平均效率越低。但机组台数多到一定程度，再增加台数对水电站运行效率增加的效果就不显著了。通常在系统中担任基荷的水电站，经常满负荷运行，一般选择较少的机组台数。若在系统中担任峰荷且承担调频任务，由于负荷经常变动，为了使每台机都能在高效率区工作，则相应选择较多的机组台数。

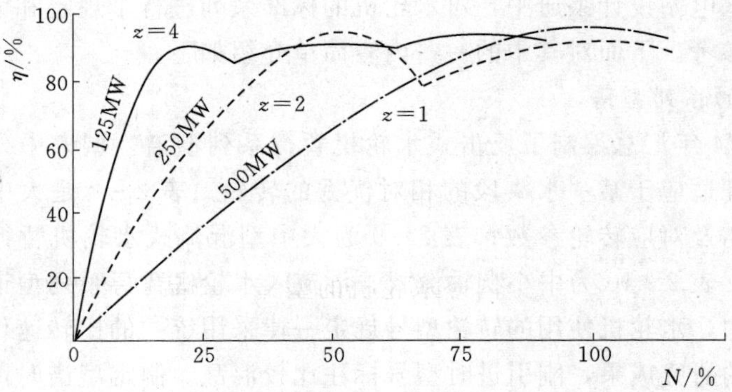

图 2-61　机组台数对效率的影响

另外，机型不同，高效区范围大小也不同。如轴流转桨式水轮机或水斗式水轮机就要比混流式机组高效率区域宽，而轴流定桨式水轮机高效率工作区域最窄。对于高效率工作区较窄的，机组台数应适当多一些。

4. 机组台数与水电站运行维护的关系

机组台数多，单机容量小，运行方式灵活，单台事故所产生的影响小，机组轮换检修容易安排，难度也小。但机组台数多，发生事故的概率也随之增高，同时管理人员多，维护耗材多，运行费用也相应提高。

5. 机组台数与电气主接线的关系

对采用扩大单元的电气主接线方式，机组台数为偶数有利。但由于大型机组主变压器受容量限制，采用单元接线方式，机组台数的单、偶数就无所谓了。

从上面的分析可以看出，在选择水电站机组台数时，要考虑的因素很多，彼此关联，甚至相互制约。因此，在确定机组台数时，要根据具体条件具体分析，进行综合平衡。一般电站机组不应少于 2 台，对于具体的电站，要经过充分的技术、经济分析论证，从而确定出合适的机组台数。

（五）水轮机的标准系列

对于水力发电工程，由于各开发河段水力资源的自然条件不同，开发利用的情况不同，所以各水电站的工作水头和应用流量范围也不同。水轮机受自身能量特性，空蚀特性及强度条件等限制，适应的水头和流量范围也有一定的限制，像轴流定桨式水轮机对工作流量的适应范围就非常狭窄。如果过分追求水电站的经济、安全和高效运行，就必须有很多种不同类型，不同系列和不同尺寸的水轮机来适应各种水电站的要求。这样一来，不仅使水轮机的型号，品种和数目相当繁杂，而且也增加了科研，设计工作的难度，提高了设备生产费用和制造成本。为了克服这些缺点，同时又能使水轮机基本满足不同自然条件的水电站，水轮机行业在长期生产实践和模型试验的基础上，提出一些水轮机的标准系列，尽可能使水轮机的生产达到某种程度的系列化、通用化和标准化。一方面，减少和控制水轮机的系列和每个系列的品种，以便于缩短生产周期和降低生产成本；另一方面，也能够使那些常规的、没有特殊要求的水电站按自己的自然条件和要求选用合适或相对合适的水轮机。

在有关的水电站设计手册中，对水轮机的标准系列进行了规定和汇总，供选择水轮机时比较和参考。下面对其中的一些内容简单介绍如下。

1. 水轮机的系列型谱

我国在1974年汇总编制了反击式水轮机暂行系列型谱。型谱中列出的转轮，是经长期实践验证适应于某一水头段的相对优秀的转轮。表2-8是大中型轴流式水轮机暂行系列型谱及对应转轮参数；表2-9为大中型混流式水轮机暂行系列型谱及对应的转轮参数；表2-10为中小型轴流式、混流式水轮机暂行系列型谱及对应的转轮参数。在型谱中，水轮机使用的转轮型号规定一律采用统一的比转速代号，由于这些转轮都是国外的研究成果，刚引进时型号标注比较混乱。制定型谱时，曾用型号的水轮机已安装在我国的水电站运行。为了便于对照和查阅相关资料，在型谱中也列出了部分曾用型号。

表2-8　大中型轴流式水轮机暂行系列型谱及对应的转轮参数

适用水头范围 H/m	转轮型号		转轮叶片数 Z_1	轮毂比 D_b/D_1	导叶相对高度 b_0/D_1	最优单位转速 n'_{10} /(r/min)	推荐使用的单位最大流量 Q'_1 /(L/s)	模型空蚀系数 σ_M
	使用型号	曾用旧型号						
3～8	ZZ600	ZZ55.4K	4	0.33	0.488	142	2000	0.7
10～22	ZZ560	ZZA30，ZZ005	4	0.40	0.400	130	2000	0.59～0.77
15～20	ZZ460	ZZ105，5K	5	0.50	0.382	116	1750	0.6
20～36（40）	ZZ440	ZZ587	6	0.50	0.375	115	1650	0.38～0.65
30～55	ZZ360	ZZA79	8	0.55	0.350	107	1300	0.21～0.41

表2-9　大中型混流式水轮机暂行系列型谱及对应的转轮参数

适用水头范围 H/m	转轮型号		导叶相对高度 b_0	最优单位转速 n'_{10} /(r/min)	推荐使用的单位最大流量 Q'_1 /(L/s)	模型空蚀系数 σ_M
	使用型号	曾用旧型号				
<30	HL310	HL365，Q	0.391	88.3	1400	0.360*
25～45	HL240	HL123	0.365	72.0	1240	0.200

续表

适用水头范围 H/m	转轮型号		导叶相对高度 b_0	最优单位转速 n'_{10} /(r/min)	推荐使用的单位最大流量 Q'_1 /(L/s)	模型空蚀系数 σ_M
	使用型号	曾用旧型号				
35～65	HL230	HL263，H_2	0.315	71.0	1110	0.170
50～85	HL220	HL702	0.250	70.0	1150	0.133
90～125	HL200	HL741	0.200	68.0	960	0.100
	HL180	HL622（改型）	0.200	67.0	860	0.085
110～150	HL160	HL638	0.224	67.0	670	0.065
140～200	HL110	HL129，E_2	0.118	61.5	380	0.055*
180～250	HL120	HLA41	0.120	62.5	380	0.060
230～320	HL100	HLA45	0.100	61.5	280	0.045

注　有*者为装置空蚀系数 σ_s，$\sigma_s=\dfrac{10-\dfrac{\nabla}{900}-H_s}{H}$。

表 2-10　　中小型轴流式、混流式水轮机暂行系列型谱及对应的转轮参数

适用水头范围 H/m	转轮型号		最优单位转速 n'_{10} /(r/min)	设计单位转速 n'_1 /(r/min)	设计单位流量 Q'_1 /(L/s)	模型汽蚀系数 σ_M	模型转轮	
	使用型号	曾用旧型号					直径 D_{1m} /mm	叶片数 z_1
2～6	ZD760	ZDJ001	150	170	1795	1.0		
	$\phi=+10°$	$\phi=+10°$						
4～14	ZD560	ZDA30	130	150	1600	0.75		
	$\phi=+10°$	$\phi=+10°$						
5～20	HL310	HL365	90.8	95	1470	0.36*	390	15
10～35	HL3260	HL300	75	77	1320	0.28*	350	15
30～70	HL220	HL702	70	71	1140	0.133	460	14
45～120	HL160	HL638	67	71	670	0.065	460	17
20～180	HL110	HL129，E_2	61.5	62	360	0.055*	540	17
125～240	HL110	HLA45	61.5	62	270	0.035	400	17

注　有*者为装置汽蚀系数。

在水头为9m以下，使用轴流定桨式水轮机时，推荐采用我国金华水轮机厂研制的金华一号，也就是ZD760型转轮，其相应参数见表2-11。

表 2-11　　ZD760 型转轮参数

转轮叶片数 Z_1	4		
导叶相对高度 b_0	0.45		
叶片装置角/(°)	+5	+10	+15
最优单位转速 n'_{10}/(r/min)	165	148	140
最优单位流量 Q'_{10}/(L/s)	1670	1796	1965
模型空蚀系数 σ_M	0.99	0.99	1.15

另外，还有一些转轮，虽然还够不上上型谱，经过实际应用，觉得效果还不错，一些相关的手册也向用户作了推荐，如表 2-12 所示。

表 2-12 可供选用的大中型混流式水轮机转轮参数

适用水头范围 H/m	转轮型号		导叶相对高度 b_0	最优单位转速 n'_{10} /(r/min)	推荐使用的单位最大流量 Q'_1 /(L/s)	模型空蚀系数 σ_M
	使用型号	曾用旧型号				
45～65	HL002	A-36	0.250	70.0	882	
<70	HLA112		0.315	77.0	1250	0.140
80～120	HL001	A-12	0.200	68.5	890	0.086
<150	HLD06a		0.224	70.0	840	0.55
250～320	HL006	A-34	0.100	61.5	242	0.035
250～400	HL133	HL683	0.100	61.0	228	0.035
240～450	HL128	F-8	0.075	60.0	188	0.045

水斗式水轮机目前常用的有两个轮系，其转轮参数见表 2-13。

表 2-13 水斗式水轮机转轮参数

适用水头范围 H/m	转轮型号		水斗数 Z_1	最优单位转速 n'_{10} /(r/min)	推荐使用的单位最大流量 Q'_1 /(L/s)	模型空蚀系数 σ_M	备注
	使用型号	曾用旧型号					
100～260	CJ22	Y_1	20	40	45	8.66	对 CJ22 适当加厚根部可用至 400m 水头
400～600	CJ20	P_2	20～22	39	30	11.30	

2. 水轮机转轮尺寸系列

反击式水轮机转轮标称直径 D_1 的尺寸系列规定如表 2-14 所示。

表 2-14 反击式水轮机转轮标称直径系列 单位：cm

25	30	35	(40)	42	50	60	71	(80)	84
100	120	140	160	180	200	225	250	275	300
330	380	410	450	500	550	600	650	700	750
800	850	900	950	1000	(1020)	(1130)			

注 括号中的数字仅适用于轴流式水轮机。

3. 水轮发电机标准同步转速

水轮发电机的标准同步转速与磁极对数有关，表 2-15 所示。

表 2-15 磁极对数与同步转速关系

磁极对数 p/对	3	4	5	7	8	9	10	12	14
同步转速 n/(r/min)	1000.0	750.0	600.0	428.6	375.0	333.3	300.0	250.0	214.3
磁极对数 p/对	16	18	20	22	24	26	28	30	32
同步转速 n/(r/min)	187.5	166.7	150.0	136.4	125.0	115.4	107.1	100.0	93.8

续表

磁极对数 p/对	34	36	38	40	42	44	48	50
同步转速 n/(r/min)	88.2	83.3	79.0	75.0	71.4	68.2	62.5	60.0

除了特别小的水电站外，水轮机发电机是同轴连接的，所以水轮机的转速必须和发电机的同步转速一致。

4. 水轮机系列应用范围图

出力范围也不同。通过归纳整理，可以绘制成水轮机系列应用范围总图，系列应用范围总图分大型和中小型水轮机两种情况。

图2-62为中小型水轮机的系列应用范围总图。在该图中，基本上是以平行四边形划定了不同的区域，平行四边形的上、下两边为出力界线，左、右两边为适用水头范围。只要依据水电站的水头范围和单机出力，就可从该图中找出对应的转轮型号。对水轮机行业来说，虽然制定标准系列有许多优点，但和保护知识产权、提倡竞争存在着某种程度上的冲突。我国自1974年制定了水轮机暂行系列型谱以来，到目前没有再进行完善和补充，这就是其中的原因之一。因此，在选择水轮机时，一定要了解行业信息和最新动态，广泛收集资料。另外，对于如水轮机标称直径的标准系列，在当前市场经济条件下，水轮机并不是批量生产的产品，一些水轮机生产厂家并不严格按照标准转轮系列的尺寸生产，这在老电站的改造中尤为常见。

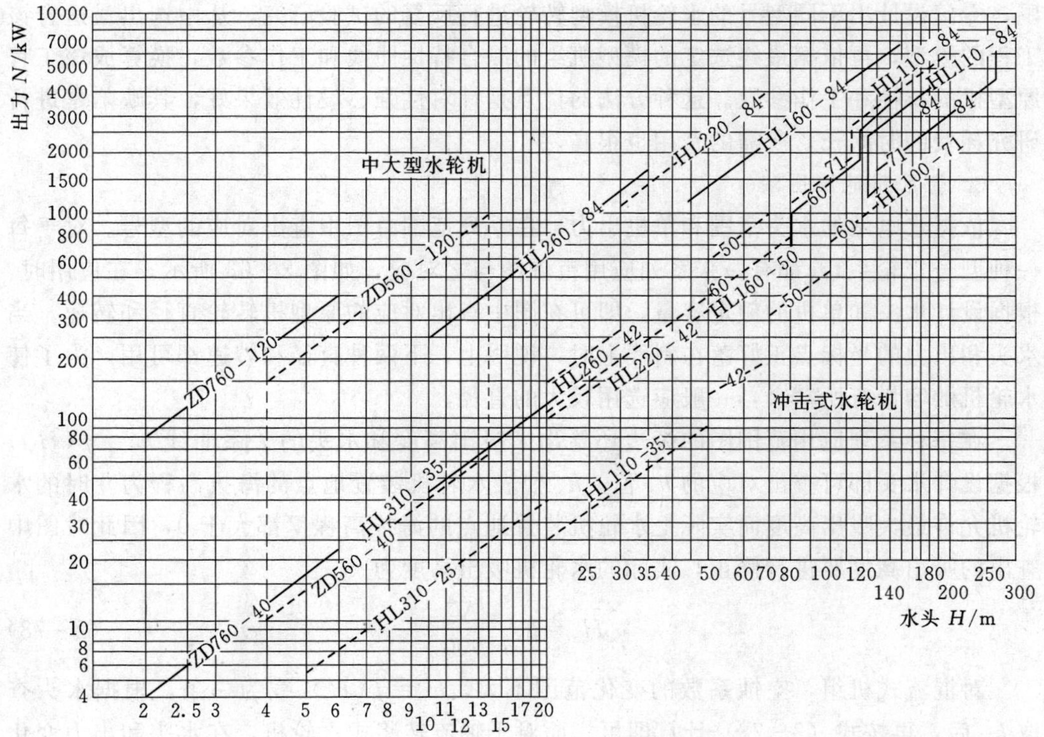

图2-62　中小型水轮机应用范围总图

（六）确定水轮机型号及主要参数的基本方法

水轮机的选型设计通常和水电站的设计过程同步进行，水电站的设计大致可分为五个阶段，即：任务书阶段、可行性研究阶段、初步设计阶段、技术设计阶段（一般又把初步设计和技术设计合为一个阶段，称为扩大初设阶段）和施工设计阶段。对于不同的设计阶段，水轮机选型设计所做的工作深度也不同。

在水轮机选型设计中，确定水轮机型号及主要参数的方法有多种，具体使用哪种方法，与工程的建设体制、工程的规模、技术观念和水平、工程设计的不同阶段、工程的重要程度，甚至工程设计人员的习惯等多种因素有关。下面仅作一般性的归纳。

1. 用系列型谱（或标准系列）结合主要综合特性曲线法

根据水电站的水头段查系列型谱或标准系列选出合适的水轮机型号，然后结合该系列水轮机的综合特性曲线换算出原型机的各种参数。如果在该水头段有几种型号入选，要根据计算结果、不同型号的特点和适用性等进行综合比较，从中选出相对较优的水轮机。该方法普遍用于大、中型水电站的水轮机选型设计，精度能基本满足工程设计的最终要求，其缺陷是受标准系列的局限性、时效性制约，有时难以获得符合工程条件的最佳设计效果。

2. 专题研究法

对于特别重要的工程或特大型水力发电工程（如我国的葛洲坝、小浪底、三峡水电站等），为了避免第一种方法的缺陷，根据水电站的水头段、枢纽布置、制造技术等相关的其他因素，参考现有的标准系列和实际应用成果，拟定水轮机比转速的范围，专门设计出不同型号的水轮机模型转轮进行反复的试验研究，从中选出最适合该工程的模型，再依据最终选定的模型机组的综合特性曲线和工作参数，换算成该工程原型机的特性和工作参数。这种方法的优点是针对性强、设计效果好，其缺陷是进行研究耗费的时间长，所需的费用也很高。

3. 查系列范围图法

依据水电站的水头范围和单机出力，在系列范围总图中查出对应的型号。对于每一种型号（轮系），都有一张系列应用范围图与之对应，如图 2－63 所示。在应用时，根据设计水头和单机的额定容量，即可在图中查出对应的原型机转轮直径和转速。当水头和出力的坐标点正好落在斜线上时，说明上、下两种直径和转速都可用，为了使水轮机的容量有所富余，一般应选用较大的直径。

在每种系列应用范围图的旁边还给出了吸出高度和水头的关系曲线 $h_s=f(H)$。根据设计水头即可查出对应的 h_s 值，h_s 代表水轮机装置地点的海拔高程为 0 时的水轮机允许最大吸出高度而实际上水轮机装置地点的海拔高程 ∇ 都大于 0，因此对图中查出的吸出高度要进行修正，实际的水轮机吸出高度为

$$H_s=h_s-\frac{\nabla}{900} \tag{2-78}$$

对混流式机组，空蚀系数的变化范围不大，$h_s=f(H)$ 线为一条，根据水头查取 h_s 后，再按式（2－78）计算即可。而对于轴流转桨式水轮机，在水头和出力变化时，空蚀系数 σ 值的变化范围较大，因此在应用范围图中绘出了两条 $h_s=f(H)$ 线，

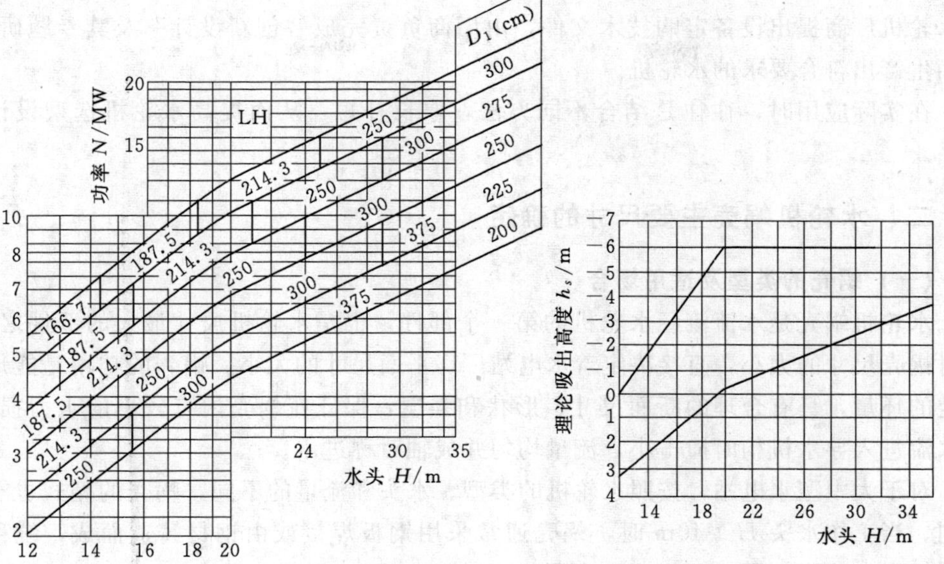

图 2-63　转桨式水轮机（ZZ440）应用范围图

应用时，可按设计水头和额定出力的坐标点在斜方格中的比例位置，在两条 $h_s=f(H)$线之间按相同比例定出对应的 h_s 值，再用式（3-1）确定出吸出高度。

用系列应用范围图法选择水轮机的型号和主要参数非常简便，但结果不是很精确，故多用于河流梯级规划、任务书及工程的可行性研究阶段。

4. *套用法*

套用法也称类比法。这种方法是直接套用条件相近、已建成且运行效果良好的水电站的水轮机设计资料。该方法大大简化了设计工作，加快了设计进度。但由于工程条件的多样性和复杂性，两个工程之间总会或大或小地存在着一些差别，应用该方法时，应分析拟建电站的和已建成电站的具体条件，必要时进行适当的修改，切忌生搬硬套。该法多用于小型水电站的设计或工程设计的前期阶段。

5. *直接查产品样本法*

对于小型水电站特别是小（2）型水电站，由于工程规模和机组额定容量较小，整体设计都比较简单，同类和相近的已有设计也较多，可依据电站的水头和单机容量，直接查设备生产厂家的产品样本，确定水轮机的型号和主要参数，再参考同类和相近的设计加以验证即可。

6. *统计分析法*

这种方法建立在对已建水电站的生产、设计、运行等大量资料的统计分析基础上，经过汇集已建水电站水轮机的基本参数，获得水轮机机型、单机容量、应用水头等诸参数的分类资料，再运用数理统计方法作出水轮机各参数之间的关系曲线或经验公式，如 $n_s=f(H)$、$n_1'=f(H)$、$Q_1'=f(H)$、$\sigma=f(n_s)$ 等。

在水轮机选型设计时，可以根据水电站的水头和单机容量等参数，利用统计曲线或经验公式，确定出水轮机的型号和基本参数；再依据选定的型号和参数，比照与其基本吻合的现有产品，展开进一步的设计。对于大型或特大型水电站，还可以向中标的水轮机厂商提出设备定购技术文件，由厂商负责完成“创新设计”及其专题研究，从而生产出符合要求的水轮机。

在实际应用时，往往是结合不同方法，取长补短，从而提高水轮机选型设计的水平。

二、水轮机蜗壳主要尺寸的确定

(一) 蜗壳的类型及适用场合

水轮机蜗壳是水流流经水轮机的第一个部件，也是水轮机尺寸最大的部件之一，有时蜗壳尺寸的大小，直接决定着水电站厂房平面尺寸的大小。蜗壳的功用是能形成一定的环量，具有合理的断面尺寸、形状和强度，保证在蜗壳内有较小的水力损失，使水流进入导水机构时撞击小、流量均匀并成轴对称进水。

对于大中型水电站，按照水轮机的类型、水头和流量的不同，蜗壳的型式也有所不同。当工作水头 $H>40$m 时，蜗壳通常采用钢板焊接或由钢材铸造而成，统称为金属蜗壳，外形如图 2-64 (a) 所示。

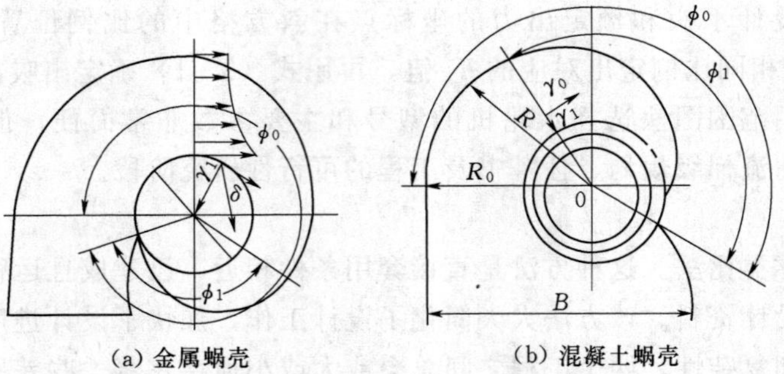

图 2-64 蜗壳包角示意图

这种蜗壳多用于中高水头的混流式水轮机。蜗壳在座环外缘包围的角度称为蜗壳的包角，包角越大，水流进入座环时的对称性和均匀性越好。金属蜗壳的包角较大，一般为 345°左右（由于金属蜗壳尾部（也称鼻端）的结构尺寸及和座环蝶边连接上的要求，包角不能达到 360°），也称为全蜗壳。

为了改善金属蜗壳的受力状态，金属蜗壳的断面采用接近于圆形的断面，在接近鼻端，由于和座环蝶形边光滑过渡及焊接上的需要，断面形状接近于椭圆形。如果将金属蜗壳自鼻端每隔一定角度的断面，全部旋转到蜗壳的进口处，如图 2-65 (a) 所示，则可看出金属蜗壳断面变化的情况。金属蜗壳的特点是适用水头高、水力性能好，但由于其包角较大，平面外形尺寸相对也较大。

一般当工作水头 $H<40$m 时，多采用钢筋混凝土浇筑成的蜗壳，简称混凝土蜗壳，平面轮廓如图 2-64 (b) 所示，断面形状变化如图 2-65 (b) 所示。为了施工上的方便，混凝土蜗壳通常做成梯形断面，即多边形断面，如图 2-66 所示。

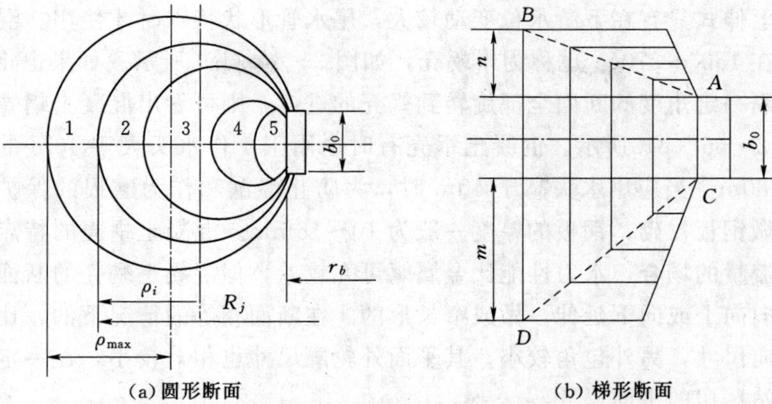

(a) 圆形断面　　(b) 梯形断面

图 2-65　蜗壳的断面形状

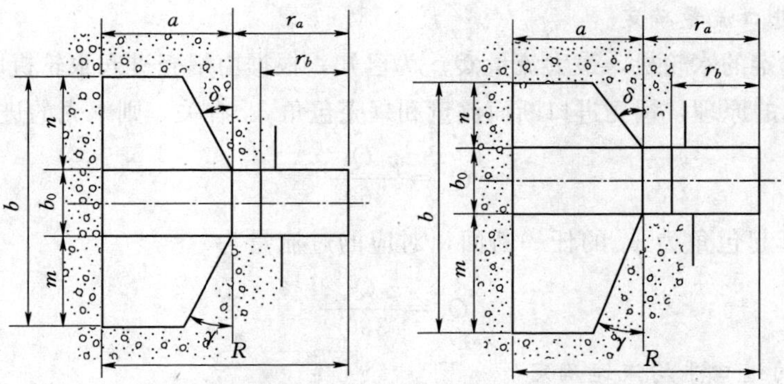

(a) 对称T形($m=n$)

$\frac{b}{a}=1.5\sim2.0$(常用 1.7～1.85)

$\delta=20°\sim35°$(常用 30°)

$\gamma=20°\sim35°$

(b) 下伸T形($m>n$)

同左，$\left(\frac{b-n}{a}=1.2\sim1.85\right)$

$\delta=20°\sim35°$(常用 30°)

$\gamma=10°\sim20°$

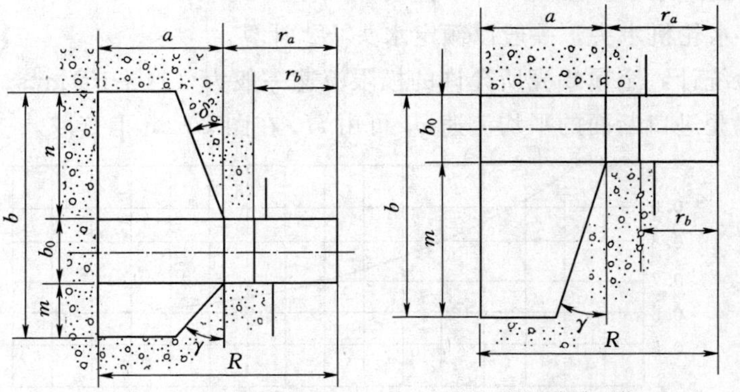

(c) 上伸T形($m<n$)

同左，$\left(\frac{b-m}{a}=1.2\sim1.85\right)$

$\delta=20°\sim35°$(常用 30°)

$\gamma=20°\sim35°$

(d) 平顶T形($n=0$)

$\frac{b}{a}=1.5\sim1.8$

$\gamma=10°\sim15°$

图 2-66　混凝土蜗壳的断面形状

梯形断面又分为上伸式、下伸式及对称式等几种形状，下伸式的断面形状比较常用，因为这样可以减少水下部分混凝土的体积，有利于导水机构接力器和其他辅助设备的布置；上伸式只有在下游水位变动较大，尾水管形状特殊时才使用。混凝土蜗壳的包角一般在180°～270°，也称为半蜗壳，如图2-64（b）所示。如果也将混凝土蜗壳自尾部每隔一定角度的断面全部旋转到蜗壳的进口，则可看出混凝土蜗壳断面变化的情况如图2-66（b）所示。混凝土蜗壳有时也用于工作水头大于40m的情况，目前最高用到80m。当应用水头高于40m时，为防止渗漏和作为磨损的保护层，需要在蜗壳内壁做钢板衬砌，钢板的厚度一般为10～16mm。混凝土蜗壳的特点是适用于低水头、大流量的场合，水力性能比金属蜗可壳较差，但混凝土蜗壳的断面在一定范围内以沿轴向向上或向下延伸，做成窄长形的。在断面相等的情况下的，比圆形断面有较小的径向尺寸，另外包角较小，其平面外轮廓尺寸也相对较小，在一定程度上可以减小水电站厂房的平面尺寸。

（二）蜗壳的水力计算及外轮廓尺寸确定

1. 蜗壳进口流量确定

对于已选定的水轮机，最大流量 Q_{max} 为已知，根据由蜗壳进入水轮机座环的水流要求均匀轴对称的原理，蜗壳进口断面流量和蜗壳包角 φ_0 有关，则蜗壳的进口流量为

$$Q_c=\frac{\varphi_0 Q_{max}}{360°} \tag{2-79}$$

对于由鼻端算起包角为 φ_i 的任一断面，对应的过流量为

$$Q_i=\frac{\varphi_i Q_{max}}{360°} \tag{2-80}$$

2. 蜗壳的进口平均流速确定

根据工程经验的统计资料，金属蜗壳进口断面的平均流速 v_c 一般可按下式计算：

$$v_c=K\sqrt{H} \quad (m/s) \tag{2-81}$$

式中 K——流速系数，按图2-67查取；

H——水轮机水头，一般以额定水头 H_r 计算。

根据经验统计，金属蜗壳所允许的极限流速一般为（14～15）m/s。

混凝土蜗壳进口断面的平均流速 v_c 可由 H_r 在图2-68上查取。

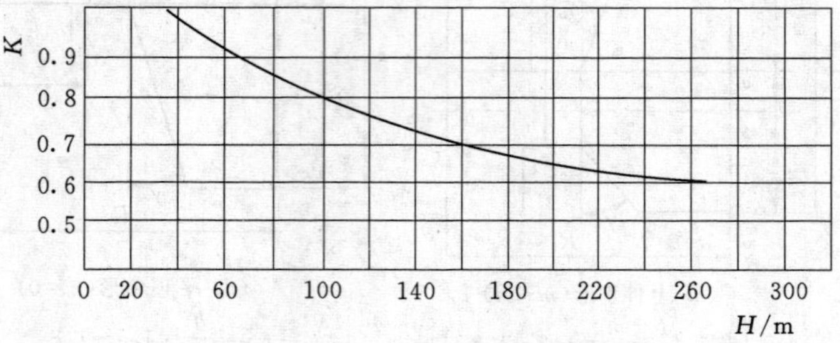

图2-67 金属蜗壳进口流速系数

3. 对蜗壳内水流运动规律的假定

蜗壳的进口平均速度确定以后，依据蜗壳的进口流量可以得出蜗壳的进口面积。为了使蜗壳满足轴对称均匀进水的要求，并且尽量要减少水流在蜗壳内的水力损失，就必须研究水流在蜗壳内的运动规律，设计出合理的蜗壳中间断面的形状。

目前关于水流在蜗壳中运动规律的说法不一，但多数人认为它基本上是一种有势流动。假定水流的黏性很小，可忽略其内在的摩擦损失；假定蜗壳内壁光滑且无异物，水流自身不旋转，在蜗壳内不做功；假定水流的运动是轴对称运动。

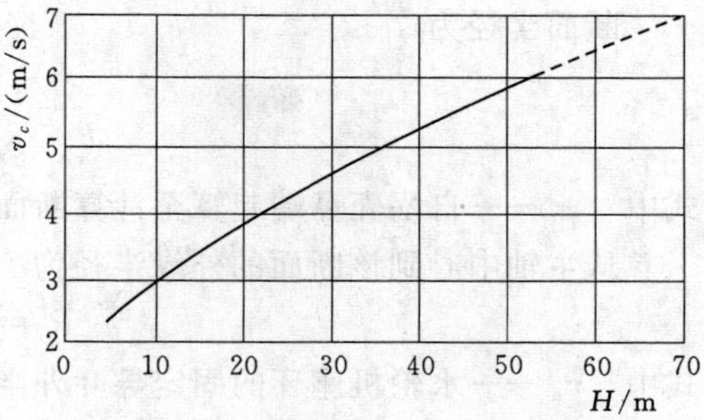

图 2-68　混凝土蜗壳进口断面平均流速

基于以上假定，水流在蜗壳内做无旋转有势轴对称运动，从而满足等速度矩定理，即

$$v_u r = K \tag{2-82}$$

式中　v_u——速度的切向分量；

r——水流质点到水轮机轴心的距离；

K——常数。

水流在蜗壳中速度的变化规律如图 2-69 所示，另外要求蜗壳满足轴对称进水要求，因此认为在同半径上的 v_u 相等。实践表明，按式（2-82）的水流运动规律来设计蜗壳的断面可获得比较满意的结果。

水轮机蜗壳是水轮机的一个主要部件，根据蜗壳内部水流运动规律精确设计蜗壳断面尺寸的工作比较繁琐，通常是由水轮机制造厂家的水轮机设计人员来完成。作为水电站的设计人员，主要是了解水轮机及其各主要部件的工作特性，结合水电站的具体情况，选择合适的水轮机，并依据水轮机的外形尺寸，合理确定水电站厂房的相关尺寸。在施工设计阶段，蜗壳的准确断面尺寸，由供货厂商提供。在水电站设计的前期资料不全的情况下，可按简化方法来确定蜗壳的外轮廓尺寸，以满足初步确定水电站厂房平面尺寸的需要。

用简化方法确定蜗壳的尺寸是假定蜗壳各断面水流速度圆周分量 v_u 不变，且等于蜗壳进口断面的平均流速 v_c。

以下仅按照假定 $v_u = v_c = C$ 的计算方法确定蜗壳尺寸，对于需要水电站设计人员按照假定 $v_{ur} = K$ 来确定蜗壳尺寸。

4. 金属蜗壳的外轮廓尺寸确定

蜗壳自进口到鼻端均认为是按标准的圆形由大到小变化。对于进口断面

$$F_c = \frac{Q_c}{v_c} = \frac{Q_{\max}\varphi_0}{360^\circ v_c} \tag{2-83}$$

则进口断面的半径为

$$\rho_c = \rho_{\max} = \sqrt{\frac{F_c}{\pi}} = \sqrt{\frac{Q_{\max}\varphi_0}{360^\circ v_c \pi}} \tag{2-84}$$

从水轮机主轴中心线到蜗壳进口外边缘的半径为

$$R_{\max} = r_a + 2\rho_{\max} \tag{2-85}$$

对中间任一断面，流量为

$$Q_i = \frac{\varphi_i}{360^\circ} Q_{\max} \tag{2-86}$$

断面半径为

$$\rho_i=\sqrt{\frac{Q_{\max}\varphi_i}{360^\circ v_c\pi}} \tag{2-87}$$

式中 φ_i——自蜗壳鼻端起算至计算断面的角度。

从主轴中心到该断面的外缘半径为

$$R_i=r_a+2\rho_i \tag{2-88}$$

式中 r_a——水轮机座环的固定导叶外半径。

将蜗壳各计算断面的外缘连接起来，便可得到蜗壳平面的单线图，如图 2-70 所示的外轮廓线。

用这种方法得出的蜗壳各断面，没有考虑蜗壳断面和水轮机座环蝶边的实际连接方式，相当于用蜗壳各断面圆（实际上蜗壳各断面不是标准的圆形）和座环的固定导叶外缘相切，从而得出该断面蜗壳外缘的半径。可以看出，用这种简化方法确定出来的蜗壳各断面面积及形状和按 $v_{ur}=K$ 计算出来的结果存在着一定的差别，从而使确定出来的蜗壳外轮廓尺寸也存在差别。但通过比较，用不同方法确定出来的蜗壳外轮廓间的差别很小，并不影响确定水电站厂房平面尺寸的精度。

5. *混凝土蜗壳的外轮廓尺寸确定*

确定混凝土蜗壳的断面尺寸，首先要假设蜗壳自进口到鼻端各断面的变化规律。通常蜗壳断面的变化规律有两种形式：其一为顶角和底角按直线变化，如图 2-69（a）所示；其二为顶角和底角按抛物线变化，如图 2-69（b）所示。

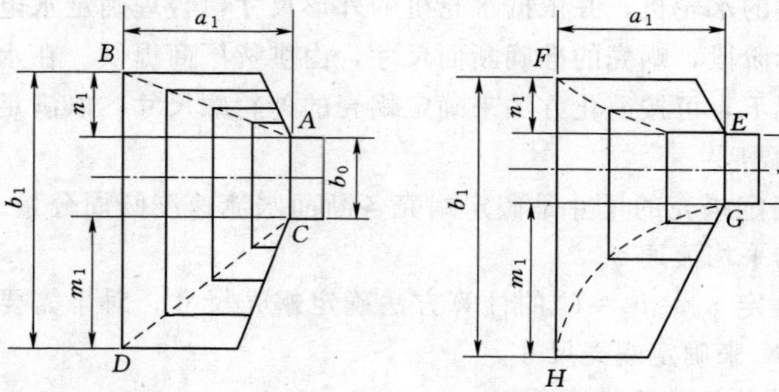

(a) 直线变化规律　　(b) 曲线变化规律

图 2-69 混凝土蜗壳断面的变化规律

在选择这些断面形式的尺寸时应注意符合下列条件：

(1) 当 $m=0$ 或 $n=0$ 时，取比值 $b/a=1.5\sim1.85$。

(2) 当 $m\neq0$ 及 $n\neq0$ 时，如果 $m>n$ 取 $(b-n)/a=1.2\sim1.85$。

(3) 如果 $m<n$，取 $(b-m)/a=1.2\sim1.85$，此时比值 $b/a=(m+b_0+n)/a$ 应不大于 2.0～2.2。如果有缩小机组间距的要求时，可取较大的值。

(4) 角度 δ 可选 20°～30°，通常取 $\delta=30^\circ$。

(5) 对于角度 γ，当 $m\leqslant n$ 时，$\gamma=20^\circ\sim35^\circ$；当 $m>n$ 时，$\gamma=10^\circ\sim20^\circ$；当 $n=0$ 时，$\gamma=10^\circ\sim15^\circ$。

下面以图 2-69（a）所示直线变化规律为例，说明由几何关系计算断面面积及推算对应角度的过程。

进口断面积由几何关系可知：

$$F_1=a_1b_1-\frac{1}{2}n_1^2\tan\delta-\frac{1}{2}m_1^2\tan\gamma \qquad (2-89)$$

其中 $$b_1=m_1+n_1+b$$

水轮机导叶高度在机组选定后为已知值，b_1/a_1 可在 1.5～1.85 的范围内选取，需要蜗壳外轮廓尺寸小一点时取较大值。m_1 和 n_1 的关系可根据布置上的需要选取，如取 $n_1=0$、$m_1=n_1$（对称型）、$m_1=2n_1$ 等，代入式（2-89）后右端只有一个未知量，而根据蜗壳进口流速和流量的关系可知：

$$F_1=\frac{Q_{max}\varphi_0}{360°v_c}$$

代入式（2-89）便可依次求出 a_1、b_1、n_1、m_1 各值，则从水轮机主轴到蜗壳进口的外边缘半径为

$$R_0=r_a+a_1 \qquad (2-90)$$

式中　r_a——坐环固定导叶外缘半径。

对于中间的第 i 个断面

$$R_i=r_a+a_i \qquad (2-91)$$

其中 a_i 自行给定，其余 b_i、m_i 和 n_i 则根据几何关系由进口已知的 b_1、m_1 和 n_1 求出。则

$$F_i=a_ib_i-\frac{1}{2}m_i^2\tan\gamma-\frac{1}{2}n_i^2\tan\delta=\frac{Q_{max}\varphi_i}{360°v_c} \qquad (2-92)$$

可计算出 i 断面所对应的蜗壳包角 φ_i。根据 φ_i(i=1、2、…，φ_1 也即蜗壳进口断面的包角 φ_0）依次作出水轮机轴心的射线，在射线上截取对应于 φ_i 的 R_i，光滑连接各点便可得到混凝土蜗壳外缘的轮廓线，如图 2-70 所示。有时为了便于作图，也可以根据计算出的 φ_i 和 R_i，绘制 $\varphi_i=f(R_i)$ 曲线，按特殊角绘制外轮廓单线图。

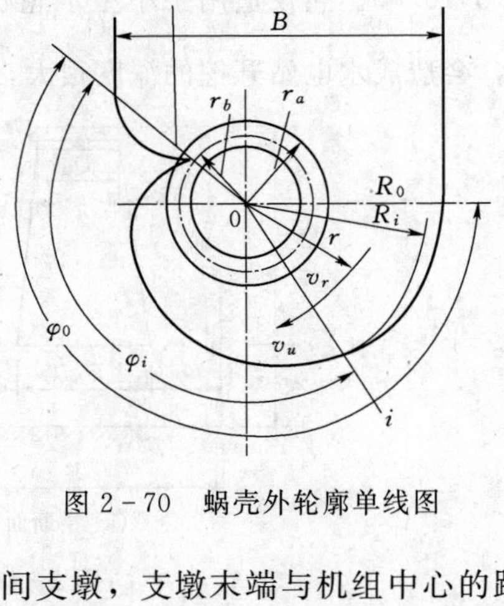

图 2-70　蜗壳外轮廓单线图

图 2-70 中蜗壳宽度 B 的值可由下式确定：

$$B=R_0+(1.0\sim1.1)D_1 \qquad (2-93)$$

蜗壳包角 $\varphi_0>180°$时，通常取

$$B=R_0+D_1 \qquad (2-94)$$

当混凝土蜗壳的进口宽度 B 很大时，为了改善进水道顶板的受力条件，可在进口段中间增设中间支墩，支墩末端与机组中心的距离一般应小于 $1.3D_1$。

三、水轮机尾水管尺寸的确定

尾水管是反击式水轮机过流通道的最后一个部件，转轮出口的水流通过尾水管将

流速逐渐减小后排入下游，因而尾水管的型式和尺寸对转轮出口动能的恢复有很大的影响，这种影响具体以尾水管的动能恢复系数 η_W 来衡量。在水电站设计中，尾水管的类型号和尺寸在很大程度上还影响着厂房基础开挖深度和下部混凝土块体的尺寸。增大尾水管的尺寸可以提高水轮机的效率和过水能力，但使水电站的工程量和投资增大。因此，合理地选择尾水管的型式和尺寸在水电站设计中有着重要的意义。

尾水管的类型号有很多种，目前一般工程上常用的有直锥形、弯锥形和弯肘形三种类型的尾水管，前两种适用于小型水轮机，后一种适用于大中型水轮机。现将它们的形状和各部位主要尺寸的选择分述如下。

（一）直锥形尾水管

图 2－71 为一竖轴水轮机的直锥形尾水管。图中 D_3 为尾水管的进口直径，它与转轮的下环相衔接；D_5 为尾水管的出口直径，它与出口流速 v_5 有关，当减小 v_5 时可以提高动能恢复系数 η_W，但减小到一定程度时，根据实验 η_W 提高得很少，反而会使尾水管的长度增加，所以一般将出口流速控制在 $v_5=(0.235\sim0.7)\sqrt{H}$ 之间；L 为尾水管的长度，θ 为尾水管的锥角，为了减少挖方，一般合理的 $\frac{L}{D_3}=3\sim4$，相应的 $\theta=12^\circ\sim14^\circ$，锥角 θ 过大会引起脱流。为了保证尾水管排出的水流在尾水渠中能够畅通，尾水渠的尺寸应不小于下列数值：$h=(1.1\sim1.5)D_3$；$B=(1.2\sim1.0)D_3$；$C=0.85B$。

同时，为了保证尾水管的工作，其出口应淹没在下游水位以下，淹没深度应不小于 0.3～0.5m。

直锥形尾水管一般用钢板制作，其结构简单、性能良好，其动能恢复系数可达 0.8～0.85。它仅适用于小型水轮机，因为对大中型水轮机来说，如果采用 $\frac{L}{D_3}=3\sim4$，会造成水电站开挖的深度很大，这样是不经济的。

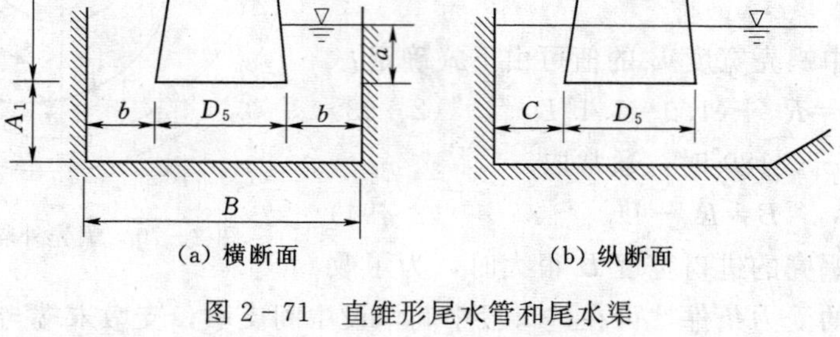

图 2－71　直锥形尾水管和尾水渠

（二）弯锥形尾水管

对小型卧轴混流式水轮机，为了布置上的方便多采用弯锥形尾水管，如图 2－72 所示。

这种尾水管是由一等直径的 90°弯管和一直锥管组成。由于弯管中流速较大，同

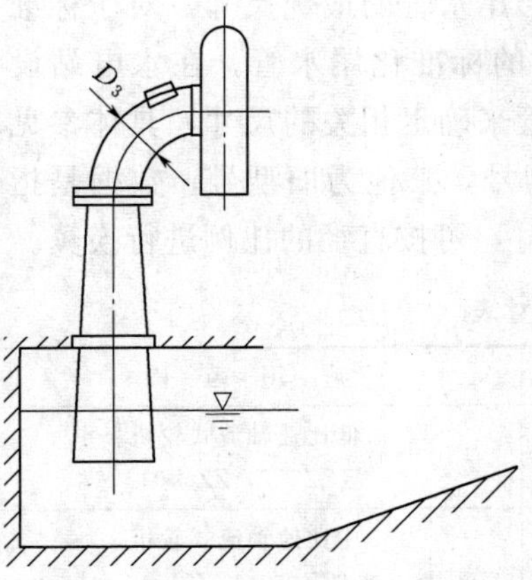

图 2-72　弯锥形尾水管

时在转弯后流速分布也不均匀，所以水力损失很大。直锥管的型式与尺寸确定和上面直锥形尾水管完全一样。这种尾水管的动能恢复系数一般为 $\eta_W=0.4\sim0.6$。

（三）弯肘形尾水管

对于大中型水轮机，为了减小水电站厂房的开挖深度，几乎全部采用弯肘形尾水管，如图 2-73、2-74 所示。

弯肘形尾水管由直锥管、肘管和水平扩散管三部分组成，肘管进口是圆形断面，和直锥管相接；肘管的出口是矩形断面，和水平扩散管相接；肘管中间各断面则由圆形逐渐变为矩形。弯肘形尾水管增加了水流转弯及流速不均匀分布所造成的附加水头损失，所以弯肘形尾水管的动能恢复系数 η_W 较直锥形尾水管低。

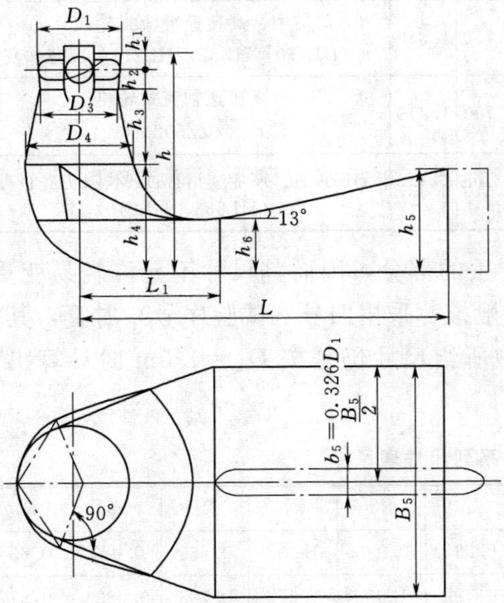

图 2-73　轴流式水轮机尾水管（弯肘形）

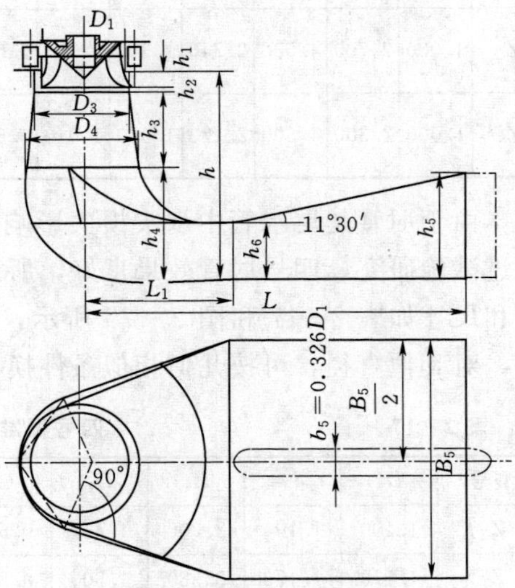

图 2-74　混流式水轮机尾水管（弯肘形）

轴流式水轮机的弯肘形尾水管和混流式水轮机的弯肘形尾水管没有原则上的区别，轴流式水轮机的尾水管的进口和转轮室出口相接，混流式水轮机的尾水管的进口和转轮出口相接。单纯从能量观点看，混流式水轮机过流能力比轴流式小，尾水管的高度可以取得小一些，但由于混流式水轮机的叶片不能转动，在非设计工况下，转轮出口的水流会产生旋转形成涡带，发生空腔空蚀。为了保证机组安全运行，混流式水轮机尾水管的高度反而需要取得较大一些，使涡带作用不到肘管底部，从而减弱由此而引起的厂房振动。

由于弯肘形尾水管内的水流运动非常复杂，到目前为止，还找不到一种满意的理论计算方法。因此，一般均是通过试验来确定弯肘形尾水管的最优尺寸。对于标准型号的水轮机转轮，通过试验，都配有水力性能良好的标准化尾水管。在水电站设计时，可根据所选择的水轮机，使用对应推荐的尾水管来确定相关的尺寸，具体参见表2-16。表中水轮机ZZ440、HL160、HL240是新型号，其他为旧型号，数据是指对应转轮直径为$D_1=1.0$m时而言。当转轮直径不同时，可按直径的比例进行换算。

表2-16　　标准系列弯肘形尾水管尺寸表

型号	D_1	h	L	B_5	D_4	h_4	h_6	L_1	h_5	应用范围
Z_1	1.000	1.915	3.500	2.200	1.100	1.100	0.550	1.417	1.000	低比速轴流式轮机（ZZ577，ZZ440）
Z_3	1.000	2.300	4.500	2.380	1.170	1.170	0.584	1.500	1.200	中比速轴流式轮机（ZZ440，ZZ510）
Z_5	1.000	2.300	4.500	2.500	1.230	1.230	0.617	1.590	1.200	中比速混流式轮机（HL82，HL160）
Z_5	1.000	2.500	4.500	2.500	1.230	1.230	0.617	1.590	1.200	中、高比速轴流式轮机（ZZ510，ZZ592）
Z_6	1.000	2.500	4.500	2.740	1.352	1.352	0.670	1.750	1.310	中、高比速混流式轮机（HL160，HL82，HL211，HL240）
Z_6	1.000	2.700	4.500	2.740	1.352	1.352	0.670	1.750	1.310	高比速轴流式轮机（ZZ592）
Z_8	1.000	2.300	4.500	2.170	1.040	1.040	0.510	1.410	0.937	低比速混流式轮机（HL533，HL246）

由于肘管是尾水管中水头损失影响最严重的部分，因而其尺寸不允许轻易变更。通过试验研究，四号肘管效果良好，所以一般推荐采用四号（试验序号）肘管，其类型和尺寸如表2-17和图2-75所示，表中所给尺寸仍是按$D_1=1.0$m时计算出来的，对其他直径，可按几何相似条件换算。

表2-17　　四号标准肘管系列尺寸表

型号	D_4	h_4	B_4	L_4	h_6	a	R_6	a_1	R_7	a_2	R_8
Z_1	1.100	1.100	2.200	1.417	0.550	0.395	0.940	1.205	0.660	0.087	0.634
Z_3	1.170	1.170	2.380	1.500	0.584	0.422	1.000	1.275	0.703	0.0934	0.677
Z_5	1.230	1.230	2.500	1.590	0.617	0.446	1.060	1.350	0.745	0.0977	0.710
Z_6	1.352	1.352	2.740	1.750	0.670	0.487	1.160	1.478	0.815	0.107	0.782
Z_8	1.040	1.040	2.170	1.410	0.510	0.369	0.879	1.135	0.640	0.080	0.590

设计水电站厂房时，有时需要对尾水管的尺寸作局部的变动，通常这些变动应取得水轮机制造厂家的同意。下面介绍一些变动的方式及产生的相关影响。

尾水管出口宽度B_5较大时（如大于10m），可在扩散段内加单支墩或多支墩（多支墩会引起较大的水头损失，最好不用）。

扩散段的底板一般是水平的，但有时机组的安装高程过低或尾水管过长，为了减小厂房基础的开挖量，可将尾水管的扩散段整体向上倾斜，倾角可采用6°～12°。试验证明，当倾角在这个范围内时，对尾水管的动能恢复不会带来过大影响；当倾角超过该范围时，则会造成出水不利、损失增加。

有时由于厂房布置上的需要（如副厂房设在下游侧等），可人为加长扩散段（$L-L_1$）的长度，扩散规律不变，这样不仅增加了 h_5，也相应增加了出口段宽度 B_5。试验表明，水轮机效率会有所增加。

对于大中型反击式水轮机，由于蜗壳的尺寸很大，厂房机组段的长度在很大程度上是取决于蜗壳的宽度，而蜗壳的宽度在机组中心两边是不对称的。若采用对称的尾水管，尾水管的宽度有可能会超过蜗壳较窄一面的宽度，就有可能会增大机组段的长度。为了避免这种情况，对尾水管往往也采用不对称的布置，使其向蜗壳进口侧的一面偏移，如图 2-75 中虚线所示。

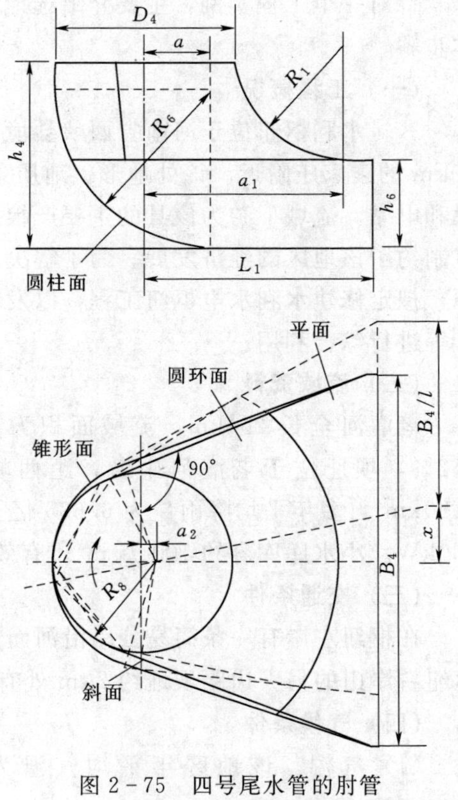

图 2-75　四号尾水管的肘管

对于地下式厂房的水电站，为了保持岩石的稳定，尾水管常采用窄而深的断面，即加大深度减小宽度。例如，取 $h=3.5D_1$，$B_5=(1.32\sim2.0)D_1$，试验证明，这样的尾水管不会影响动能指标和引起压力脉动，并可达到标准尾水管（$h=2.6D_1$）的性能。

另外，对于多泥沙河流上的水电站，转轮叶片易于磨损或空蚀。为了便于检修水轮机转轮，有时可以将尾水管直锥管加高，并在中间做一活节，检修时先卸下螺栓，移开活节，将转轮从下部取出而不必起吊上面的设备和部件。加长尾水管的直锥段，通常会对尾水管的综合性能有利。

其他的改变方式，不再一一赘述。

任务八　水轮机选型案例

虽然学习了水轮机选型的基本知识，但是，面对原始的地形图和水文数据资料，怎样进行水轮机选型、水电站设计呢？这里以水轮机选型实例为例进行水轮机选型设计。

【知识目标】

1. 巩固水轮机选型设计的基本内容、基本要求。
2. 巩固水轮机台数的确定原则。
3. 知道水轮机的标准系列。

【能力目标】

会分析资料，计算数据；会根据水轮机系列型谱选择水轮机类型；会根据公式进行蜗壳、尾水管尺寸计算。

一、水轮机选择工程实例

针对一个工程实例，主要介绍选择水轮机和确定蜗壳、尾水管主要轮廓尺寸的具体步骤。

（一）工程概况

××水利枢纽位于河南省西峡县境内的丹江支流老灌河上，坝址在西峡县城北约10km的袁家庄附近。该处地形、地质条件良好，水力资源丰富，可供修建大中型水库和电站。流域下游为该县的主要产粮区和工业发展区，由于受电力不足的影响，严重制约了该地区的经济发展。为了解决该地区用电紧张问题和合理开发老灌河水力资源，拟定修建水利水电枢纽工程，以发电为主，结合防洪、城市供水、农田灌溉及水产等进行综合利用。

（二）流域资料

老灌河全长254km，流域面积为4219km^2，总落差1340m，河床平均比降约5.2%，坝址位于老灌河中游，距西峡县城约10km。坝址以上控制流域面积约2580km^2，多年平均降雨量为6.635亿m^3。坝址下游约1.8km处有小电站，装机为600kW。小水库库容约100万m^3，有效库容为60万m^3。

（三）交通条件

在枢纽左岸有一条简易公路沿河向下游大约3km处与通向县城的主干公路相交；枢纽右岸山的另一边距坝址约2km处有一条通向县城的主干公路。

（四）气候条件

(1) 气温。该地区年平均气温为15.1℃，最高气温为42℃，最低气温为－14.2℃。

(2) 降水。多年平均降水量约900mm，降水量在时间和空间上分布很不均匀，一般是深山多于浅山和丘陵区，降水量的61.8%集中于6—9月，其中7—8月占年降雨量的41.5%。

(3) 风向和风速。多年平均最大风速为7.6m^3/s，相应风向为北东向。

（五）水能规划资料

1. 水库特征水位及相应库容

水库特征水位及相应库容见表2-18。

表2-18　水库特征水位及相应库容

水位/m	相应库容/万m^3	水位/m	相应库容/万m^3
校核洪水位294.94	8910	正常蓄水位288.00	5200
设计洪水位291.56	7380	发电死水位271.80	1800

2. 泄洪流量及下游水位与流量关系

大坝主要采用坝顶溢流泄洪，溢流坝净长度为143m，溢流坝坝顶高程为288m。5年一遇洪水下泄流量为1500m³/s，20年一遇洪水下泄流量为3050m³/s，50年一遇洪水下泄流量为4100m³/s，500年一遇洪水下泄流量为7700m³/s。水库下游河道与流量关系见表2-19。

表2-19 水库下游河道与流量关系

水位/m	246	247	248	249	250
流量/(m^3/s)	0	330	910	1670	2730
水位/m	251	252	253	254	255
流量/(m^3/s)	4700	5470	7700	8850	10750

3. 电站装机容量

电站装机容量拟在9000kW左右，主要作调峰运行，保证出力1470kW，年利用小时数为3840h，多年平均发电量3686.0×104kW·h。

(六) 地形地质条件

1. 地形

老灌河在坝址区为北东流向，该处河谷狭窄，主要为中高山区，相对高度多在100～200m，最高可达700m，山坡较陡峻，基岩裸露，河谷呈V形，河谷宽度一般在80～180m，坝址处约为140m，河床底高243～246m。山坡坡度左岸为40°～45°，右岸约为30°。

2. 地层岩性

坝址周围为太古界太华群及海西期侵入岩体，基岩裸露，第四系沉积很薄，残坡积也不发育，太华群岩性主要为云母石英片岩及石英片岩，多为中薄层，层间结合较好，坚硬，风化较轻。海西期侵入岩体主要为混合花岗片麻岩，角闪片麻岩等，岩石坚硬，完整密实。河床冲积层为近代漂砾、卵石、粗砂组成，厚1～5m。总体上讲，工程地质条件比较简单，没有明显不利的工程地质问题。

3. 枢纽工程总体布置图

枢纽工程总体布置图如图2-76所示。

二、工程项目指导

(一) 厂区布置

1. 考虑因素

站址选择要考虑厂房形式的选择、施工场地的选择、开挖方量、交通条件、泄洪产生的影响、生活区和管理区位置的协调及对其他工程的协调影响。

(1) 厂房形式。根据已知资料，电站正常蓄水位为288m，下游河道最低水位为246m。所以最大水头差约为42m。属中水头厂房范围30～100m。若考虑采用河床式厂房或坝内式厂房，则由各方面资料可知，对于小型水电站来说，这两种型式都过于复杂，需要考虑的因素太多，而且也不经济，所以不予采用，应考虑采用坝后式厂房。

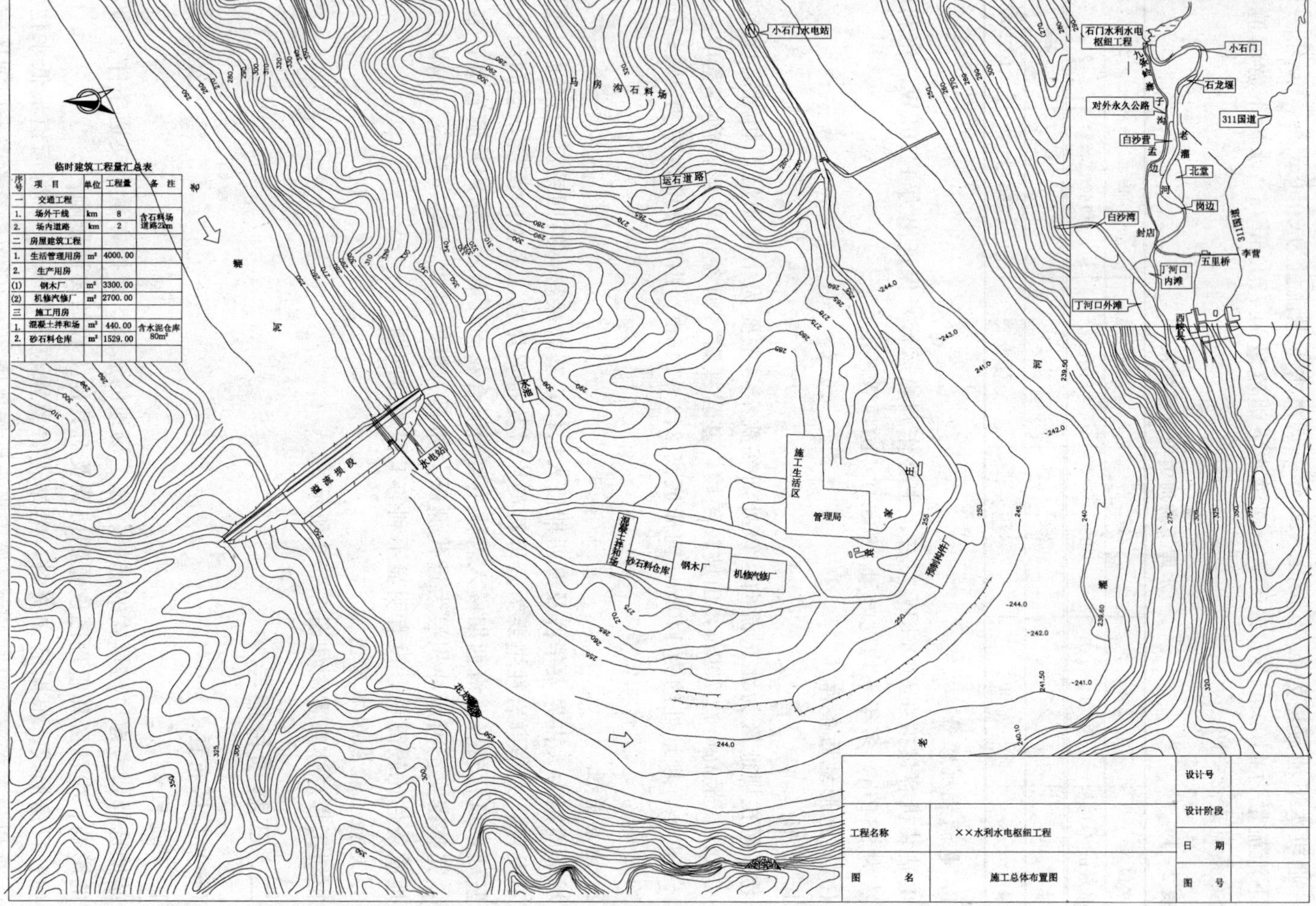

图 2-76　某水利水电枢纽工程总体布置图

(2) 施工场地的选择。在左岸由于坝下游400m左右处的地形较为平缓，易于布置施工设备，进行厂房施工备料。

(3) 厂房位置。考虑开挖马房沟一地建厂房，直接打一条引水隧洞由大坝处引水。这样大约可以形成7～8m的水头差，这对电站来说是很有利的，但开挖量大约在30万m^3以上，开挖量过大，经济成本高，而且本项工程是起调峰电站的作用，如此设计，则下游的小电站将关闭，那他对本项工程的反调节作用也就没有了，而且对下游的诸多电站也都会造成影响。

若厂房紧贴坝后，太靠近岸边，会受到挑流影响，靠岸里侧一些，则进水口需要加宽，增大了山体开挖量。暴雨季节，山体滑坡，进水口会逐渐淤死。若设冲沙闸于厂房下部，又使大坝的结构、管道布置等问题过于复杂。

在左岸从坝轴线向下游100m左右，山体坡度较缓，开挖方量小，不易引起滑坡，而且护坡较为方便。若直接在大坝下游紧靠大坝建电站，则由于山体坡度较大，而开挖方量较大，再者，由于厂房与坝上游进水口的距离短，则有压进水管不宜采用分叉式，用独立式布置投资又较大。所以考虑将厂房布置在距离大坝约100m处的凹向左岸的山窝处，初步估计最远挑距为120m，厂房稳定性可不受影响。但是会有水雾现象，若再将距离拉远一些，引水距离又显得过长了。

(4) 交通条件。由资料知，在枢纽的左岸有一条简易公路沿河向下游大约3km处和通往县城的主干相交；枢纽右岸山的另一边，距坝址约2km处有一条通向县城的主干公路。若将厂房设在大坝的右岸，就需要修建一条盘山公路与2km外的通向县城的主干公路相衔接，工程量较大。若不修路而改架桥通向左岸的简易公路，这样又不太经济，所以应考虑将厂房设在大坝左岸，那么，那条简易公路可修建为进站公路。

(5) 对其他工程的协调影响。在水库大坝的下游有已建的小电站，为保证下游水电站的正常运行，发电尾水必须汇入原河道，所以电站应靠近下游河道修建。

(6) 泄洪产生的影响。站址确定在下游左岸，距坝轴线的距离应适当，否则泄洪产生的水雾可能会影响发电机组的正常运转，厂房应面对下游布置，可以避免大坝泄洪时的水流不稳定、水位不稳定及对尾水位的影响。

(7) 生活区和管理区位置的协调。把坝下游左、右岸地形条件相比，左岸的袁家庄地形很平缓，到施工场地的距离也合适，适宜建设生活区和管理区。

2. 方案比较

方案一：厂房布置在坝的右岸。

(1) 下泄水流的水汽对厂房内的设备有影响。

(2) 需要架浮桥，或修公路，施工干扰大，投资大。

(3) 右岸山坡坡度较大，开挖方量较大。

(4) 下泄水流的水汽对厂房内的设备有影响。

(5) 损失小，不考虑水击问题。

方案二：厂房紧靠坝布置。

(1) 下泄水流的水汽对厂房内的设备有影响。

（2）施工干扰大。

（3）左岸靠近坝处，山体坡度大，开挖方量较大。

（4）有压进水管不宜采用联合式，用单元式会增大投资。

（5）损失小，不考虑水击问题。

方案三：厂房布置在距坝轴线下游100m的左岸。

（1）水流挑射对厂房的影响小。

（2）交通便利，可利用已有的交通条件，减少工程投资。

（3）山体坡度较缓，开挖方量小。

（4）有压进水管可采用联合式，水头损失小，不考虑水击问题，投资少。

（5）便于进行施工总体布置。

方案四：在马房沟一地开挖，修建引水式电站。

（1）泄洪对尾水无影响，可提高电站运行效率。

（2）须埋设的压力引水管道较长，增大投资。

（3）发电尾水没有汇入原河道，影响下游已建工程的运行。

（4）水头损失大，水击压力大，须要设计调压室，增大投资。

综合以上分析，选方案三最优。电站厂房布置在左岸距坝轴线下游100m处。

（二）水轮机型号的选择

水轮机选择也叫水轮机的选型设计。水轮机是水电站中最重要的动力设备之一，由于它关系到水电站的工程投资，安全运行和经济效益等重大问题。因此，在水能规划的基础上，根基水电站的水头和负荷的工作范围、水电站的运行方式，正确进行水轮机的选择是水电站设计的重要任务之一。

1. 单机的选择容量

水电站的装机容量等于机组台数和单机容量的乘积。根据已确定的装机容量，就可以拟定可能的机组台数方案。在选择机组台数时可从下列方面考虑：

（1）机组台数与机电设备制造的关系。机组台数增多时，机组单机容量减小，尺寸减小，因而制造及运输都有比较容易，这对于制造能力和运输条件较差的地区是有利的。但实际上小机组单位千瓦消耗的材料多，制造也较麻烦，故一般都希望选用较大的机组。

（2）机组台数与水电站投资的关系。当选用的机组台数较多时，不仅机组本身单位千瓦的造价高，而且随着机组台数的增加，相应的闸门、管道、调速器，辅助设备和电气设备的套数就要增加，电气接线也较复杂，厂房平面尺寸也需加大，机组安装维护的工作量也增加。因此从这些方面来看，水电站单位千瓦的投资将随台数的增加而增加。但另一方面，采用小机组则厂房需配的起重能力、安装场地、机坑开挖量都可缩减，因此又可减小一些水电站投资。

总的来说，机组台数变化要引起水电站投资变化，在大多数情况下，台数增多将增大投资。

（3）机组台数与水电站运行效率的关系。机组台数增多能够增加水电站的电能，但当增多到一定程度，再增多时对水电站的运行效率就不会有显著的影响了。

当水电站在电力系统中担任基荷工作时，选择机组台数少，可合水轮机在较长时间内以最优工况运行，合水电站保持较高的平均效率。

（4）机组台数与水电站运行维护工作的关系。机组台数多，单机容量小，运行方式就比较灵活，机组发生事故后所产生的影响小，检修也较容易安排。但因运行操作次数随之增加，发生事故的概率增高了，同时管理人员增多，运行费用也提高了。因此不宜选用过多的机组台数。

在技术经济条件相近时，应尽量采用机组台数较少的方案，但为了水电站运行的可靠性和灵活性，一般应不少于 2 台。

由于该电站为调峰电站，为了增加供电可靠性，拟选 3 台发电机，则每台的装机容量为 9000/4＝2250kW，可适当增加容量保证可靠性，查《小型水电站发电设备手册》发电机标准系列，选单机容量为 $N_d=2500$kW。

2. 尾水渠设计及水头计算

由资料得知，校核洪水按 500 年一遇进行计算，校核洪水位在 294.94m 时校核洪水量 $Q_{校核}=7700\text{m}^2$，相应的下游水位，查下游水位与流量关系表可知，$H=253.0$m，则相应的水位差为

$$H_1=294.94-253.0=41.94(\text{m})$$

设计洪水位为 291.56m 时，下游设计洪水泄量为 4100m/s，相应的水位查得 $H=250.7$m，相应的水位差为

$$H_2=291.56-250.7=40.86(\text{m})$$

正常蓄水位为 288.0m 时，其相应的下游最低水位为只有一台水轮机发电机正常运行时的尾水渠渠首的水位，设计尾水渠长 $L=100$m，渠底的坡度为 $i=1/1000$，尾水渠与原河道相交处渠底高程为 $\nabla_{渠尾}=246.0$m。渠底尾水渠的断面如图 2-77 所示。

则尾水渠渠首的渠底高程为 $\nabla_{渠首}=\nabla_{渠尾}+L\times i=246.0+100\times0.001=246.1(\text{m})$。尾水渠的渠首水深可由下式进行计算：

$$Q=AC\sqrt{Ri} \tag{2-93}$$

A 为渠首断面面积：

$$A=\frac{1}{2}(2b+h) \tag{2-94}$$

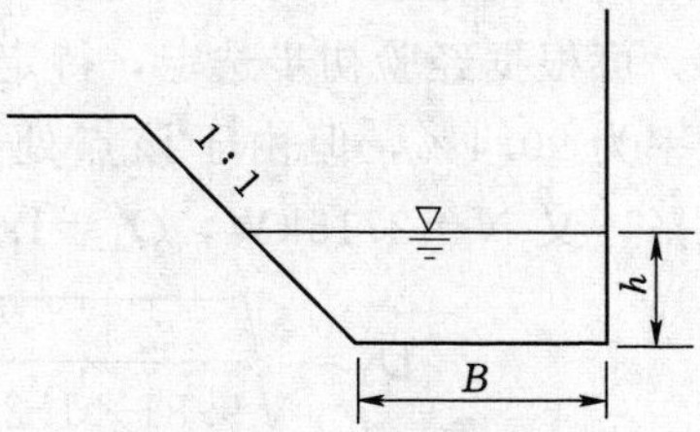

图 2-77　尾水渠断面图

C 为谢才系数，$C=\frac{1}{n}R^{\frac{1}{6}}$。其中：$n$ 为渠首的粗糙率，由资料知，此处为在开凿良好的岩石上喷浆，n 取 0.02，R 为水力半径 $R=\frac{A}{\chi}$；断面湿周 $\chi=b+h+\sqrt{2}h$；b 为渠底宽，h 为渠首水深，i 为渠底水力坡降。

综合上式得

$$Q=\frac{A}{n}R^{\frac{2}{3}}i^{\frac{1}{2}}=\frac{1}{2n}(2b+h)h\left[\frac{\frac{1}{2}(2b+h)h}{b+h+\sqrt{2}h}\right]^{\frac{2}{3}}i^{\frac{1}{2}} \tag{2-95}$$

根据经验，单机工作流量为 $14m^3/s$。

（1）当 1 台工作时，把 $Q=14m^3/s$，$n=0.02$，$i=0.001$；$b=10.0m$ 代入公式（2-94）用试算法出下游渠首水深 $h_1'=0.96m$。此时上游为正常蓄水位时上下游出现最大水头：

$$H_3=288.0-(246.1+0.96)=40.94(m)$$

（2）当 4 台都工作时，把 $Q=14\times4=56m^3/s$，$n=0.02$，$i=0.001$；$b=10.0m$ 代入公式（2-94）用试算法得出下游渠首水深 $h_2'=1.90m$。此时上游位死水位时出现最小水头：

$$H_4=271.8-(246.1+1.90)=23.8(m)$$

比较 H_1、H_2、H_3 和 H_4，设 1.0m 的水头损失。则水电站的最大最小水头分别为

$$H_{max}=41.94-1.0=40.94(m)$$

$$H_{min}=23.8-1.0=22.8(m)$$

多年平均水头为 $H_{av}=(40.94+22.8)/2=31.87m$；设计水头略低于 H_{av}，取 $H_r=31.0m$ 进行计算。

3. 水轮机主要参数的确定

由于水头范围在 22.8～40.94m 之间，水轮机选型为 HL240。

（1）确定水轮机转轮直径。由于水轮发电机的单机容量为 $N_d=2500kW$，设效率 $\eta_d=92\%$。则水轮机的出力为 $N=\dfrac{N_d}{\eta_d}=\dfrac{2500}{92\%}=2715kW$。有公式

$$D_1=\sqrt{\frac{N}{9.81Q_1'H_r^{\frac{3}{2}}\eta}} \tag{2-96}$$

由于转轮直径尚未确定，原型水轮机的效率 η 目前尚不能确定求出。通常计算时，可根据经验初步选定，待定了水轮机直径后再进行校核。虽然限制工况点的模型效率为 90.4%，但由于该点处原型机的效率要高于模型机的效率，所以初取 $\eta=91\%$，又 $N=2715kW$，$Q_1'=1.24m^3/s$。代入公式（2-95）得

$$D_1=\sqrt{\frac{2715}{9.81\times1.24\times31^{\frac{3}{2}}\times91\%}}=1.192(m),D_1\text{取}1.2m$$

（2）效率的修正计算。HL240 水轮机在最优工况下的最大效率为 $\eta_{M\max}=92\%$，模型转轮直径为 $D_M=0.46m$，则原型水轮机的最大效率 η_{max}：

$$\eta_{max}=1-(1-92\%)\sqrt[5]{\frac{D_{1M}}{D_1}}=1-(1-92\%)\sqrt[5]{\frac{0.46}{1.2}}=93.4\%$$

考虑到制造水平的差异，根据水轮机的标称直径，根据经验 $\varepsilon=1\%$，$\varepsilon'=0$，则

$$\Delta\eta=\eta_{max}-\eta_{M\max}-\varepsilon-\varepsilon'=0.934-0.92-0.01=0.004$$

水轮机在限制工况下的效率为 $\eta=\eta_M+\Delta\eta=0.904+0.004=90.8\%$ 与假设 91% 基本相符。

（3）确定水轮机的转速。根据公式 $n=\dfrac{n_1'\sqrt{H}}{D_1}$ 进行计算，其中 H 按 H_r 计算，

$H_{av}=31.87$m，$n'_1=n'_{10}=72$r/min 所以，$n=\dfrac{72\times\sqrt{31.87}}{1.2}=338.7$r/min，取 $n=333.3$r/min。

(4) 确定水轮机的吸出高度。根据 $D_1=1.2$m，$n=333.3$r/min，$H_r=31.0$m：

$$Q'_{\max}=\frac{N}{9.81D_1^2H_r^{\frac{3}{2}}\eta}=\frac{2715}{9.81\times1.2^2\times31^{\frac{3}{2}}\times91\%}=1.224(\mathrm{m^3/s})$$

$$Q_{\max}=Q'_{\max}D_1^2\sqrt{H_r}=1.224\times1.2^2\sqrt{31}=9.81(\mathrm{m^3/s})$$

$$n'_{1r}=\frac{nD_1}{\sqrt{H_r}}=\frac{333.3\times1.2}{\sqrt{31}}=71.83(\mathrm{r/min})$$

由 $Q'_{1\max}$和 n'_{1r}，从图 2－79 查得相应得空蚀系数 $\sigma=0.20$，从图 2－43 查得汽蚀系数修正值为 0.04：

$$H_s=10.0-\frac{\nabla}{900}-(\sigma-\Delta\sigma)H_r$$

$$=10.0-\frac{260}{900}-(0.20-0.04)\times31=4.75(\mathrm{m})$$

由于吸出高度为 2.58m，大于－4m，所以满足水电站的要求。

(5) 工作范围的检验计算。在最大水头 $H_{\max}=40.94$m 时，有

$$n'_{1\min}=\frac{nD_1}{\sqrt{H_{\max}}}=\frac{333.3\times1.2}{\sqrt{40.94}}=62.51(\mathrm{r/min})$$

在最小水头 $H_{\min}=22.80$m 时，有

$$n'_{1\max}=\frac{nD_1}{\sqrt{H_{\min}}}=\frac{333.3\times1.2}{\sqrt{22.80}}=83.76(\mathrm{r/min})$$

在 HL240 型水轮机的主要综合特性曲线图上，分别画出 $Q'_{1\max}=1.224\mathrm{m^3/s}$，$n'_{1\min}=62.51$r/min 和 $n'_{1\max}=83.76$r/min 为常数的直线，如图 2－78 所示，这些直线所围成的阴影部分，就是水轮机的工作范围。

可以看出水轮机的工作范围基本处于特性曲线的高效率区，说明 HL240 型水轮机，对于该算例，当确定 $D_1=1.4$m，$n=300$r/min 时，其工作范围还是比较合适的。如果水轮机的工作范围严重偏离综合特性曲线的高效率区，则需要调整所选定的 D_1 或 n，重新进行校验计算。

(6) 水轮机的设计工况。由 $D_1=1.2$m，$n=333.3$r/min，$Q'_1=1.24\mathrm{m^3/s}$，所以水轮机的设计水头为

$$H_r=\left(\frac{N}{9.81Q'_1D_1^2\eta}\right)^{\frac{2}{3}}=\left(\frac{2715}{9.81\times1.24\times1.2^2\times91\%}\right)^{\frac{2}{3}}=30.73(\mathrm{m})$$

$$Q=Q'_1D_1^2\sqrt{H_r}=1.24\times1.2^2\times\sqrt{30.73}=9.90(\mathrm{m^3/s})$$

所以，水轮机的选型为 HL240－LJ－120，设计水头为 30.73，转速为 333.3r/min。

(7) 发电机的选择及辅助设备的选择。设计水头为 30.73，转速为 333.3r/min。查《小型水电站发电机设备手册》选择与之相应的发电机为 TSL260/39－16－2500。

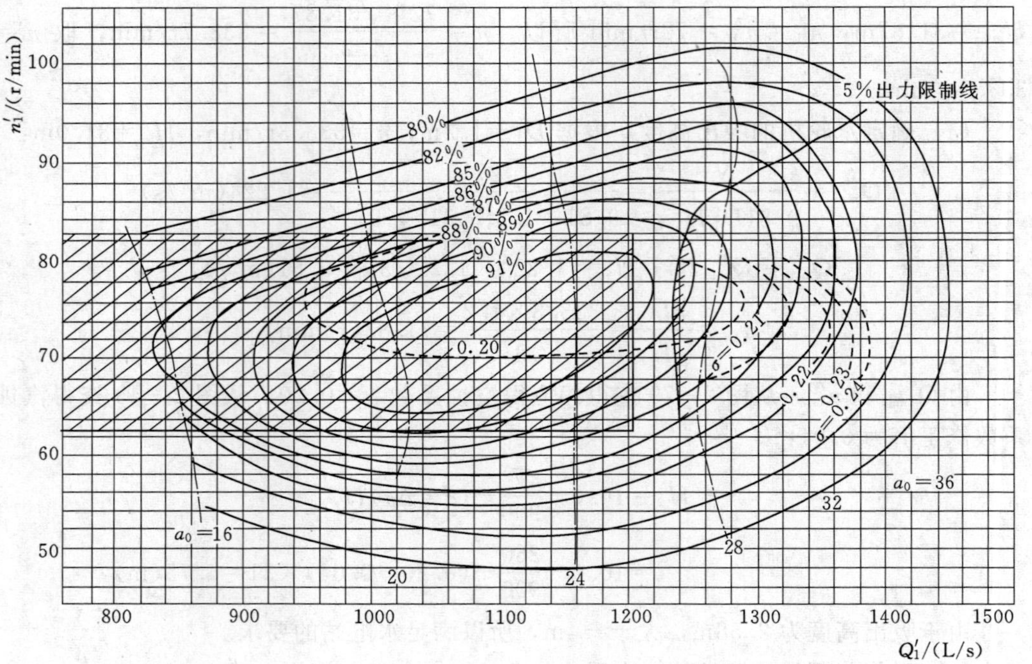

图 2-78　混流 240 型水轮机工作范围检验

(8) 调速器和油压装置的选择。计算水轮机所需的调速功 A，根据式 $A=(200\sim500)Q\sqrt{H_{\max}D_1}$ 计算。

系数按照高水头选取 200；Q 为最大工作水头下水轮机发出额定出力时的流量，$Q=Q_1'D_1^2\sqrt{H_{\max}}$，查图 2-79 HL240 水轮机主要综合特性曲线得，与出力限制线的交点处的效率为 $\eta_m=89\%$，故该点的 $\eta=\eta_m+\Delta\eta=88\%+0.4\%=89.4\%$，则

$$Q_1'=\frac{N}{9.81D_1^2H_{\max}^{3/2}\eta}=\frac{2715}{9.81\times1.2^2\times40.94^{3/2}\times0.894}=0.82(\mathrm{m^3/s})$$

$$Q=Q_1'D_1^2\sqrt{H_{\max}}=0.82\times1.2^2\times\sqrt{40.94}=7.56(\mathrm{m^3/s})$$

所以 $A=200\times7.56\times\sqrt{40.90\times1.2}=10598(\mathrm{N\cdot m})$

为中小型调速器，查《小型水电站机电机设备手册》表 3-3 选与之相应的发调速器型号为 CT40，油压设备为 YHZ—0.6。

(9) 压力管道直径及蝶阀的确定。按经济流速确定压力管道的直径，压力管道的经济流速 v_e 一般为 4～6m/s。取 $v_e=4$m/s 管道的直径计算公式为

$$D=1.13\sqrt{\frac{Q}{v_e}} \tag{2-97}$$

管道内流速

$$V=\frac{4Q}{3.14D^2} \tag{2-98}$$

对于主管道，$Q_主=39.6\mathrm{m^3/s}$，$D_主=1.13\times\sqrt{\frac{39.6}{4}}=3.56(\mathrm{m})$

$$V_{主}=\frac{4\times39.6}{3.14\times3.56^2}=3.98(\text{m/s})$$

对于支管道，$Q_{支}=9.9\text{m}^3/\text{s}$，$D_{支}=1.13\times\sqrt{\frac{9.9}{4}}=1.78(\text{m})\approx2(\text{m})$

$$V_{支}=\frac{4\times9.9}{3.14\times2^2}=3.15(\text{m/s})$$

查《水电站建筑物设计》，蝶阀的选型为DF200—150，卧轴，名义直径为2m。

（三）蜗壳外轮廓尺寸的确定

水轮机蜗壳是水流流水轮机的第一个部件，也是水轮机尺寸最大的部件之一，有时蜗壳尺寸的大小，直接决定着水电站厂房平面尺寸的大小。蜗壳的功用时能形成一定的环量，具有合理的断面尺寸、形状和强度，保证蜗壳内有较小的水力损失，使水流进入导水机构时装机小，流量均匀并形成轴对称进水。

本水电站的设计水头为30.73m，对应的单机最大流量为$9.9\text{m}^3/\text{s}$，最大工作水头为40.94m，由于最大工作水头大于40m，所以选用金属蜗壳，按简化方法来确定蜗壳的外轮廓尺寸，对于蜗壳的任一断面流量及尺寸计算如下：

已知计算公式为　$Q_i=\frac{\varphi_i Q_{\max}}{360°},p_i=\sqrt{\frac{\varphi_i Q_{\max}}{360° v_i \pi}},R_i=\gamma_a+2p_i$

$$V_c=K\sqrt{H_r}=1\times\sqrt{30.73}=5.54(\text{m/s})$$

式中　Q_i——该断面流量；

p_i——该断面半径；

$Q_{\max}$——水轮机最大流量；

V_c——进口断面流速；

K——流速系数，取为1；

R_i——主轴中心道该断面的距离；

γ_a——水轮机座环的半径，取1.25m；

φ_i——自蜗壳鼻端算起至计算断面的角度。

对于蜗壳进口断面　$Q_c=\frac{\varphi_i Q_{\max}}{360°}=\frac{345°\times9.9}{360°}=9.49(\text{m}^3/\text{s})$

$$p_c=\sqrt{\frac{\varphi_i Q_{\max}}{360° v_i \pi}}=\sqrt{\frac{345°\times9.9}{360°\times5.54\times3.14}}=0.74(\text{m})$$

$$R_c=1.25+2\times0.74=2.73\text{m}$$

对于255°包角断面　$Q_{225°}=\frac{\varphi_i Q_{\max}}{360°}=\frac{255°\times9.9}{360°}=7.01(\text{m}^3/\text{s})$

$$p_{255°}=\sqrt{\frac{\varphi_i Q_{\max}}{360° v_i \pi}}=\sqrt{\frac{255°\times9.9}{360°\times5.54\times3.14}}=0.63(\text{m})$$

$$R_{255°}=1.25+2\times0.63=2.51(\text{m})$$

对于165°包角断面　$Q_{165°}=\frac{\varphi_i Q_{\max}}{360°}=\frac{165°\times9.9}{360°}=4.54(\text{m}^3/\text{s})$

$$p_{165^\circ}=\sqrt{\frac{\varphi_i Q_{\max}}{360^\circ v_i \pi}}=\sqrt{\frac{165^\circ\times 9.9}{360^\circ\times 5.54\times 3.14}}=0.51(\text{m})$$

$$R_{165^\circ}=1.25+2\times 0.51=2.27(\text{m})$$

对于75°包角断面 $Q_{75^\circ}=\frac{\varphi_i Q_{\max}}{360^\circ}=\frac{75^\circ\times 9.9}{360^\circ}=2.06(\text{m}^3/\text{s})$

$$p_{75^\circ}=\sqrt{\frac{\varphi_i Q_{\max}}{360^\circ v_i \pi}}=\sqrt{\frac{75\times 9.9}{360^\circ\times 5.54\times 3.14}}=0.34(\text{m})$$

$$R_{75^\circ}=1.25+2\times 0.34=1.93(\text{m})$$

将蜗壳各计算断面的外缘连接起来便可得到蜗壳平面的单线图。

(四) 尾水管尺寸的确定

在水电站设计中，尾水管的型式和尺寸在很大程度尚还影响这厂房基础开挖和下部混凝土块体的尺寸。增大尾水管的尺寸可以提高水轮机的效率和过水能力。但使水电站的工程量和工程投资增大。因此合理的选择尾水管型式在水电站厂房设计中有这重要的意义。

本设计选用弯肘形尾水管，如图2-79所示。水电站所用尾水管为弯肘形，图中相应尺寸见表2-20。

表2-20 尾水管为弯肘形

型号	D_1	h	L	B_6	D_4	h_4	h_6	L_1	h_5
标准 Z_6	1.000	2.500	4.500	2.740	1.352	1.352	0.670	1.750	1.310
实际	1.200	3.000	5.400	3.288	1.622	1.622	0.804	2.100	1.572

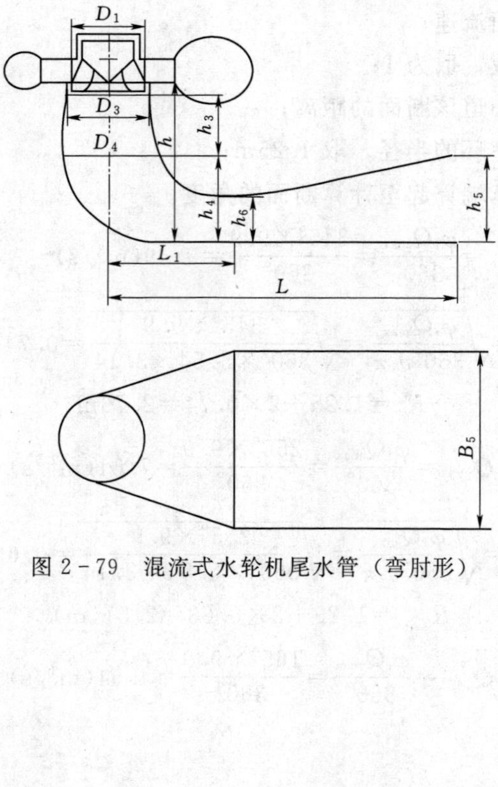

图2-79 混流式水轮机尾水管（弯肘形）

项目三 压 力 管 道

水电站压力管道是指从水库或水电站平水建筑物（压力前池、调压室）向水轮机输送水量并承受内水压力的输水建筑物。

压力管道一般位于厂房前，并直接将水输送到水轮机中。因此必须是安全可靠的，万一发生事故，也要有防止事故扩大的措施，以保证厂房安全和厂房内运行人员的安全。

本项目主要介绍管道的工作特点、类型及总体布置，压力管道的尺寸拟定，设计方法和步骤。

任务一 压力管道的功用与类型

压力管道在工程上被广泛应用，水电站中压力管道的功用、特点和类型与其他工程有相近之处，但是也有不同。水电站中压力管道的主要功用是什么？压力管道的特点是什么？压力管道有哪些类型？

【知识目标】

1. 熟悉压力管道的功能和特点。
2. 掌握压力管道的不同类型。

【能力目标】

能够熟知压力管道的功用和特点，能区分压力管道的类型。

一、压力管道的功用

压力管道是指从水库、压力前池或调压室向水轮机输送水量的管道。其一般特点是坡度陡，内水压力大（包括静水压力和动水压力）。压力管道是水电站枢纽的重要组成部分，设计施工中必须注意其安全可靠和经济合理性，一旦失事将直接危及厂房的安全。

压力管道的功用是传递、集中发电水头和输送发电所需的流量。压力管道的基本技术要求是：要有足够的输水能力，水头损失小，运行安全可靠，经济合理。因此要求压力管道的布置应适应所处地形地质条件，过流断面大小合适，尽量缩短长度，减少水头损失，与水库、前池、调压室及厂房合理衔接，提高水电站运行的安全性和经济性。

二、压力管道的类型

（一）按制作压力管道的材料分类

1. 钢管

钢管一般为钢板焊接而成。它具有强度高，抗渗性能好等优点，故多用于高水头电站和坝式电站，适用水头范围可由数十米至一千余米。

钢管所用钢材的性能必须符合现行国家标准，钢管的主要受力构件应使用镇静钢。钢种宜用 Q235、16Mn 和经正火的 15MnTi 等。

2. 钢筋混凝土管

钢筋混凝土管分为现场浇筑的或预制的普通钢筋混凝土管和预应力、自应力钢筋混凝土管等类型，他们具有耐久、价廉、节约钢材等优点，普通钢筋混凝土管一般适用净水头 H 和管直径 D 的乘积 $HD<60\text{m}^2$，且静水头不宜超过 50m 的中、小型水电站。

近年来，预应力、自应力钢筋混凝土管有较大发展，它们具有弹性好、抗拉强度高等优点，其适用范围可达 $HD<300\text{m}^2$，静水头可达 150m，用以替代钢管，可节约大量钢材，但制作要求高。

（二）按压力管道的结构形式分类

1. 明管

敷设于地表、暴露在空气中的压力管道叫作明管，又称露天式压力管道。无压引水式电站多采用此种结构形式，如图 3－1（a）所示。

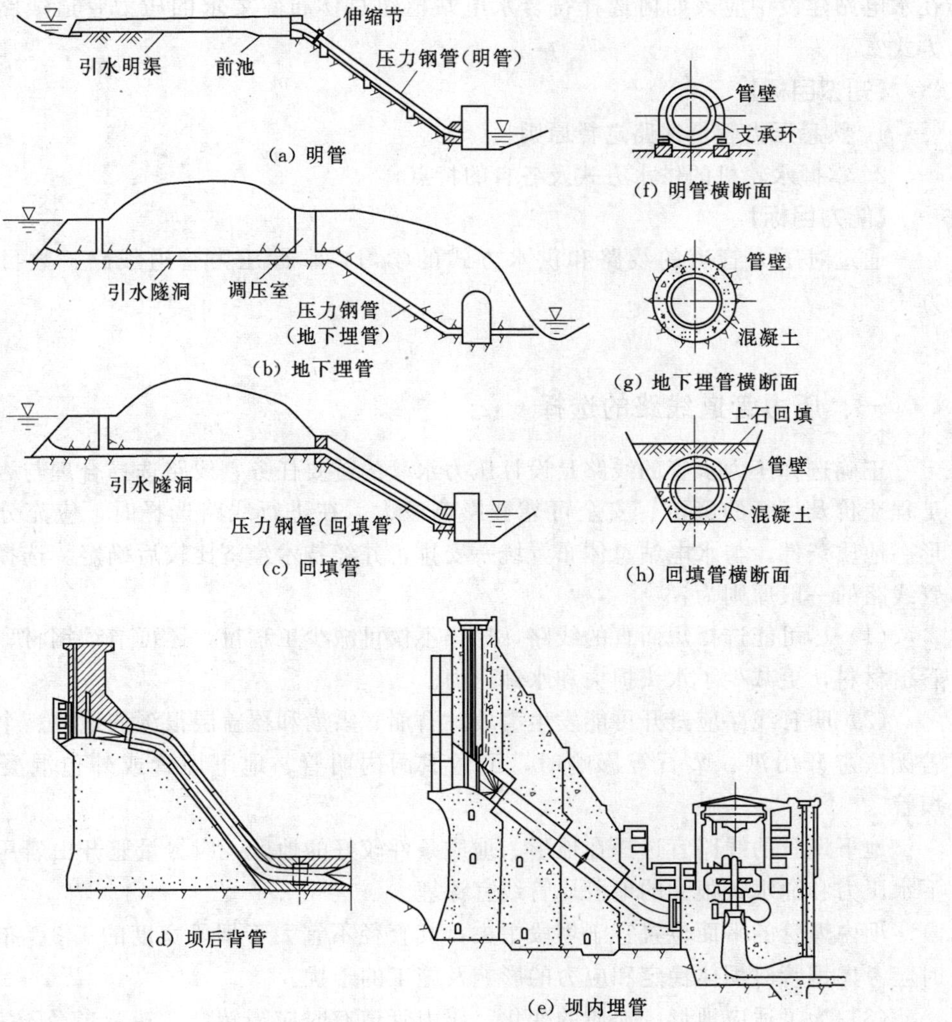

图 3－1　压力管道的结构形式

2. 地下埋管

埋入地层岩体中的压力管道叫作地下埋管，又称隧洞式压力管道。有压引水式电站多采用此种结构形式，如图 3－1（b）所示。

3. 坝内埋管

埋设于坝体的压力管道叫作坝内埋管。混凝土重力坝或重力拱坝等坝式厂房，一般均采用此种结构形式，如图 3－1（e）所示。

压力管道除上述三种结构形式外，尚有回镇管、坝后背管等，如图 3－1（c）、（d）所示。

3.1－1

任务二 压力管道的线路和供水方式选择

由于水电站建设的地形地质条件限制，水电站的压力管道线路和供水方式不同，在水电站建设中应该如何选择符合水电站枢纽总体布置要求的压力管道线路和供水方式?

【知识目标】

1. 熟悉压力管道线路选择原则。

2. 掌握水轮机的供水方式及各自的特点。

【能力目标】

通过对压力管道的线路和供水方式的学习，掌握压力管道线路、数目等确定方法。

一、压力管道线路的选择

正确选择压力水管的线路是设计压力水管的首要任务，线路选择合理与否，对于工程造价及运行的经济、安全可靠性影响极大。在进行线路选择时，应充分考虑地形、地质条件，与水电站总体布置统一安排，并经技术经济比较后确定。选择压力水管线路的一般原则为:

(1) 尽可能选择短而直的线路，这样不仅可减少工程量，还可节约钢材、水泥等管道材料，更减少了水头损失和水锤压力。

(2) 明管线路应避开可能发生滑坡、石崩、雪崩和覆盖层很深的地段。个别管段若无法避开山洪、坠石等影响时，可做成洞内明管、地下埋管或外包混凝土的回填管。

地下埋管的线路宜选择在地形、地质条件较好的地区，应尽量避开山岩压力、地下水压力和涌水量很大的地段，管线宜深埋。

坝内埋管的平面位置宜于坝段中央，其直径不宜大于坝段宽度的1/3。布置管线时应考虑钢管对坝体稳定和应力的影响及施工的干扰。

(3) 为了适应地形、地质的变化，压力管道有时应当转弯，转弯半径不宜小于3倍管径。转弯分为平面转弯、竖直转弯和立体转弯，位置近的平面转弯和竖直转弯宜合并成立体转弯；位置相近的弯管和渐缩管宜合并成渐缩弯管。

(4) 明管两侧应布置排水沟，并应在钢管下的地面上设置横向排水沟。应沿管线设置交通道。

(5) 对于地下埋管，在地下水压较高的地区宜设置排水设施，排水设施必须安全可靠并易于检修。

二、压力管道的数目和向水轮机的供水方式

压力管道的根数应根据机组台数、管线长短、机组安装的分期、运输条件、制造

安装水平、地形和地质条件、电站的运行方式及其在电力系统中的地位等因素，经技术经济比较后确定。

根据压力管道根数与水轮机台数的关系，压力水管向水轮机的供水方式可分为下列三种。

1. 单独供水

每台机组各由一条水管自压力前池或调压室向水轮机供水，如图 3-2（a）、（d）所示，这种供水方式结构简单，运行灵活可靠，当其中一根钢管或一台机组发生故障需要检修时，其他机组仍可照常运行，但管材用量较多，因而造价较高，这种供水方式多用于压力水管较短的电站。如果采用其他供水，虽可降低管身造价，却增加了分岔管与弯管等复杂结构，水头损失也因而增大，往往并不经济。此外，当引水量很大时，若采用其他供水方式，将使管径过大，给制造和施工带来很多困难。

3.2-1

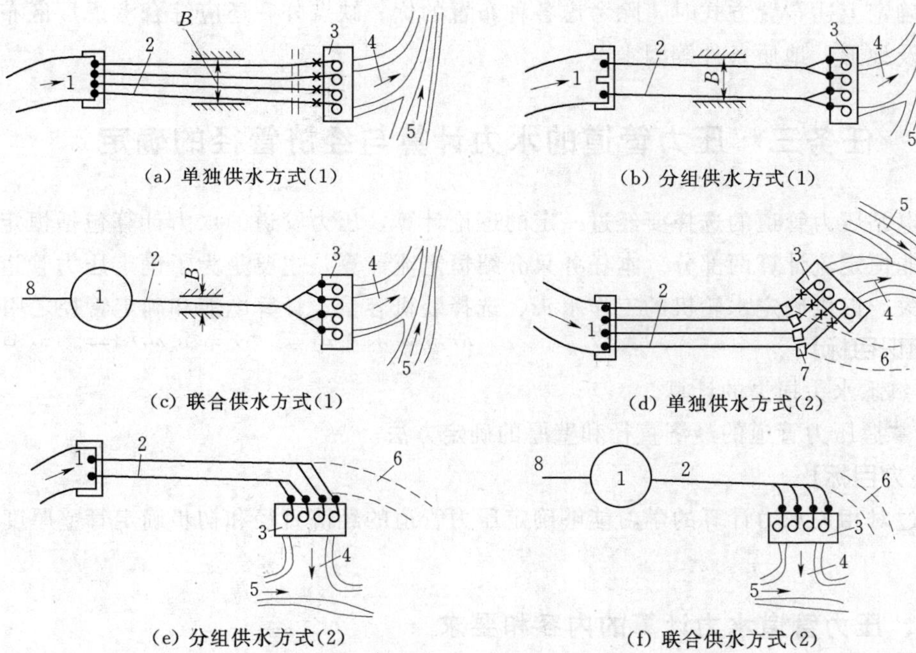

图 3-2　压力水管向机组的供水方式

1—压力前池或调压室；2—压力水管；3—厂房；4—尾水管；
5—河流；6—排水渠；7—镇墩；8—压力隧洞；
●—必须设置的阀门；×—有时可不设的阀门；B—管沟开挖宽度

2. 联合供水

由一根总管在末端分岔后向电站所有水轮机供水，如图 3-2（c）、（f）所示。这种供水方式的显著优点是可以节约管材，降低造价，多在高水头小流量的水电站中采用。其缺点是运行的灵活性和可靠性较单独供水方式差，当总管发生故障或检修时，将使电站全部机组停止运行，由于增加了分岔管、弯管等构件，结构上较复杂，且水头损失也较大。

3.2-2

3. 分组供水

每根主管在末端分岔后向两台或两台以上机组供水，如图 3－2（b）、（e）所示。这种供水方式的优缺点同联合供水方式相似，只是当一根主管发生故障或检修时，不致造成电站所有机组停止运行，一般实用于管线较长、机组台数较多的电站。

3.2－3

无论采用联合供水或者分组供水，与每根水管相连的机组台数一般不超过 4 台。

压力水管的轴线与厂房的相对方向可以采用正向［如图 3－2（a）、（b）（c）所示］、侧向［如图 3－2（e）、（f）所示］或斜向［如图 3－2（d）所示］的布置。正向布置的优点是管线较短，水头损失也较小；缺点是当水管失事破裂时，水流直泻而下，危及厂房安全。这种布置方式一般实用水头较低水管较短的水电站，侧向或斜向布置时，当水管破裂后，泄流可从排水渠排走，不致直冲厂房，但管材用量增加，水头损失也较大。

3.2－1

在确定上述布置方式时，除考虑各种布置的优、缺点外，还应综合考虑厂区布置要求以及地形、地质条件等因素。

任务三　压力管道的水力计算与经济管径的确定

水电站压力管道的选择要经过一定的理论计算，压力管道的水力计算包括恒定流计算和非恒定流计算两部分。本任务只介绍恒定流计算，主要是为了确定压力管道的水头损失，以供确定水轮机的工作水头、选择装机容量、计算电能和确定管径之用。

【知识目标】

1. 熟悉水头损失的计算。
2. 掌握压力管道的经济直径和壁厚的确定方法。

【能力目标】

通过对相关水力计算的学习能够确定压力管道的经济直径和初步确定管壁厚度。

一、压力管道水力计算的内容和要求

压力管道的水力计算包括恒定流计算和非恒定流（水击）计算两部分。恒定流的计算主要是确定压力水管的水头损失，以供确定水轮机的工作水头、选择装机容量、计算电能和确定管径之用。水头损失包括沿程摩阻损失和局部水头损失两种。

1. 沿程摩阻水头损失

水电站压力水管中的流态一般为紊流，沿程摩阻水头损失常用曼宁公式计算：

$$i=\frac{n^2}{R^{4/3}}v^2 \tag{3-1}$$

式中　i——单位管长的摩阻损失；

n——水管糙率，可在水工手册中选用；

R——水管的水力半径；

v——管中流速。

2. 局部水头损失

压力管道的局部水头损失发生在进口、门槽、拦污栅、弯段、渐变段、分岔处。可根据水力学或水工手册中有关公式计算。

二、压力管道的经济直径

压力管道经济直径的选择是设计压力管道的重要问题之一。为了建造压力管道需要一定的基建投资 $K_{管}$，它包括水管材料、制造安装、平整场地、建筑镇墩等费用。压力管道建成后，每年还要支付运行费用 $C_{管}$。发电引用流量通过压力管道，会产生水头损失 Δh，从而导致电能损失 ΔE，这部分损失了的电能将由系统中替代电站（一般为火电站）发出，从而使替代电站增加一部分基建投资 $K_{火}$ 和年运行费 $C_{火}$。

输送一定的发电量 Q，压力管道可采用不同的直径 D。D 选择得大，则费用 $K_{管}$ 和 $C_{管}$ 高，但管中流速低，水头损失 Δh 小，电能损失 ΔE 也小，替代电站的 $K_{火}$ 和 $C_{火}$ 也低；D 选择的小，则上述情况相反。相应于某一压力水管直径 D 的电力系统年费用（或总费用）为压力管道与替代电站两部分年费用（或总费用）之和。使系统年费用（或总费用）为最小的压力水管直径叫作经济直径。为了确定压力水管的经济直径，可拟定若干不同的管径方案，分别计算其电力系统年费用（或总费用），然后用年费用（或总费用）最小法进行管径的选择。

我国目前尚无经济直径的通用公式，国外的公式由于各国情况不同，不宜套用。有关经济直径的选择问题，应通过经济评价确定。

对于中、小型和不太重要的水电站，可采用经济流速 $v_{经}$ 的数据来选择压力水管的经济直径：

$$D_{经}=\sqrt{4Q_{设}/\pi v_{经}} \tag{3-2}$$

根据一般经验，对于明钢管和地下埋管，$v_{经}=4\sim6\text{m/s}$；对于坝内埋管，当设计水头为 30～70m 时，$v_{经}=3\sim6\text{m/s}$，设计水头为 70～100m 时，$v_{经}=5\sim7\text{m/s}$；对于钢筋混凝土压力水管，$v_{经}=2\sim4\text{m/s}$。

水电站压力钢管的直径随水头增高而逐渐减小是经济合理的，但变径次数不宜过多。通常，压力钢管直径变化都在镇墩处分段并在该处缩小，如图 3-3 所示。

三、钢管管壁厚度的初步确定

明钢管所承受的荷载主要是内水压力，所以在设计压力钢管时，一般只考虑内水压力初步确定各管段所需的管壁厚度，然后再对典型断面进行较详细的应力分析，校核管壁厚度是否满足强度和稳定的要求。

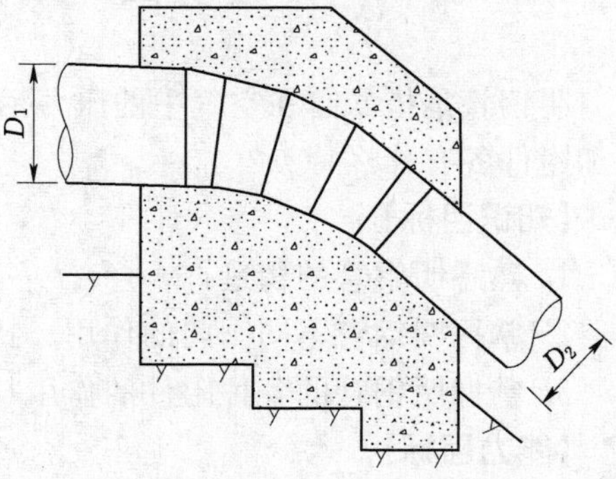

图 3-3　钢管直径变化

初步确定管壁厚度时，考虑到内水压力是钢管的主要荷载，所以按强度要求可近似地采用“锅炉”公式，用降低管壁材料容许应力的方法来估算厚度，因此可得：

$$\delta \geqslant \frac{\gamma H_P r}{\phi[\sigma]} \tag{3-3}$$

式中　γ——水的容重，N/m^3；

H_P——内水压力，m，包括水击值，初估时水击值按静水头的15%～30%，高水头用小值，低水头用大值；

ϕ——焊缝系数，约为0.9～0.95，双面对接焊取0.95，单面对接焊取0.90；

r——钢管的内半径，m；

$[\sigma]$——管壁钢材的容许应力，Pa，通常由表3-1查得后再降低15%～25%。

表3-1　钢材的容许应力

应力区域		膜应力区		局部应力区				备注
荷载组合		基本	特殊	基本		特殊		σ_s为钢材的屈服强度
产生应力的内力		轴力		轴力	轴力和弯矩	轴力	轴力和弯矩	
容许应力	明钢管	$0.55\sigma_s$	$0.7\sigma_s$	$0.67\sigma_s$	$0.85\sigma_s$	$0.8\sigma_s$	$1.0\sigma_s$	
	地下钢管	$0.67\sigma_s$	$0.9\sigma_s$					
	坝内埋管	$0.67\sigma_s$	$(0.8-0.9)\sigma_s$					

另外，考虑到钢板厚度在制造中不够精确以及钢管运行中的磨损和锈蚀，初步确定管壁厚度时，应在计算厚度的基础上再加2mm。

在钢管的设计中，对于某一直径的钢管有一个最小管壁厚度的规定。管壁最小厚度（包括防锈蚀厚度），除满足结构强度要求外，还应考虑制造、运输、安装等要求，保证必要的刚度。《水电站压力钢管设计规范》（NB/T 35056—2015）规定管壁厚度不宜小于表3-2所列的数值。

表3-2　钢管最小管壁厚度

外径/mm	870以下	920～1530	1630～4040	4240～6040	6240～7050
最小壁厚/mm	6	8	10	12	14

任务四　明钢管的构造和附件

明钢管是指暴露在空气中的压力钢管，在中小型引水式水电站中应用广泛，其构造和附件各有什么特点？

【知识目标】

1. 熟悉明钢管的构造。
2. 掌握明钢管不同阀门的作用、特点和使用条件等。
3. 掌握明钢管的各种附件的作用与特点。

【能力目标】

通过学习能够阐述明钢管的构造、阀门和附件的特点。

一、明钢管的构造

1. 接缝与接头

除了直径很小的压力钢管可采用无缝钢管外，大多采用钢板焊接而成，焊接管的接缝分为纵缝（平行于管轴）和横缝（垂直于管轴）两种，图 3-4 表示接缝的方向和位置，因接缝处可能成为弱点，故相邻段的纵缝应当错开，并且避免布置在横断面应力较大水平轴线和竖直轴线上，与水平轴线和竖直轴线的夹角应大于 15°。纵缝承受很大的环向拉力，必须采用对接焊横缝受力较小，允许搭接焊，但也很少采用，焊缝质量应按规定用射线法或超声波法进行探伤检查。

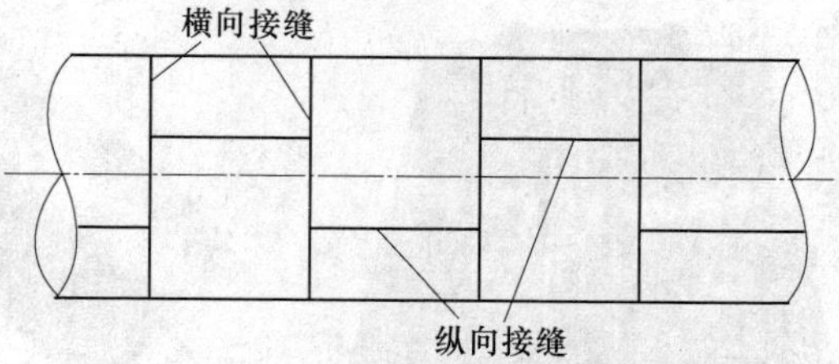

图 3-4　钢管的纵缝与横缝

3.4-1

直径较小的钢管，大都在工厂中加工成 4～6m 长的管段，然后运至工地逐段用横向焊缝连成整体。不宜在现场焊接纵缝，因质量较难保证，只有在管径很大，运输不便时才就地焊接纵缝，但必须有相应的工艺措施，以保证质量。横缝间距不应小于 500mm。

管段之间除可用横向焊缝连接外，也可用法兰连接，其优点是容易拆卸，但材料用量较多，只在特殊部位采用。图 3-5 中示出各种常用的法兰接头，图 3-5（a）为固定式，图 3-5（b）为焊接式，图 3-5（c）与图 3-5（d）为分离式。图 3-5（d）所示的法兰接头可有一定的相对位移（线位移或角位移），当压力钢管的镇墩可能发生沉陷时，采用此种接头是有利的。

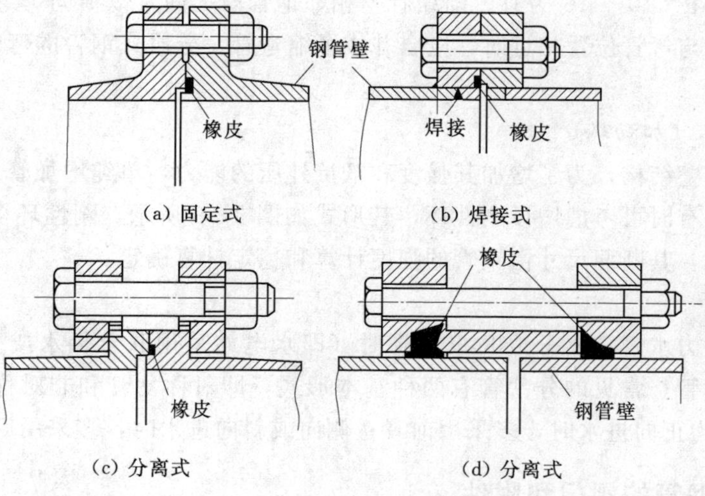

(a) 固定式　(b) 焊接式　(c) 分离式　(d) 分离式

图 3-5　几种常用的法兰连接

为了消除管段在制造安装过程中产生的误差，可采用图 3-6 所示的双楔环连接，通过转动楔形环的位置可以调整钢管轴线的角度。

3.4-2

2. 弯管与渐缩管

钢管在水平面内或竖直面内改变方向时须要装置弯管，弯管由钢板焊接而成，如图 3-6～图 3-8 所示。

图 3-6 双楔环

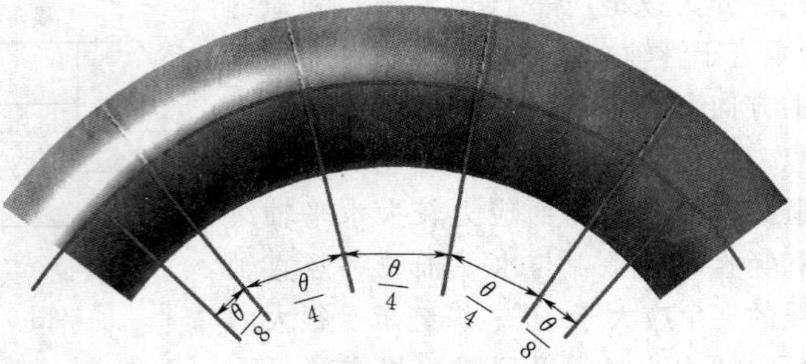

图 3-7 弯管

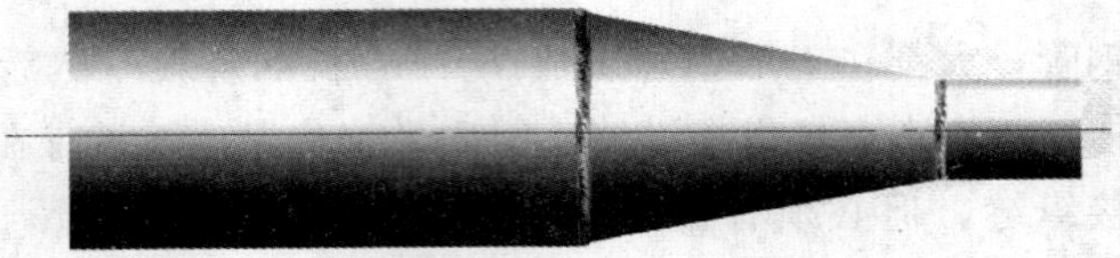

图 3-8 渐缩管

3.4-3

每一折线段两端径向线的夹角不宜超过 10°，以 5°～7°为宜，夹角越小水流条件越好。弯管的曲率半径不宜小于 3 倍管径。

两种不同直径的钢管段连接时，需要设置一段直径逐渐变化的渐缩管。为了减少水头损失，渐缩管的收缩角 θ 不宜过大，但 θ 太小，又将使渐缩管过长而增加材料用量，通常采用 $\theta=10°\sim16°$为宜。渐缩管与相邻钢管段之间常以横向焊缝连接（图 3-8）。当渐缩管与弯管位置相近时，应合并成渐缩弯管。分段式钢管的弯管与渐缩管均埋于镇墩中。

3.4-4

3. 刚性环（加劲环）

钢管为薄壁结构，为了增加其强度和抵抗外压的能力，单纯增加管壁的厚度往往是不经济的，有时可考虑增设刚性环，其形式如图 3-9 所示，刚性环多用 T 形或槽形的型钢做成，其断面尺寸由钢管的强度计算和稳定计算确定。

4. 分岔管

当一根压力水管需要分成几根支管时（即水电站采用联合供水或分组供水时），必须设置分岔管。常见的分岔管有两种基本形式，即对称岔管和非对称岔管（图 3-10）。当钢管为正向进水时，多采用前者；侧向或斜向进水时，多采用后者。

3.4-5

二、明钢管的阀门和附件

（一）阀门

在压力钢管的进口与末端常需装设阀门。在压力钢管首端，或在紧接压力前池或

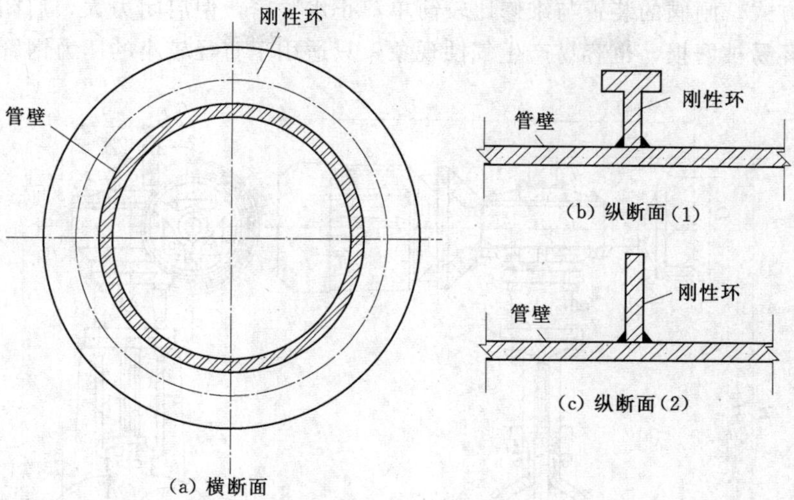

图 3-9　刚性环

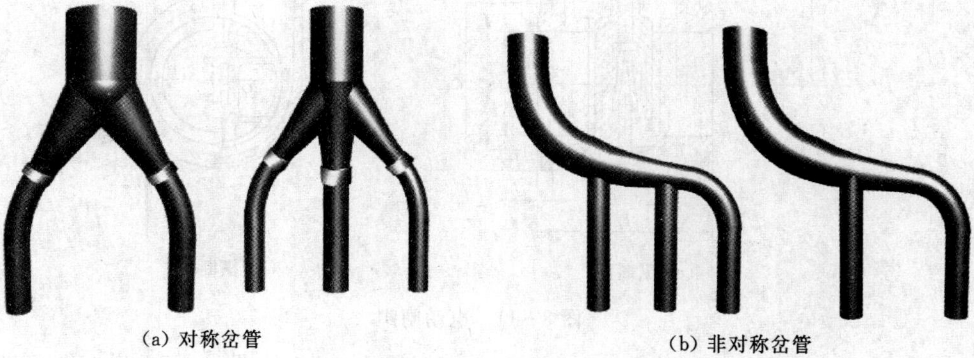

图 3-10　分岔管

调压室之后设置的阀门称为控制阀或压力水管阀；在钢管的末端或每根支管的末端与水轮机连接之前设置的阀门称为进水阀或水轮机主阀。

当压力水管需要放空检修或发生故障时，用控制阀门封闭水管进口（控制阀门常用平板闸门）；当水轮机停机或故障需要检修时，用水轮机主阀切断管中来水，此时压力水管不必放空，可避免开机前的充水过程。

对于分组供水或联合供水的电站，每台机组都必须设置水轮机主阀，以保证在某台机组停机或检修时，只要关闭该机组水轮机主阀，就可在不影响其他机组正常运行的情况下检修。另外，虽为单独供水的电站，若水头超过 150m 或水管较长时，经技术经济比较，也可装设水轮机主阀。压力水管很短且单独供水的电站可不设水轮机主阀。

压力水管上常用的阀门有以下几种形式。

1. 闸阀

闸阀是由框架和板面构成的闸板，装在阀壳内成整体结构，闸板支承于阀壳两侧的门槽中，用操作杆使其上下移动启闭，如图 3-11 所示。启闭闸阀可用手动、电动或液压等方式。闸阀的装置与维修比较简单，止水紧密，但启闭力大，启闭速度较缓慢，封水环易被磨损，也容易产生气蚀现象，只适用于直径较小的压力钢管。

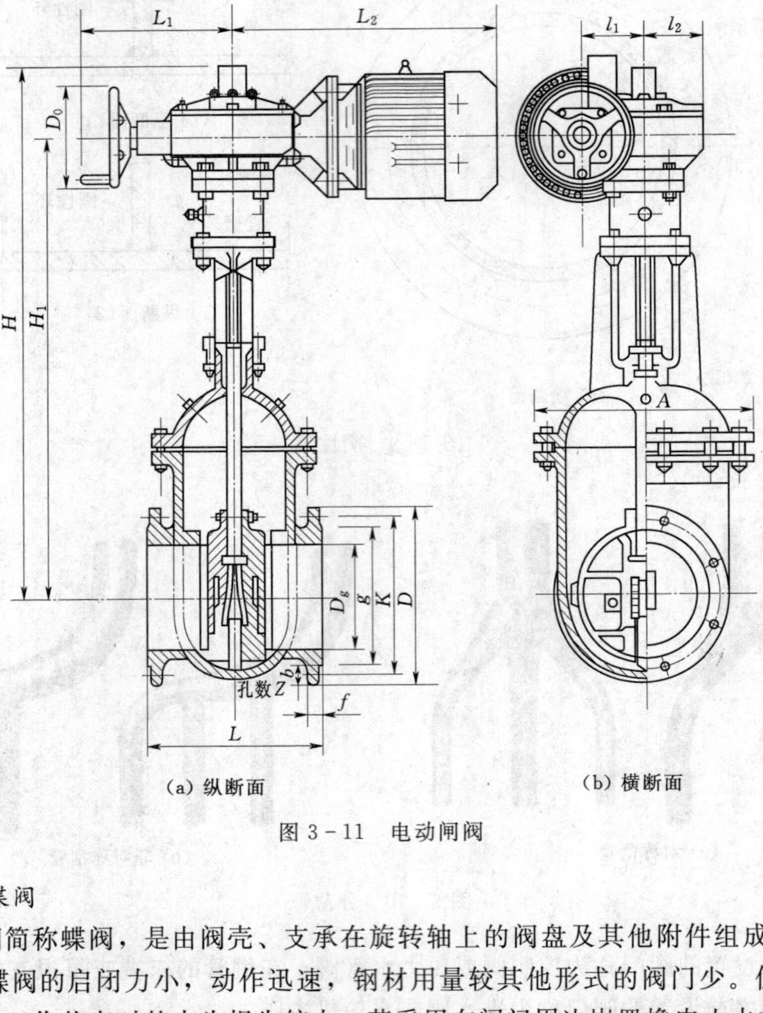

(a) 纵断面　　(b) 横断面

图 3-11　电动闸阀

2. 蝴蝶阀

蝴蝶阀简称蝶阀，是由阀壳、支承在旋转轴上的阀盘及其他附件组成，如图 3-12 所示。蝶阀的启闭力小，动作迅速，钢材用量较其他形式的阀门少。但止水不够严密，开启工作状态时的水头损失较大。若采用在阀门周边嵌置橡皮止水或压缩空气围带止水的蝶阀，则漏水问题可大为改善。

蝶阀可采用手动、电动或液压等操作方式。转轴分水平装置和竖直装置两种。蝶阀不能在部分开启状态下工作，可在动水中关闭，应在静水中开启（由旁通管向下游充水，待上下游水压平衡后方能开启）。

蝶阀多用于水头较低、管径较大的压力水管末端（管径可达 8m，水头可达 200m），也可以用于压力水管首端作为控制阀门。

3. 球形阀

球形阀由阀壳、可转动的圆柱体堵水器（栓塞）及其他附件组成，如图 3-13 所示。关闭时，圆柱体轴线与压力水管轴线垂直，装在圆柱体外面的封板沿着一定轨道转向要封闭的下游孔口，将高压水流引向板前的空筒中，使板紧压在下游管口的阀座上，形成严密的关闭；开启时，将封板前空筒中的高压水排往下游，并同时利用旁通

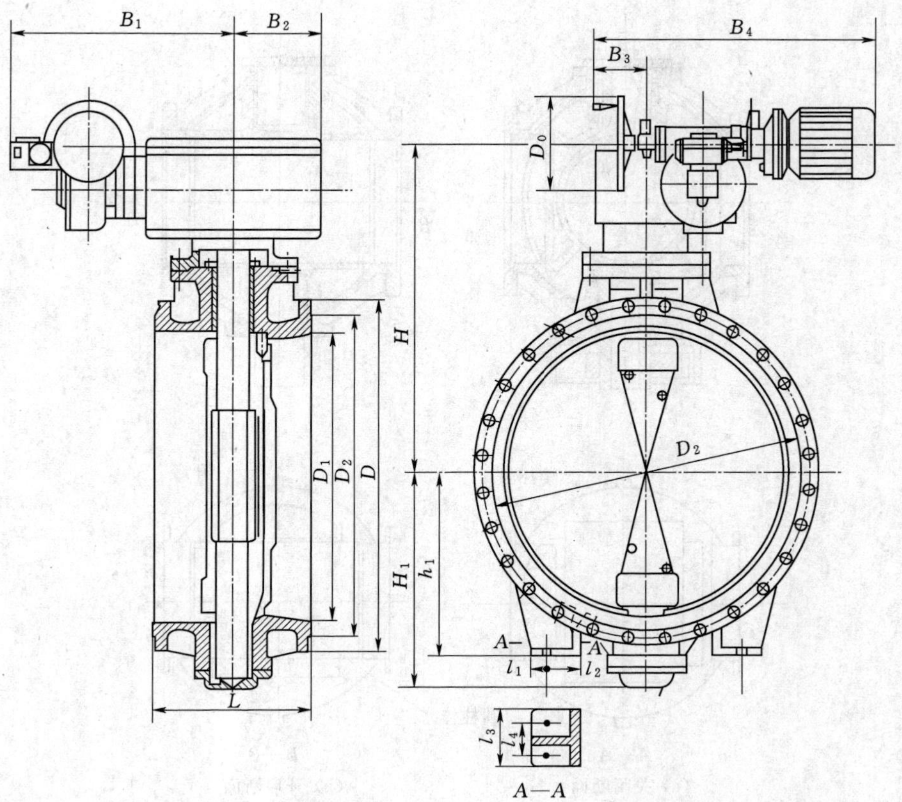

(a) 纵断面　　(b) 横断面

图 3-12　蝴蝶阀

管及活门向下游管冲水，在板的另一边形成反向压力，使封板离开阀座，圆柱体即转向开启位置，此时圆柱体轴线与压力水管轴线一致。

球形阀的强度高，止水效果好，封水环不易磨损，水头损失很小（可以忽略不计），但结构复杂，造价高。球形阀在动水中关闭，静水中开启，不能在部分开启状态下工作，多用于100m以上的高水头电站压力水管末端，用电动或液压操作。国外最大球形阀直径达3.4m，最大水头达850m以上。

（二）附件

明钢管的附件有伸缩接头、通气阀、进人孔、排水阀和过流保护装置等。

1. 伸缩接头（伸缩节）

固定在两镇墩间的压力水管，当温度变化时，将沿管轴线发生伸缩，在管壁中产生很大的温度应力。为了避免此种现象，在两镇墩之间（一般是紧靠镇墩的下游，离上镇墩1～2m）设置伸缩接头，使钢管在温度变化时，能沿轴向自由伸缩或同时有微小的角度变位。常用的伸缩接头为滑动套管式，其构造如图3-14（a）所示，它是在相邻两管段的下游管段上焊接一固定的套管，上游管段深入其中，在套管与钢管之间的环形缝隙中填以在动物油（如牛油）和石墨粉中浸煮过的石棉盘根，依靠拧紧安装在套管上的螺栓，使压环将环形缝隙中的石棉盘根压紧，以达到止水的目的。图3-

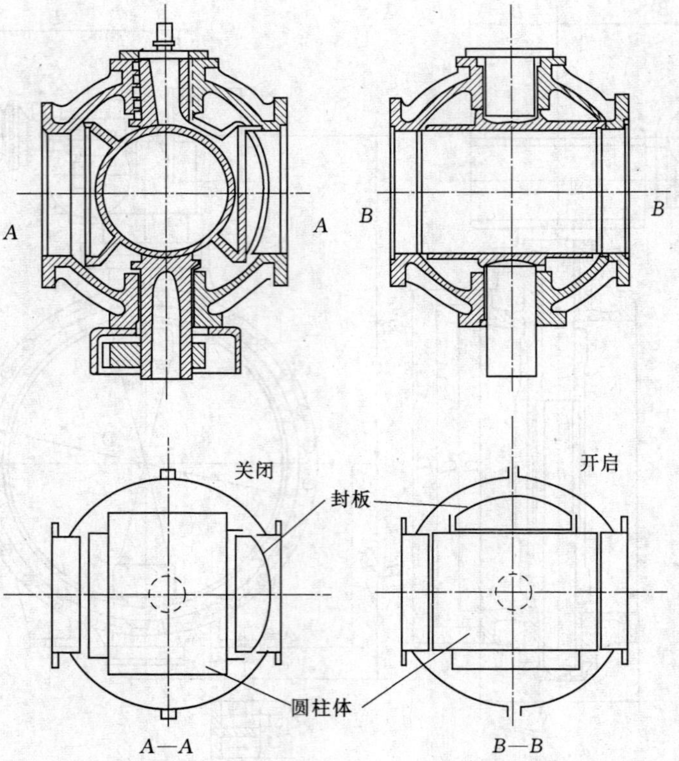

(a) 关闭断面　　(b) 开启断面

图 3-13　球形阀

14（b）所示为一种简易的伸缩接头，它利用橡胶圈止水，效果尚好，可用于直径较小的压力钢管上。伸缩接头的间距不宜超过 150m。在小型水电站中，如果压力钢管用法兰连接且管段不长（不超过 4m）时，可以不设伸缩接头。

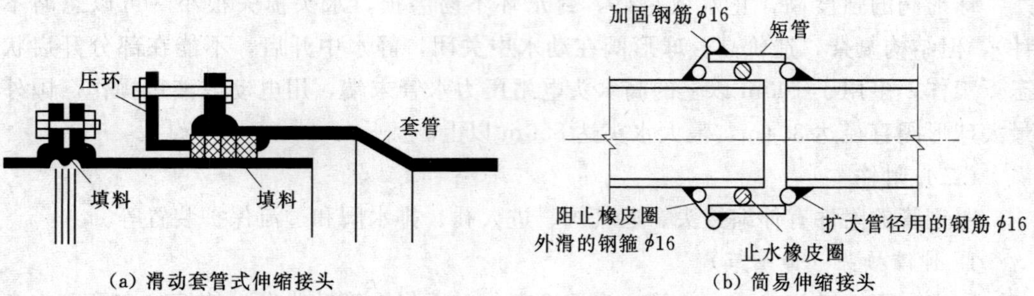

(a) 滑动套管式伸缩接头　　(b) 简易伸缩接头

图 3-14　伸缩接头

2. 通气阀

通气阀常布置在紧靠压力钢管首端快速闸门的下游，其作用与通气孔相似，有多种形式，图 3-15 是其中的一种，当闸门紧急关闭时，压力钢管中的压力急剧降低，通气阀的浮筒随水位下降而下沉，使空气进入压力钢管；当压力钢管充水时，空气由通气阀排出，浮筒随压力钢管中的水位上升而浮起，使通气阀关闭。

3. 进人孔与排水阀

为了便于观察和检修压力钢管内部，应当在压力钢管的适当位置（例如镇墩处）设置进人孔。进人孔截面常做成直径不小于 45cm 的圆孔或短轴不小于 45cm 的椭圆孔。进人孔间距一般不超过 150m，其形式很多，图 3-16 为其中的一种，当压力钢管直径小于 800mm 时，可不设进人孔，而加设嵌入节。

通常在压力钢管的最低点应设置排水阀，以便在检修钢管时将水放空。

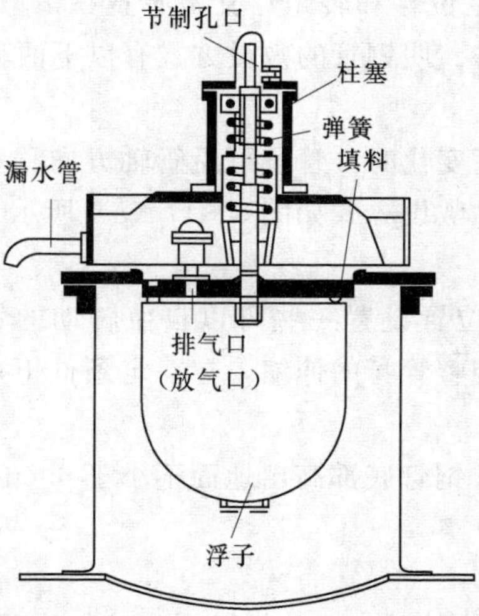

图 3-15　通气阀

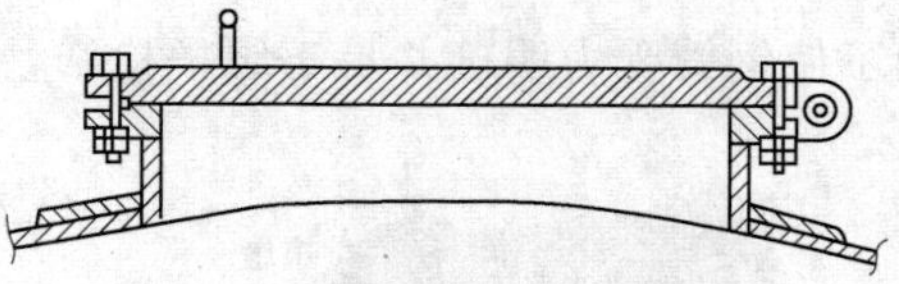

图 3-16　进人孔

4. 钢管的过流保护装置和防腐蚀措施

对于大型钢管，可装置过流保护装置。这种装置能反映钢管破裂后管内流速增大的现象，迅速发出信号使进口闸阀关闭，防止事故扩大。此外，压力钢管上还可能装有测量压力、流量和管壁应力的设备。

为了防止压力钢管管壁内、外表面被泥沙磨损和锈蚀，常采取以下两种措施：①在管壁内、外表面上喷镀一层厚约 150～200μm 的锌，再加涂一层涂料；②采用油漆涂料保护。外壁常用醇酸（红丹环氧脂作底漆，灰醇酸磁漆作面漆）、铅粉氯化橡胶漆或环氧沥青漆等涂料，底漆两道，灰色面漆 1～2 道，总厚度约为 100～150μm；内壁则常用聚氨酯沥青、环氧沥青或氯化橡胶等涂料，涂 2～4 道，总厚度约为 150～200μm。

3.4-1

在严寒地区，明钢管应有防冻设施。

任务五　明钢管的敷设方式和支承结构

通过任务四的学习掌握了明钢管的构造、附件及其特点，本任务接着介绍明钢管明如何敷设和怎样设置支承结构等。

【知识目标】

1. 掌握明钢管的敷设方式。

2. 掌握镇墩和支墩的构造形式。

【能力目标】

通过学习能够选择合适的明钢管的敷设方式，选择合适的支撑结构。

一、明钢管的敷设方式

明钢管大都敷设在较陡的山坡上，利用墩座固定和支承，墩座分为镇墩和支墩。镇墩用来固定钢管，使钢管在任何方向均不发生位移和转角；支墩布置在镇墩之间，用来支承钢管，允许钢管沿其支撑面作轴向位移。明钢管的敷设方式有以下两种。

1. 分段式

在相邻两镇墩之间设置一伸缩接头，当温度变化时，管段可沿管轴方向移动，因而消除了管壁中的温度应力，明钢管宜采用此种敷设方式如图 3-17 (a) 所示。

3.5-1

2. 连续式

两镇墩之间不设伸缩接头，在管身的适当位置设置一些可以自由转动的转角接头。当温度变化时，通过转角接头的角变位来调整管身的伸缩，在一定条件下可能是经济合理的如图 3-17 (b) 所示，我国很少用。

为了使钢管受力明确并易于维护检修，要求钢管底部高出地面不小于 60cm。

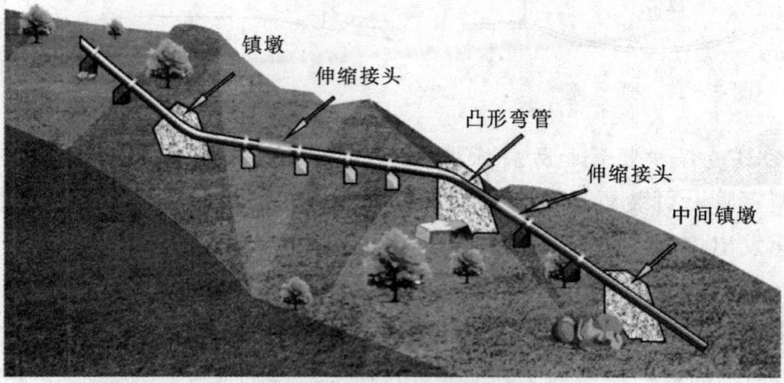

(a) 分段式

(b) 连续式

图 3-17　明钢管的敷设方式

二、镇墩和支墩的构造形式

（一）镇墩

镇墩布置在钢管的转弯处或很长的直线上，如图 3-18 所示，布置在钢管向下弯曲处（即凹形弯管处）的镇墩，自上、下游管段传来的轴向力的水平分力，有使镇墩沿地面滑动的趋势，但轴向力的垂直分力则对镇墩稳定有利，故镇墩所需体积一般较小；布置在钢管向上弯处（即凸形弯管处）的镇墩，除了轴向力的水平分力有使镇墩沿地面滑动的趋势外，其垂直分力是背离地面的，对镇墩的稳定更为不利，故镇墩所需体积一般较大，在一段长而直的管段上，大约每隔 100～150m 应设置一中间镇墩，以减少作用于镇墩上的力。这种中间镇墩的稳定情况介于上述两种镇墩之间。

镇墩为混凝土重力结构，混凝土标号不宜低于 100 号。在土基上，镇墩底面做成水平的。在严寒地区，镇墩应埋入冻土线以下 1m，在岩基上，镇墩地面可做成阶梯式，如图 3-18 所示镇墩底面宜与作用在镇墩上诸外力之合力相垂直。明钢管末端紧接厂房的镇墩宜与厂房基础分开。

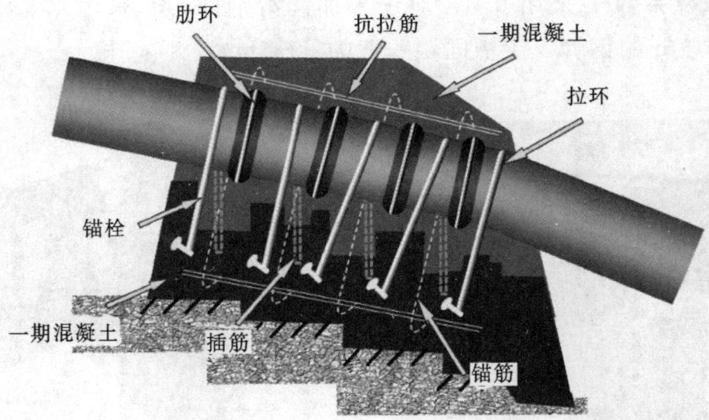

(a) 封闭式

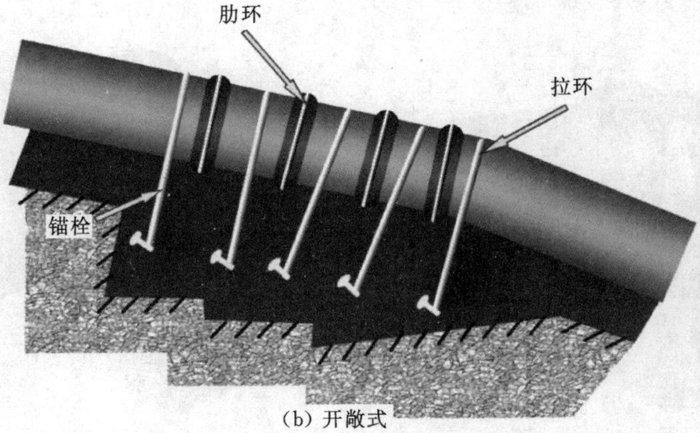

(b) 开敞式

图 3-18　镇墩的构造形式

按钢管在镇墩上的固定方式，镇墩可分为封闭式［图 3-18（a）］和开敞式［图

3－18（b）］两种形式。前者结构简单，节约钢材，钢管固定性好，分段式钢管宜采用此种形式的镇墩；后者易于检修，但镇墩处钢管受力不均匀，多用于镇墩受力较小的情况，封闭式镇墩的内层（钢管外壁）宜配置钢筋，凸形弯管处的镇墩必须配置锚筋。

3.5－2

（二）支墩（支座）

分段式钢管的支墩应使钢管能轴向自由伸缩，并能防止钢管横向滑脱，支墩间距应通过应力分析和钢管的振动分析、并考虑安装条件、支墩形式、地基条件等因素确定，对于中、小型钢管，一般为6～12m。在相邻两镇墩之间，支墩宜按等间距布置，设有伸缩接头的一跨，间距宜缩短。

常用的支墩有以下几种形式。

1. 滑动支墩

（1）鞍形支墩。鞍形支墩如图3－19（a）所示，钢管直接搁置在混凝支墩的鞍面上，支墩的包角可采用90°～135°，支墩的鞍面上镶以加强钢板，可以在管壁与支墩的接触面上加润滑剂或石墨垫片，以减少钢管伸缩时的摩擦力，对于经常涂有润滑剂的鞍形支墩，摩擦系数 f 采用0.3；对于未加润滑剂的，f 采用0.5. 鞍形支墩一般适用于直径小于1m的钢管，支墩间距一般为6～8m。

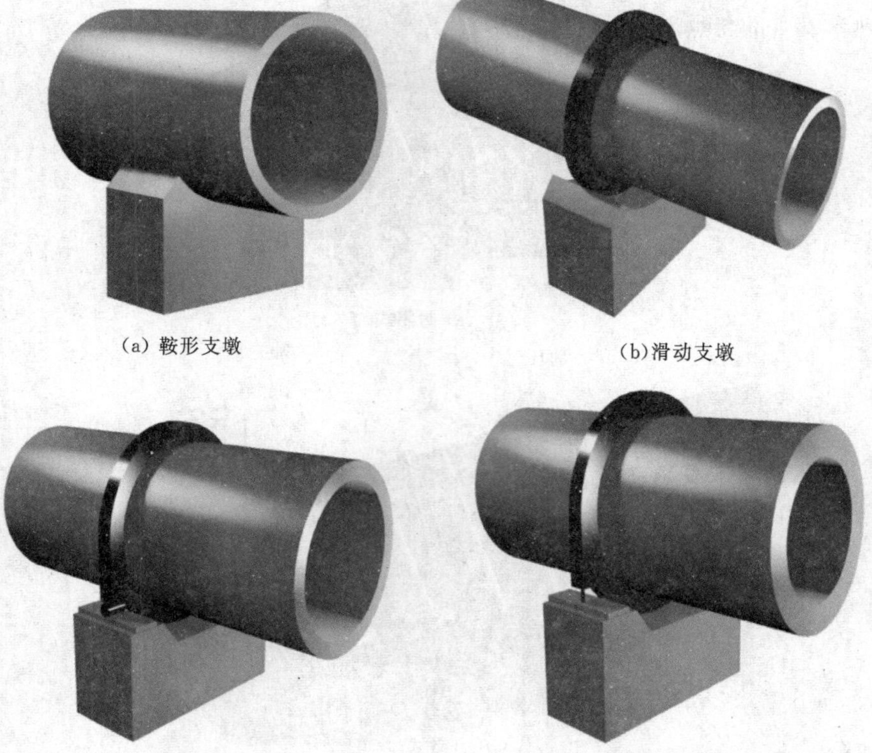

(a) 鞍形支墩　　(b)滑动支墩

(c)滚动式支墩　　(d) 摇摆式支墩

图3－19　支墩的形式

(2) 滑动支墩。如图 3-19 (b) 所示，为了克服鞍形支墩在支承处钢管的受力不均的缺点，在支承处设置了支撑环。其摩擦系数 f 的取值与鞍形支墩基本相同。滑动支墩适用于直径 1～3m 的钢管，支墩间距一般为 8～12m。

3.5-3

3.5-1

2. 滚动式支墩

滚动式支墩如图 3-19 (c) 所示，钢管通过滚轮支承在支墩顶面的固定钢板上，滚轮安装在支承环下端。滚轮数可不止一个，外侧设有防止横向位移的侧挡板。这种支墩的摩擦力很小，摩擦系数 f 可采用 0.1。滚动式支墩适用于直径较大的钢管。

3. 摇摆式支墩

摇摆式支墩如图 3-19 (d) 所示，这种支墩的特点是在支承环与墩座之间设一摆动短柱，摆柱下端与墩座铰接，上端以圆弧面与支承环的承板接触，当钢管伸缩时，短柱以铰为中心前后摆动。这种支墩的摩擦力更小，摩擦系数可近似取 0.05。

任务六　分　岔　管

水电站的供水管道中会有分流情况出现，在出现分流的时候需要分岔管，应该选择什么样的分岔管呢?

【知识目标】

1. 熟悉岔管的特点和设计要求。
2. 掌握常用几种岔管的特点。

【能力目标】

通过学习掌握不同分叉管的特点，能够选择合适的分叉管。

一、岔管的特点与设计要求

1. 岔管的工作特点

对于联合供水或分组供水的压力钢管，主管末端与支管连接处需要设置分岔管。岔管的工作特点是结构复杂，水头损失大，靠近厂房，承受很大的内水压力。

2. 岔管的受力特点

在压力管道的分岔处，管壁因互相切割而不再是一个完整的圆形，由内水压力所产生的环向力便不能平衡，故必须采取加固措施，来承受被割裂除管壁的环向力。

此外，在有些情况下管壁还存在轴向力，此轴向力也不能平衡，需由加强构件承担。从而造成了分岔管结构复杂。

在计算力学和计算机这种计算工具应用于工程之前，对这种复杂受力结构只能简化成平面问题进行近似计算。岔管的加强梁有时需要锻造，卷板和焊接后需做调整残余应力处理，因而制造工艺比较复杂。

3. 岔管的体型设计

岔管的另一特点是水头损失较大，如何降低水头损失是岔管设计的一个重要问题。较好的岔管体型应具有较小的水头损失、较好的应力状态和较易于制造。

从水力学的角度看，岔管的体型设计应注意以下几点：

(1) 使水流通过岔管各断面的平均流速相等，或使水流处于缓慢的加速状态。

(2) 采用较小的分岔角。但从结构上考虑，分岔角不宜太小，太小会增加分岔段的长度，需要较大尺寸的加强梁，并会给制造带来困难。水电站岔管的分岔角一般在30°～75°范围内，最常采用的范围是45°～60°。岔管的主支管宜布置在同一平面内。

(3) 分岔管采用锥管过渡，避免用柱管直接连接。

(4) 采用较小的岔档角。岔档有分流的作用，较小的岔档角有利于分流。

(5) 支管上游侧采用较小的顺流转角。

以上各点有时难于同时满足，且岔管的水力要求和结构要求也存在矛盾。例如，较小的分岔角对水流有利，但对结构不利，因为分岔角越小，管壁互相切割的破口越大，加强梁的尺寸也就越大，而且过小的夹角会使岔档部位的焊接困难。又例如，支管用锥管过渡对水流有明显的好处，但不可避免地会使主、支管间的破口加大等。这就要求在设计岔管体形时应最大限度地满足各方面的要求，分清主次，抓住主要矛盾。一般说来，对于水头较低的电站，岔管的内水压较小，而岔管的水头损失占总水头的比重较大，此时多考虑一些水力方面的要求是正确的；反之，对于高水头的电站，多考虑一些结构方面的要求是合理的。另外、岔管的布置应考虑地形、地质、厂房布置和水头损失等因素，应确保安全、经济合理。

二、几种常用的岔管

根据岔管的体形和加固方式，水电站常用的岔管有以下几种。如图 3-20 所示。

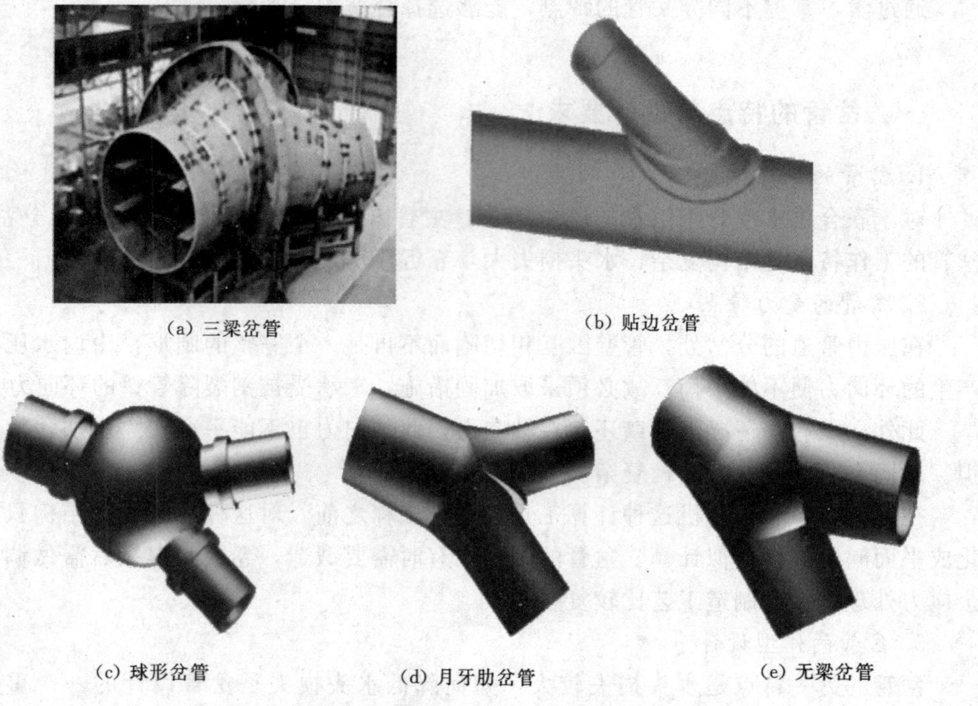

(a) 三梁岔管　(b) 贴边岔管　(c) 球形岔管　(d) 月牙肋岔管　(e) 无梁岔管

图 3-20　常用的岔管型式

1. 三梁岔管

如图 3-20（a）所示，三梁岔管由一个 U 形梁和两个腰梁组成的梁系构成空间结构，互相支承，共同承担全部不平衡区的内水压力。梁的截面一般为矩形或 T 形，沿相贯线在管壳外或部分镶嵌入管壳内布置，后者受力条件较好，但水头损失较大。

三梁岔管的主要缺点是梁系中的应力主要是弯曲应力，材料的强度未得到充分利用，三个曲梁（特别是 U 形梁）常常需要高大的截面，这不但浪费了材料，加大了岔管的轮廓尺寸，而且可能需要锻造，焊接后还可能需要进行热处理。由于梁的刚度较大，对管壳有较强的约束，使梁附近的管壳产生较大的局部应力。同时，在内压的作用下，由于相贯线的垂直变位较小，用于埋管则不能充分利用围岩的抗力。因此，三梁岔管虽有长期的设计、制造和运行的经验，但由于存在上述缺点，不能认为是一种很理想的岔管。三梁岔管用于内水压较高、直径不大的明管道。

2. 贴边岔管

如图 3-20（b）所示，贴边岔管在相贯线的两侧用补强板加固，补强板与管壁焊接，可加于管外，也可同时加于管内和管外。贴边岔管的特点是补强板的刚度较小（与前面的加固梁比较），不平衡区的内水压力由补强板和管壁共同承担，适用于中、低水头的 Y 形地下埋管，特别适用于支、主管直径之比（d/D）在 0.5 以下的情况，此比值大于 0.7 时不宜采用贴边岔管。

3. 球形岔管

如图 3-20（c）所示，球形岔管是由球壳、主支管、补强环和内部导流板组成。在内压作用下，球壳应力仅为同直径管壳环向应力的一半，因此，球形岔管适用于高水头电站。球形岔管突然扩大的球体对水流不利。为了改善水流条件，常在球壳内设导流板。导流板上设平压孔，因此不承受内水压力，仅起导流作用。球岔管的优点是布置灵活，支管可为任何方向。缺点是制造工艺复杂，水头损失较大。

4. 月牙肋岔管

如图 3-20（d）所示，月牙肋岔管是三梁岔管的一种发展。三梁岔管的 U 形梁嵌入管壳能够改善其应力状态。月牙肋岔管用一个完全嵌入管壳内的月牙形肋板代替三梁岔管的 U 形梁，并按月牙肋主要承受轴向拉力的原则来确定月牙肋的尺寸。

月牙肋岔管的主管为倒锥管，两个支管为顺锥管，三者有一个公切球，以减小流速，从而降低水头损失。由于月牙肋荷载合力基本通过肋板截面形心，使肋板处于轴心受拉状态，材料的强度得以充分发挥。由于肋板厚度不大，可用厚钢板制造，工艺较为简单。我国不少大中型水电站的地下埋管都采用了这种形式的岔管。

水工模型试验表明，在设计分流情况下，月牙肋岔管具有良好的流态，但在非对称水流情况下，插入的肋板对向一侧偏转的水流有阻碍作用，流态趋于恶化，肋板的方向对水流影响较大，在设计岔管的体形时，应注意使肋板平面与主流方向一致。

5. 无梁岔管

如图 3-20（e）所示，无梁岔管是在球形岔管的基础上发展起来的新型岔管。球形岔管的补强环需要锻造，与管壳焊接时要预热，球壳一般也要加热压制成形，有的球岔在制成后还进行整体退火，因此工艺复杂。无梁岔管是用三个渐变的锥管作为主、支管与球壳连接段，以代替球形岔管中的补强环。锥管一端与主、支管连接，另一端与球壳片近似沿切线方向衔接，构成一个外形平顺、无明显的不连续结合线的岔管，不仅克服了补强环与管壳刚度不协调的缺点，而且可充分发挥壳体结构的承载能力，结构合理，外形尺寸小，运输、安装均较方便。对埋管来讲，有利于利用围岩的弹性抗力。缺点是体形较复杂，成型工艺难度大，在球壳顶部和底部易产生涡流，分岔处水流较紊乱，为此需在岔管内部设置导流板。适用于大中型电站的地下埋管。我国采用地下埋藏式岔管较多。目前，对埋藏式岔管的设计仍以明岔管的设计思想为指导。应研究埋藏式岔管的合理形式，以便利用围岩承担更多的内水压力。在地质条件较好和地应力满足要求的情况下，也可不用钢岔管而采用钢筋混凝土岔管。

3.6-1

项目四　水电站的水击及调节保证计算

水电站机组在运行过程中，机组的出力与电力系统负荷必须保持平衡，机组转速保持额定转速不变。但由于负荷是经常变化的，为了适应这种变化，水轮机必须相应地经常改变进入水轮机的流量，以使机组出力与外界负荷相平衡。水轮机引流量的改变一般是缓慢的，但在特殊情况下，如电力系统负荷变化或水电站出现某些特殊事故等时会造成机组或电站会突然丢弃全部负荷，迫使水轮机突然切断全部引用流量。随着压力管道末端阀门（或导水叶）的突然关闭（或突然开启），压力管道内紧邻阀门（或导水叶）的水体流速将突然减小（或突然增大），管中内水压强将急剧升高（或急剧降低），水轮机尾水管中的压力也将发生相反的变化。这种压力的变化将以压力波的形式在管道内往复传播，形成压强交替升降的波动，并伴有锤击的响声和振动。这种现象对管道有着一定的破坏作用，为了延长管道的使用寿命，保证水电站机组的安全运行，在水电站机组在运行过程中应采取有效措施降低该现象的影响。

任务一　水击现象及特征

在水电站运行过程中，由于各种原因流速的突然变化使压力水管、蜗壳及尾水管中的压力随之变化，这种变化是交替升降的一种波动，如同锤作用于管壁，有时还伴随轰轰的响声和振动，这种现象称为水击。

【知识目标】

1. 熟悉水击现象。

2. 掌握水击的特征。

【能力目标】

分析水击现象不同状态的特征，培养学生分析解决问题的能力。

一、水击现象

水轮机调节中突然开、闭导叶时，压力水管内水流量、流速急剧变化，内水压力也将急剧降低或升高。在水流的惯性作用和水体与管壁弹性的影响下，这种降低或升高的压力，以压力波的形式和一定的波速在压力水管中往复传播，形成压力交替升降的波动现象，同时伴有如锤击的声响和振动，这种水力现象称为水击（或水锤），压力波称为水击波。

由水击引起的压力升降数值往往很大，在这种压力的作用下，应考虑水体的压缩性和膨胀性。引起水击的根本原因就在于压力水管中水流的惯性和弹性的相互作用。

二、水击特征

我们来研究一下当压力水管材料、管壁厚度 δ、管道直径 D 沿管长不变的简单管道，其初始平均流速为 V_0，压力水管末端阀门处水头为 H_0，当水头损失不计时阀门突然关闭（关闭时间 $T_s=0$）后的水击波传播过程，如图 4-1 所示。

1. 第一状态

在紧急情况下，压力水管末端的阀门在 $t=0$ 时瞬时关闭，靠近阀门处的一段长度为 ΔL 微小水体首先停止流动（流速由 V_0 变为 0）。但因为水流的惯性作用，上游水体仍然以流速 V_0 流向阀门处，在水流的作用力与阀门的反作用力的作用下，使 ΔL 段水体被压缩，水体密度增大，内水压力由 P_0 升高至 $P_0+\Delta P$，其中 ΔP 称为水击压力（若 P_0 与 ΔP 以水头表示，则分别为 H_0 和 ΔH）。在 ΔH 的作用下使管壁膨胀，同时沿管轴向形成一微小空间，当后来的水体充满此空间后，第二段微小水体受阻也停止流动，且同前段微小水体一样被压缩、水体密度增大、内水压力升高、管壁膨胀。如此进行下去，形成一个从阀门 A 处向上游传播的水流速度减小为零、内水压力升高的运动，这种现象称为水击波的传播，其波速为 a，此过程时段为 $t=0\sim L/a$，水击所到之处水头升高 ΔH，而波的传播方向与管中恒定流的流动方向相反，水击波为升压逆行波。

2. 第二状态

当 $t=L/a$ 时刻，水击波到达压力管道进口端面 B，此时管中水体全部停止流动，整个压力水管中，水体的密度增大，管壁膨胀，水头升高 ΔH。由于进口端 B 与水库衔接，库水位可认为保持不变，故 B 断面上游侧的水头仍为 H_0，而 B 断面下游侧压力水管中的水头为 $H_0+\Delta H$，两侧水压力和水的密度不能均衡，致使紧靠进口的一端微小长度的水体首先由静止状态改变为以流速 V_0 反向流向水库，同时压力由 $H_0+\Delta H$ 降为原来的 H_0，也即水头降低 ΔH，水体的密度和管径也恢复到起始状态。随后，自水管进口端 B 至末端阀门处 A，一段段微小的水体的压力、密度和管径也相继恢复原状，并形成一个以降压为特征的水击波由 B 向 A 传播，称为降压顺行波，它是升压逆行波在水库端的反射波。由于水体和管壁的弹性不变，故反射波的波速也为 a，水击压力仍为 ΔH，但符号相反，即由升压波反射成为降压波，其绝对值相等，故水库端 B 处水击波的反射规律为“异号等值”。直到 $t=2L/a$ 的瞬间反射波到达阀门 A 处，此时整个压力水管的水体压力、密度和管径均恢复至起始状态，但全管水流都以流速 V_0 流向水库。此过程时段 $t=1L/a\sim2L/a$。

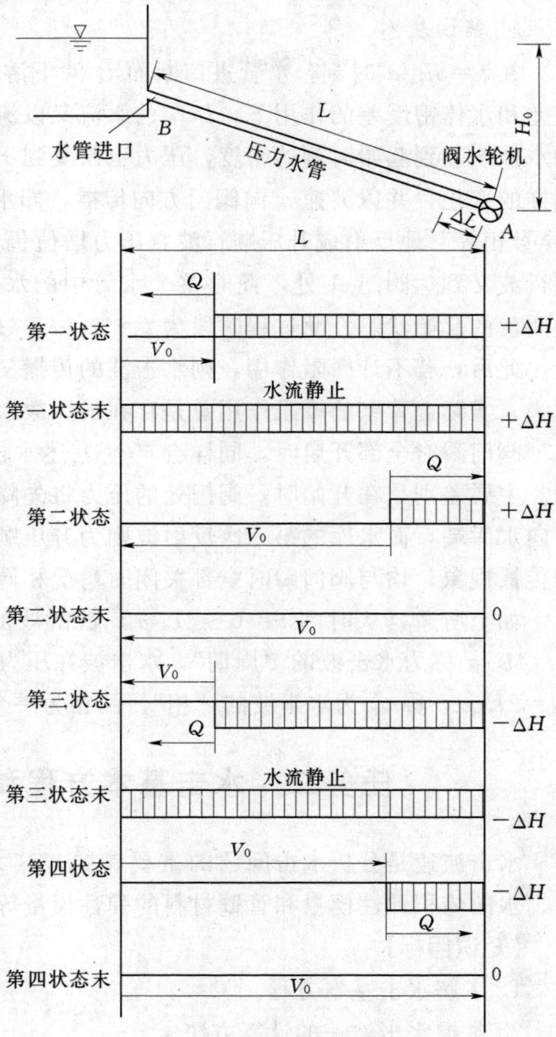

图 4-1　阀门瞬时（$T_s=0$）全关时压力水管中水击波的传播过程

3. 第三状态

在 $t=2L/a$ 时，全管水流以流速 V_0 向水库流动，但由于阀门是完全关闭的，靠近阀门的一小段水体停止流动，在水流惯性的作用下，该段水体被“拉长”，水体膨胀，压力减小 ΔH，密度减小，管壁收缩。这种水体被“拉长”，水体膨胀，压力减小 ΔH，密度减小，管壁收缩现象仍以波速 a 自 A 至 B 逐段传播，形成降压逆行波，此时是水库反射回来的降压顺行波在阀门处的再一次反射。直到 $t=3L/a$ 时，此降压逆行波传至水管进口端 B，此时整个水管中的流速均为 0，压力由 H_0 减至 H_0-

ΔH，同时处于水体膨胀、管壁收缩状态。此过程时段为 $t=2L/a\sim3L/a$。

4. 第四状态

在 $t=3L/a$ 时刻，水管进口断面 B 的下游侧比上游侧的压力低 ΔH，在两侧压力差和水体密度差的作用下，B 端的水流又以流速 V_0 向阀门 A 的方向流动，使膨胀的水体恢复到起始时刻的密度，压力也恢复到 H_0，接着自 B 至 A 逐段水体相继发生同样的变化，并以波速 a 向阀门方向传播，即水库端又将阀门反射回来的降压逆行波"异号相等"地反射成升压顺行波，压力增值仍为 ΔH。直到 $t=4L/a$ 时，此时升压顺行波又到达阀门 A 处，此时整个水管中的水体流速、压力、密度和管径都恢复到关闭前的起始状态。此过程时段为 $t=3L/a\sim4L/a$。

4.1-1

4.1-1

此后，若不计摩阻作用，则水击波的传播又将重复上述过程，并将不断循环进行下去。实际上管壁的摩阻作用总是存在的，故水击现象会逐渐衰减，并最终消失。

阀门瞬时全部开启时，同样会产生上述水击波的传播现象，其物理本质并无不同。主要差别是在开始时，阀门处的压力将先降低 ΔH，水击波以降压逆行波的形状传向水库端，而水库的第一次反射波则为升压顺行波，此后阀门的反射规律和水击波的传播现象，均与阀门瞬时全部关闭时情况相同。

如上所述，从时间 $t=0\sim4L/a$，水击波的传播完成了一个过程，所以将时段 $T=4L/a$ 称为水击波的"周期"。水击波在压力水管中传播一个来回所需要的时间为 $t_{相}=2L/a$，称 $t_{相}$ 为水击波的"相"。两相为一个周期。

任务二　水击基本方程和水击的传播速度

水击波速是分析水击问题的重要参数，其大小主要与压力水管的直径、管壁厚度、水的体积弹性模量和管壁材料的弹性模量等因素有关。

【知识目标】

1. 了解水击基本方程。
2. 掌握水击波速的计算方法。

【能力目标】

能够确定不同类型管道的水击传播速度。

一、水锤的基本方程

在《水力学》（第 5 版，高等教育出版社）中已经证明，忽略水流摩阻后的水锤基本方程为

$$\left.\begin{aligned}\frac{\partial V}{\partial t}&=g\ \frac{\partial H}{\partial x}\\ \frac{\partial H}{\partial t}&=\frac{a^2}{g}\frac{\partial V}{\partial x}\end{aligned}\right\}\tag{4-1}$$

式中　V——管道中的流速，向下游为正，m/s；

　　H——压力管道内水体的压力水头，m；

x——以压力管道末端阀门为原点，水锤波离开原点的距离，向上游为正，m；
t——时间，s；
a——水锤波的波速，m/s；
g——重力加速度，m/s^2。

式（4-1）为一组双曲线型偏微分方程，其通解为

$$\Delta H=H-H_g=F\left(t-\frac{x}{a}\right)+f\left(t+\frac{x}{a}\right) \tag{4-2}$$

$$\Delta V=V-V_0=-\frac{g}{a}\left[F\left(t-\frac{x}{a}\right)-f\left(t+\frac{x}{a}\right)\right] \tag{4-3}$$

式中　H_g——初始静水头，m；
V_0——压力管道中水流的初始流速，m/s；
$F\left(t-\frac{x}{a}\right)$——表示以波速 a 沿 x 轴正方向，向上游传播的水锤波波函数，称为逆行波，其量纲与水头 H 量纲相同；
$f\left(t+\frac{x}{a}\right)$——表示以波速 a 沿 x 轴反方向，向下游传播的水锤波波函数，称为顺行波，其量纲与水头 H 量纲相同。

式（4-2）及式（4-3）表明了压力管道中任一时刻任一断面的水锤压力和流速变化情况取决于波函数 F 和 f。该两式称为水锤的基本方程，表明了水锤运动的基本规律。

二、水锤的连锁方程

根据水锤的基本方程可知，任何断面任何时刻的水锤压力值等于两个方向相反的压力波之和，而流速值等于两个压力波之差再乘以$-\frac{g}{a}$。因此，根据已知的初始条件与边界条件，则可求得水锤过程的全部解。

设在压力管道中有 A、D 两点，D 点在 A 点上游，且向上游为 x 正方向，如图4-2所示。

若已知 A 点在 t 时刻的压力为 H_t^A，流速为 V_t^A，则由式（4-2）和式（4-3）消去顺行波 f 后，可得

$$H_t^A-H_g-\frac{a}{g}(V_t^A-V_0)=2F\left(t-\frac{x}{a}\right) \tag{4-4}$$

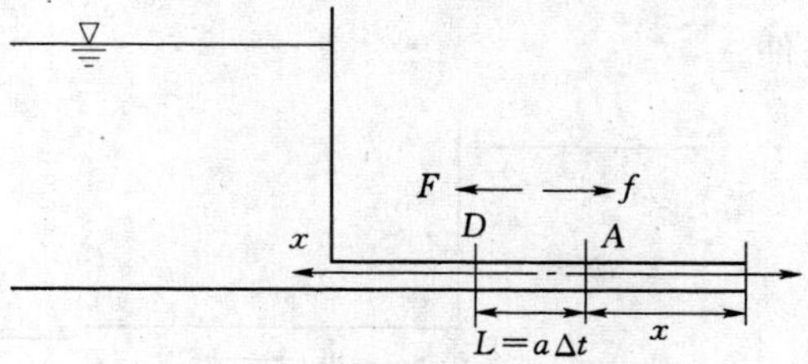

图4-2　水锤计算示意图

同理可写出经过 $\Delta t=\frac{L}{a}$时刻后 D 点的压力和流速的关系：

$$H_{t+\Delta t}^D-H_g-\frac{a}{g}(V_{t+\Delta t}^D-V_0)=2F\left[(t+\Delta t)-\left(\frac{x+L}{a}\right)\right] \tag{4-5}$$

由于 $F\left[(t+\Delta t)-\left(\frac{x+L}{a}\right)\right]=F\left(t-\frac{x}{a}\right)$，由上述两式得

$$H_t^A-H_{t+\Delta t}^D=\frac{a}{g}(V_t^A-V_{t+\Delta t}^D) \tag{4-6}$$

同理：

$$H_t^D-H_{t+\Delta t}^A=-\frac{a}{g}(V_t^D-V_{t+\Delta t}^A) \tag{4-7}$$

式（4-6）和式（4-7）称为水锤的连锁方程。连锁方程给出了水锤波在一段时间内通过两个断面的压力和流速的关系，但前提应满足管道的材料、管壁厚度、直径沿管长不变。为了计算方便，常用水头和流速的相对值表示，则水锤连锁方程为

$$\xi_t^A-\xi_{t+\Delta t}^D=2\rho(v_t^A-v_{t+\Delta t}^D) \tag{4-8}$$

$$\xi_t^D-\xi_{t+\Delta t}^A=-2\rho(v_t^D-v_{t+\Delta t}^A) \tag{4-9}$$

式中　ρ——管道的特性系数，$\rho=\frac{aV_0}{2gH_g}$；

ξ——水锤压力相对值，$\xi=\frac{\Delta H}{H_g}=\frac{H-H_g}{H_g}$；

v——压力管道中相对流速，$v=\frac{V}{V_0}$；

H_g——水电站静水头，m。

三、水锤的边界条件及基本假定

应用水锤连锁方程计算水电站压力管道中的水锤时，首先要确定其初始条件和边界条件。

1. *初始条件*

当管道中水流由恒定流变为非恒定流时，把恒定流的终了时刻看作为非恒定流的开始时刻，即当 $t=0$ 时，管道中任何断面的流速 $V=V_0$，如不计水头损失，水头 $H=H_g$。

2. *边界条件*

如图 4-3 所示，水电站压力引水系统中，A 为阀门端，A'为封闭端，D 点为压力管道进口端，C 点为管径变化点，B 点为分岔点。下面介绍这五种边界点的边界条件。

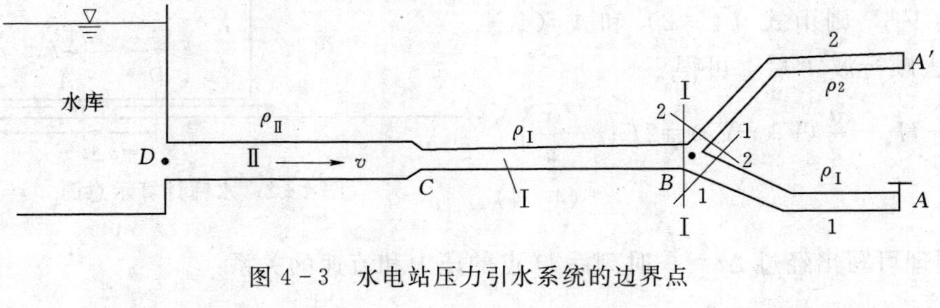

图 4-3　水电站压力引水系统的边界点

（1）阀门端 A。阀门端是水锤首先发生的地方，压力变化最为剧烈，该处的水流状态决定着水锤波的传播情况。A 点的边界条件比较复杂，它决定于流量调节机构的

出流规律。

对于冲击式水轮机，喷嘴可视为孔口，设喷嘴全开时的过水断面积为 $\omega_{\max}$，水头为 H_g，流量系数为 μ_m，压力管道的过水断面积为 ω_0，流速为 V_0。根据《水力学》中孔口出流的公式，喷嘴的出流量为

$$Q_{\max}=\mu_m\omega_{\max}\sqrt{2gH_g}=\omega_0V_0 \tag{4-10}$$

当孔口在时刻 t 突然关闭至 ω_t 时，由于发生水锤，其压力水头变为 H_t^A，压力管道中的流速变为 V_t^A，流量系数为 μ_t，则此时喷嘴孔口的出流量为：

$$Q_t^A=\mu_t\omega_t\sqrt{2gH_t^A}=\omega_0V_t^A \tag{4-11}$$

假定喷嘴在不同开度时的流量系数保持不变，即 $\mu_m=\mu_t$，则以上两式相除化简后得

$$q_t^A=v_t^A=\tau_t\sqrt{1+\xi_t^A} \tag{4-12}$$

式中　q_t^A——压力管道中的相对流量，$q_t^A=Q_t^A/Q_0$；

v_t^A——压力管道中的相对流速，$v_t^A=V_t^A/V_0$；

τ_t——喷嘴孔口的相对开度，$\tau_t=\dfrac{\omega_t}{\omega_{\max}}$；

ξ^A——水锤压力的相对升高值，$\xi_t^A=\dfrac{H_t^A-H_g}{H_g}$。

式（4-12）为假定压力管道末端 A 为孔口出流时的边界条件，它适用于装有冲击式水轮机的压力管道。当水电站装设反击式水轮机时，其出流规律与水头、导叶开度和转速有关，因此增加了问题的复杂性。为简化计算，常按式（4-12）近似作为边界条件，然后再加以修正。

（2）封闭端 A'。封闭端在任何时刻 t 的流量和流速均为零，故其边界条件为 $Q_t^{A'}=0$，$V_t^{A'}=0$。

（3）压力管道进口端 D。

1）若 D 点上游侧为水库或压力前池，由于它们面积相对于压力管道来说很大，可认为在管道中发生水锤时，水库水位或压力前池水位基本不变，因而在任何时刻 D 点的边界条件为 $H_t^D=$常数，即 $\xi_t^D=0$。

2）若压力管道进口端 D 的上游侧为调压室，其边界条件因调压室的类型不同而有所不同，对简单圆筒式调压室其边界条件与 D 点上游侧有压力前池的情况相同，即 $\xi_t^D=0$。

（4）管径变化点 C。若不考虑点 C 的摩阻损失，并根据水流连续性条件，则 C 点的边界条件为 $H^{C\mathrm{I}}=H^{C\mathrm{II}}$，$Q^{C\mathrm{I}}=Q^{C\mathrm{II}}$。

（5）分岔点 B。若不考虑点 B 处水流惯性和弹性的能量损失，则分岔点处各管端的压力水头应相同，流量应连续。这样，B 点的边界条件为 $HB1=HB2=HB\,\mathrm{I}$，$QB\,\mathrm{I}=QB1+QB2$。

3. 基本假定

（1）水轮机导叶（或喷嘴）的出流条件符合式（4-12）。这一假定对冲击式水轮

机是适合的，对反击式水轮机是近似的。

（2）在 T_s 时段内导叶（或喷嘴）的开度变化与启闭时间成直线关系。实际上水轮机导叶（或喷嘴）的启闭规律常如图 4-4 中所示，导叶从全开至全关的整个历时为 T_z，导叶的关闭速度开始时较慢，这是由于调节机构的惯性所致；终了时也较慢，是由于调节机构的缓冲作用所致。对水锤计算影响较大的是图中 T_s 时段，T_s 称为有效调节时间。在缺乏资料时，可近似取 $T_s=(0.6\sim0.95)T_z$。

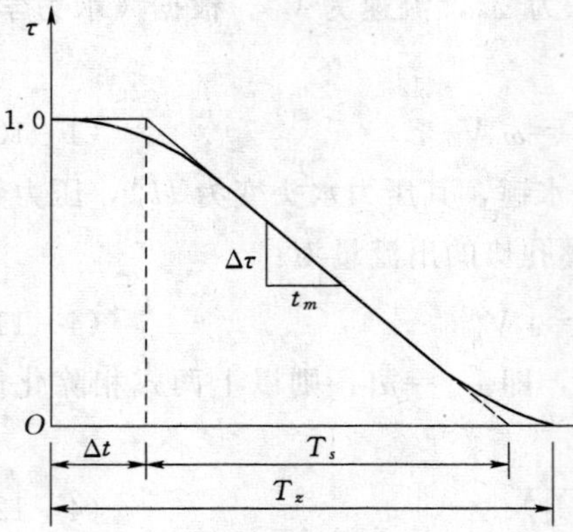

图 4-4　水轮机导叶（或喷嘴）开度与时间的关系

导叶（或喷嘴）的相对起始开度 τ_0 应按设计条件确定。一般情况下，关闭时常取全开为设计条件，即 $\tau_0=1$，如图 4-5（a）所示；开启时根据机组增加负荷前的导叶（或喷嘴）开度确定 τ_0，如图 4-5（b）所示。在 T_s 时段内，任一时刻 t 的开度 τ_t 与起始开度 τ_0 之间有如下关系：

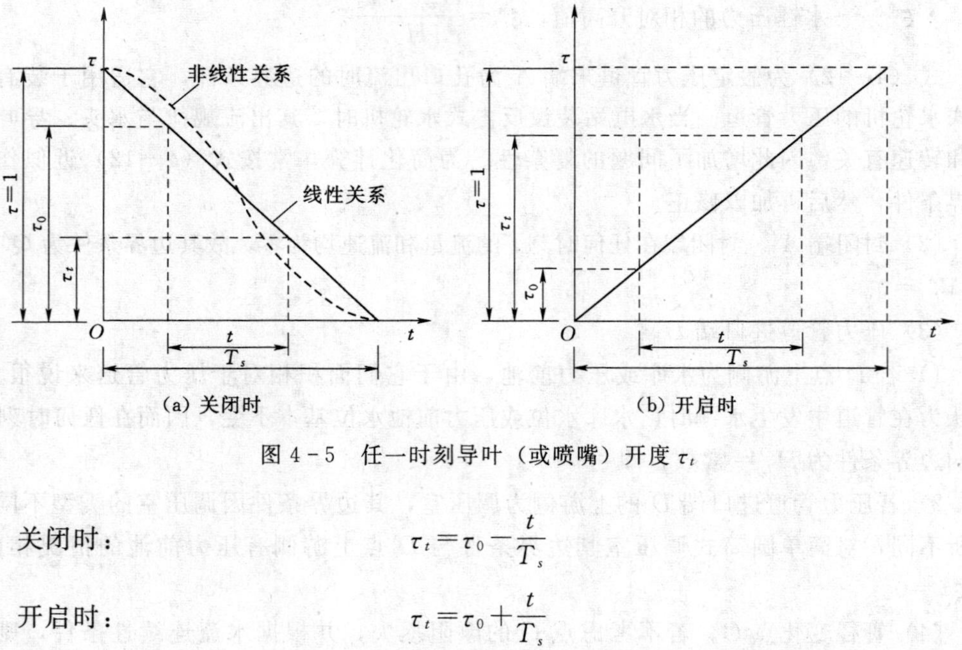

图 4-5　任一时刻导叶（或喷嘴）开度 τ_t

关闭时：
$$\tau_t=\tau_0-\frac{t}{T_s}$$

开启时：
$$\tau_t=\tau_0+\frac{t}{T_s}$$

实际上，即使在 T_s 时段内导叶（或喷嘴）的启闭规律也是非线性的，如图 4-5 中虚线所示，故这一假定与实际情况略有出入。

四、水击波的传播速度

水击波速是分析水击问题的重要参数，其大小主要与压力水管的直径 D、管壁厚度 δ、水的体积弹性模量 E_0 和管壁材料的弹性模量 E 等因素有关。水击波速的计算公式如下：

（1）均质管水击波速计算公式：

$$a=\frac{1435}{\sqrt{1+\frac{E_0 D}{E\delta}}} \tag{4-13}$$

式中 E_0——水的体积弹性模量，一般取 $E_0=2.06\times10^3$MPa；

E——管壁材料的弹性模量，对钢材料 $E=2.06\times10^5$MPa，对铸铁 $E=0.98\times10^5$MPa；

D——管道直径，m；

δ——管壁厚度，m。

通常 $a=800\sim1200$m/s，对于金属管道，a 值可直接取为 1000m/s。

（2）如管道各段的直径、材料或其他参数不同时，a 可取平均值，计算公式为

$$a=\frac{\sum L}{\sum\frac{L_i}{a_i}} \quad (\text{m/s}) \tag{4-14}$$

式中 L——管道总长，m；

L_i——管道中第 i 段的长度，m；

a_i——管道中第 i 段的水击波速，m/s。

任务三 水击计算的方法

水击有直接水击和间接水击两种类型。直接水击其值很大，在水电站工程中应绝对避免。间接水击其值小于直接水击，是水电站经常发生的水击现象。

【知识目标】

1. 掌握水击类型的判别方法。

2. 掌握水击直接水击和间接水击的计算。

【能力目标】

直接水击破坏严重，能在水电站工程中避免发生直接水击。

一、水击的计算方法

（一）水击的类型

上述分析的水击现象是假定压力水管阀门瞬时启闭时发生的，阀门处的水击压力 ΔH 也是瞬时产生的，故只考虑了一个水击波在水管中来回传播。实际上启闭压力水管末端的阀门总有一段历时（如反击式水轮机导叶的关闭时间 $T_s=3\sim8$s）。设关闭阀门的总历时为 T_s。可将其看做由许多连续突然关闭的微小时段组成，每一微小时段的突然关闭，都将在阀门处产生一个水击升压值 ΔH，使该处压力不断升高。而每一 ΔH 都有一升压逆行波的形状向水库方向传播。

若 $T_s \leqslant 2L/a$，则当第一个由水库反射回来的降压顺行波尚未到阀门处时，阀门已全部关闭，这样，阀门处的最大水击压力不会受到降压顺行波的影响，故其大小与阀门瞬时关闭的情况相同。这种水击称为直接水击，其数值很大，在水电站工程中应绝对避免。

若 $T_s > 2L/a$，则当阀门尚未完全关闭时，从水库反射回来的第一个降压顺行波已到达阀门处，从而使阀门处的水击压力在尚未达到最大值时就受到降压顺行波的影响而减小。阀门处的这种水击称为间接水击，其值小于直接水击，是水电站经常发生的水击现象。这种类型的水击是本项目讨论的重要内容。

（二）直接水击的计算

在发生水击时，水电站压力引水系统中任一断面的压力和流速都是随时间变化的。可以根据物理学中的动量定理求得发生直接水击时任一断面水击压力与流速之间的关系。图 4-6 所示为一微小的压力水管段，在恒定流时其过水断面为 ω_0，管中初始流速为 V_0。当阀门突然关闭时，设在 Δt 时段内水击波以波速 a 由断面 1—1 传至断面 2—2，则两断面的距离为 $L_0 = a\Delta t$。在水击压力的作用下，微小管断 L_0 中的水体被压缩，其长度由 L_0 变为 $L_0+\Delta L$，密度由 ρ_0 变为 $\rho_0+\Delta\rho$，同时管壁膨胀，过水断面面积由 ω_0 变为 $\omega_0+\Delta\omega$，流速由 V_0 变为 $V_0+\Delta V$。

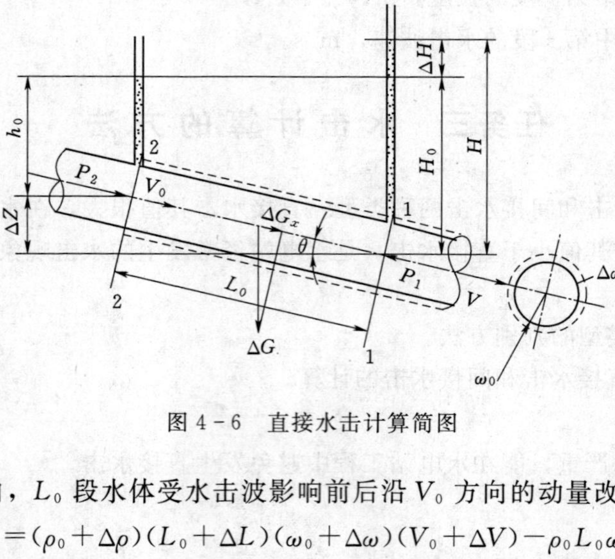

图 4-6　直接水击计算简图

在 Δt 时段内，L_0 段水体受水击波影响前后沿 V_0 方向的动量改变量为

$$\Delta K = (\rho_0+\Delta\rho)(L_0+\Delta L)(\omega_0+\Delta\omega)(V_0+\Delta V) - \rho_0 L_0 \omega_0 V_0 \qquad (4-15)$$

展开上式，略去二阶以上微量（应注意 ΔV 不是微量）及含有 $\Delta\rho$、ΔL、$\Delta\omega$ 因子的各项（因为 $\Delta\rho$、ΔL、$\Delta\omega$ 数值非常小，可视为无穷小量而忽略，如每增加一个大气压水的体积只减小 1/20000），并将 $L_0 = a\Delta t$ 代入，得

$$\Delta K = \rho_0 L_0 \omega_0 \Delta V = \rho_0 L_0 \omega_0 (V - V_0) = \rho_0 \omega_0 a \Delta t (V - V_0) \qquad (4-16)$$

在 Δt 时段内，当水击波由断面 1—1 传至断面 2—2 前的一瞬间，断面 1—1 的内水压力水头为 $H_0+\Delta H$，断面 2—2 尚未受到水击波的影响，其内水压力仍为 h_0。作用于 L_0 段水体上沿 V_0 方向上的外力有：

断面 1—1 上的水压力

$$P_1 = g(\rho_0 + \Delta\rho)(H_0 + \Delta H)(\omega_0 + \Delta\omega) \approx g\rho_0(H_0 + \Delta H)\omega_0 \tag{4-17}$$

断面 2—2 上的水压力

$$P_2 = g\rho_0 h_0 \omega_0 \tag{4-18}$$

该段水体重力 ΔG 沿 V_0 方向的分力

$$\Delta G_x = \Delta G \sin\theta \approx g\omega_0\rho_0\Delta Z \tag{4-19}$$

若略去管壁的阻力不计，则上述诸外力之合力 $\sum F$ 在 Δt 时段内沿 V_0 方向的冲量为

$$(\sum F)\Delta t = (P_2 + \Delta G_x - P_1)\Delta t = [g\rho_0 h_0\omega_0 + g\rho_0\omega_0\Delta Z - g\rho_0(H_0 + \Delta H)\omega_0]\Delta t \tag{4-20}$$

如图 4-6 所示，$h_0 + \Delta Z = H_0$，则

$$(\sum F)\Delta t = -g\rho_0\Delta H\omega_0\Delta t \tag{4-21}$$

根据动量定理就有：

$$(\sum F)\Delta t = \Delta K \tag{4-22}$$

$$-g\rho_0\Delta H\omega_0\Delta t = \rho_0\omega_0 a\Delta t(V - V_0) \tag{4-23}$$

整理上式可得直接水击计算公式，即

$$\Delta H = \frac{a}{g}(V_0 - V) \tag{4-24}$$

式中　a——水击波速，m/s；
　　g——重力加速度，9.81m/s²；
　　V_0——管道中水流起始平均流速，m/s；
　　V——阀门关闭完成后阀门处流速，m/s。

从式（4-24）中可以看出：

（1）若 $V_0 > V$，即阀门关闭时，起始流速 V_0 大于终了流速 V，ΔH 为正值，压力水管中产生正水击；反之若 $V_0 < V$，即阀门开启时，产生负水击。

（2）水击压力的大小与水击波速 a 成正比，与流速变化的绝对值成正比。

（3）只要 $T_s \leqslant 2L/a$，直接水击的大小与关闭时间长短及关闭规律无关，只要流速变化值相同，则水击压力的最终值是一样的。特别值得注意的是，直接水击的数值是很大的（可达净水头的数倍），这样高的压力会造成极大的危害，工程中应绝对避免发生直接水击。

【例 4-1】　某水电站压力钢管（$a = 1000$m/s）中水流起始流速 $V_0 = 4.5$m/s，当水电站突然丢弃全负荷（$V = 0$）时若发生直接水击，则阀门处水击压力为

$$\Delta H = \frac{a}{g}(V_0 - V) = \frac{1000}{9.81} \times (4.5 - 0) = 458.72(\mathrm{m})$$

可见，直接水击的数值是很大的，应绝对避免发生直接水击。

（三）水击类型的判别和计算

水击现象是水力发电站运行过程中不可避免的客观的有害想象，除非设备故障或运行人员误操作造成直接水击酿成重大事故，水电站正常情况下发生的都是间接水击。

水电站的水击计算按照下列步骤进行：

1. 水击基本类型的判别

若 $T_s \leqslant 2L/a$，则发生直接水击，相应的水击压强上升值直接用式（4-9）计算，水击计算结束；

若 $T_s > 2L/a$，则发生间接水击，继续下面步骤。

2. 两个压力水管特性系数 ρ 和 σ 的计算

$$\rho=\frac{aV_0}{2gH_0}\sigma=\frac{LV_0}{gH_0T_s} \tag{4-25}$$

3. 间接水击类型的判别及计算

（1）若 $\rho\tau_0 \leqslant 1$，水击最大值发生在第一相末，称为第一相水击，计算如下：

$$\xi_{max}=\xi_1=\frac{2\sigma}{1+\rho\tau_0-\sigma} \tag{4-26}$$

（2）若 $\tau_0 > 1/\rho$，最大水击发生在末相，称为末相水击，计算如下：

$$\xi_{max}=\xi_m=\frac{2\sigma}{2-\sigma} \tag{4-27}$$

机组突然增加负荷时，压力水管中产生负水击，计算过程及公式同上，只是负水击符号由“ξ”变为“η”。

【例 4-2】 某水电站压力水管长 $L=240$m，管壁厚度及管径均匀，管材为金属材料，电站设计水头 $H_0=150$m，最小水头 $H_{min}=133$m。管中水流最大流速 $V_{max}=3.92$m/s，空载时 $\tau_{xx}=0.1$，导叶总关闭时间 $T_s=3$s。求机组突甩及突增全负荷时，管中的最大水击压力和最小水压力。

解：对于金属管道 $a=1000$m/s。

（1）水击基本类型的判别。

$$\frac{2L}{a}=\frac{2\times240}{1000}=0.48(\mathrm{s})$$

因为 $T_s=3s>2L/a=0.48$，所以发生的是间接水击。

（2）两个压力水管特性系数 ρ 和 σ 的计算。

$$\rho=\frac{aV_{max}}{2gH_0}=\frac{3.92\times1000}{2\times9.81\times150}=1.33$$

$$\sigma=\frac{LV_{max}}{gH_0T_s}=\frac{240\times3.92}{9.81\times150\times3}=0.21$$

（3）间接水击类型的判别及计算。

1）突甩全负荷时（导叶由起始开度 $\tau_0=1.0$ 关至 $\tau_{xx}=0.1$）。

$$\rho\tau_0=1.33\times1.0=1.33$$

根据 $\rho\tau_0=1.33>1$，可知发生末相水击。则

$$\xi_{max}=\xi_m=\frac{2\sigma}{2-\sigma}=\frac{2\times0.18}{2-0.18}=0.198$$

$$\Delta H_{max}=\zeta_{max}H_0=0.198\times150=29.7(\mathrm{m})$$

2）突增全负荷时（导叶由起始开度 $\tau_{xx}=0.1$ 开至 $\tau=1.0$）。突增负荷时管道内

将发生负水击，并且静水头越小负水击绝对值越大，因此计算时以最小水头作为计算工况。

$$H_0=H_{\min}=133(\mathrm{m})$$

$$\rho=\frac{aV_{\max}}{2gH_0}=\frac{3.92\times1000}{2\times9.81\times133}=1.50$$

$$\rho\tau_0=0.15$$

$$\sigma=\frac{LV_{\max}}{gH_0T_s}\frac{240\times3.92}{9.81\times133\times3}=0.24$$

由于 $\rho\tau_0=0.15<1$，可知发生首相水击，则

$$\eta_{\max}=\eta_1=\frac{2\sigma}{1+\rho\sigma_0}=\frac{2\times0.24}{1+[1.5\times(0.1+0.24)]}=0.32$$

$$\Delta H_{\max}=\eta_{\max}H_0=0.32\times133=42.56(\mathrm{m})$$

管内最小内水击压力为：

$$H=H_0-\Delta H_{\max}=133-42.56=90.44(\mathrm{m})$$

为了避免尾水管出现压力过低而造成水流中断时水流反冲引起抬机现象，故尾水管真空值 H_B 不应大于 8m 水柱。中、高水头水电站的压力管一般较长，蜗壳和尾水管的影响较小，可以忽略不计。对低水头水电站，则必须考虑二者的影响。

4.3-1

二、转速上升的计算方法

设机组在丢弃负荷前的额定力为 P_0，经过导叶（阀门）关闭时间 T'_s之后出力降为 0，此时转速由额定转速 n_0 上升至最大转速 $n_{\max}$。近似认为机组出力随导叶（阀门）的关闭时间按直线规律变化，如图 4-7 中的虚线所示，则在 T'_s时段内机组所做的功（即多余能量）为

$$E_s=\frac{1}{2}P_0T'_s(\mathrm{kN\cdot m})\qquad(4-28)$$

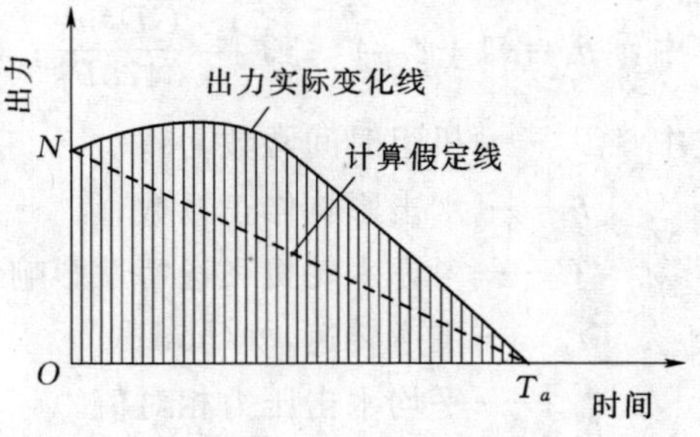

图 4-7　导叶（阀门）的关闭规律

若不计能量损失，根据功能转化原理，则机组所做的功将全部转化为机组转动部分的功能，致使机组转速上升至 $n_{\max}$。机组的转动部分包括发电机转子带轴，水轮机转子带轴和主、副励磁机的转动部分，通常只考虑发电机转子带轴部分（这样考虑对机组转速变化的计算是偏于安全的）。

设机组转动部分的惯性矩为 $J(\mathrm{kN\cdot m\cdot s^2})$，丢弃负荷前机组转动部分的角速度为 $\omega_0=\pi n_0/30(\mathrm{rad/s})$，$T'_s$时段末的角速度为 $\omega_{\max}=\pi n_{\max}/30(\mathrm{rad/s})$，则有

$$\frac{1}{2}N_0T'_s=\frac{1}{2}I(\omega_{\max}^2-\omega_0^2)\qquad(4-29)$$

又因为

$$J=\frac{G}{g}\left(\frac{D}{2}\right)^2=\frac{GD^2}{4g}(\mathrm{kN\cdot m\cdot s^2})$$

$$\omega_{max}=\frac{\pi n_{max}}{30}=\frac{\pi(n_0+n_{max}-n_0)}{30}=\frac{\pi n_0(1+\beta)}{30}$$

其中：$\beta=\frac{\Delta n}{n_0}=\frac{n_{max}-n_0}{n_0}$

代入式（4-29）整理化简后得

$$\beta=-1+\sqrt{1+\frac{3578P_0T_s'}{GD^2n_0^2}} \tag{4-30}$$

在推导式（4-30）的过程中，曾假定出力随调节时间按直线规律变化，并忽略了水轮机转速、调速器调节特性以及水击压力等对转速变化率影响，所以式（4-30）是近似的。为了得到比较符合实际的β值，人们以修正系数的形式来考虑上述影响β值的各种因素，从而导出了许多计算β值的修正公式。

下面介绍两种较常用的计算β的公式。

（一）SMS 公式（美国摩根史密斯工厂推荐公式）

考虑了水击的影响，同时还考虑了水轮机的飞逸转速特性的影响。从式（4-30）可以看出，当关机时间趋于无穷大时，速率上升值也趋于无穷大，这是与事实不相符的，因为随着机组转速的增高，水轮机中水流流态紊乱，能量损失加大，阻力也增加，最后水轮机内部的动力矩与阻力矩相平衡，达到飞逸转速。在关机时间为限值时，水轮机这一特性，也会减小最大速率上升值，这种影响就是飞逸特性的影响。

$$\beta=\frac{T_s}{2T_a}f_1C \tag{4-31}$$

其中：$f_1=(1+\zeta_{CP})^{\frac{3}{2}}$；$T_a=\frac{GD^2n_0^2}{3478P_0}$；$C=1/\left[1+\frac{T_s}{2T_a(n_p/n_0-1)}\right]$。

式中　T_a——机组时间常数，s；

f_1——水击影响修正系数；

C——考虑水轮机飞逸特性影响修正系数；

n_p——飞逸转速，r/min；

ζ_{cp}——平均水击压力相对值。

（二）ЛМЗ 公式（苏联列宁格勒金属工厂使用公式）

丢弃负荷时：

$$\beta=-1+\sqrt{\frac{T_{s1}f}{T_a}} \tag{4-32}$$

增加负荷时：

$$\beta=1-\sqrt{1-\frac{T_{s2}f}{T_a}} \tag{4-33}$$

式中　T_{s1}——导叶由全开关至空载开度的历时；

T_{s2}——导叶由空载开度开至全开的历时；

f——水击影响修正系数，可按式$f=1+1.2\sigma$计算，当$\sigma<0.6$及$\beta<0.5$时，f值可从图4-8中查得。

对于混流式和冲击式水轮机 T_{s1} 和 T_{s2} 均采用（0.85～0.90）T_s；对于轴流式水轮机 T_{s1} 和 T_{s2} 均采用（0.65～0.70）T_s。

有时需要在给定了 β 值（一般为容许值）的情况下，用式（4-14）～式（4-16）反求必需的 GD^2（GD^2 一般由制造厂家供给）。若反求出的值大于厂家供给的数据，则表示机组的转动惯性偏小，应采取必要的措施，如加大飞轮。当缺乏资料时，GD^2 可用下式估算：

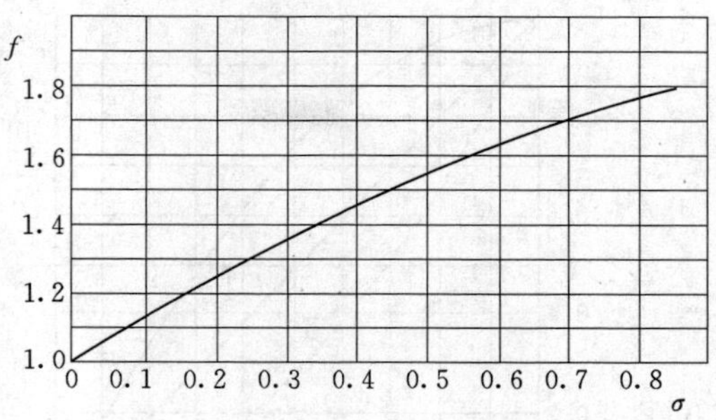

图 4-8　水击影响系数 f 查取曲线

$$GD^2=(5\sim7.5)\left(\frac{60}{n_0}\right)^2P_0/\cos\varphi$$

式中　P_0——发电机的额定容量，kW；

n_0——发电机的额定转速，r/min；

$\cos\varphi$——功率因数。

任务四　改善调节保证参数的措施

压力管道较长的高、中水头水电站，当水流的惯性时间常数较大时（T_w 为 2～3.5s），调节保证计算的结果很难同时满足压力上升率和转速上升率的要求。为了保证机组安全运行，应当采用一些技术措施来降低水击压力或限制转速上升。

【知识目标】

掌握一些技术措施来降低水击压力或限制转速上升。

【能力目标】

在工程上可以选择合适的技术措施来降低水击压力或限制转速上升。

一、改变导叶关闭规律

导叶关闭规律对水击压力和转速变化起着决定性的影响。图 4-9（a）是在相同时间内给出的三种导叶关闭规律，图 4-9（b）是对应三种关闭规律的水击压力变化曲线。从图中可以看出，关闭规律Ⅰ的关闭速度均匀，其水击压力有一稳定值；关闭规律Ⅱ的关闭速度先快后慢，因此水击压力先升后降，有一极限值；关闭规律Ⅲ的关闭速度先慢后快，因此水击压力先小后大，此种情况相当于缩短了关闭时间，所以这种规律对水击压力变化最不利。因此，确定合理的导叶关闭规律对降低水击压力和转速的上升有着重要的意义。

比较规律Ⅰ、Ⅱ可知，规律Ⅱ有利于在开始阶段迅速减小水轮机动力矩，使最大转速上升减小。综上可知，导叶关闭采用先快后慢的关闭规律为佳，此种关闭规律可

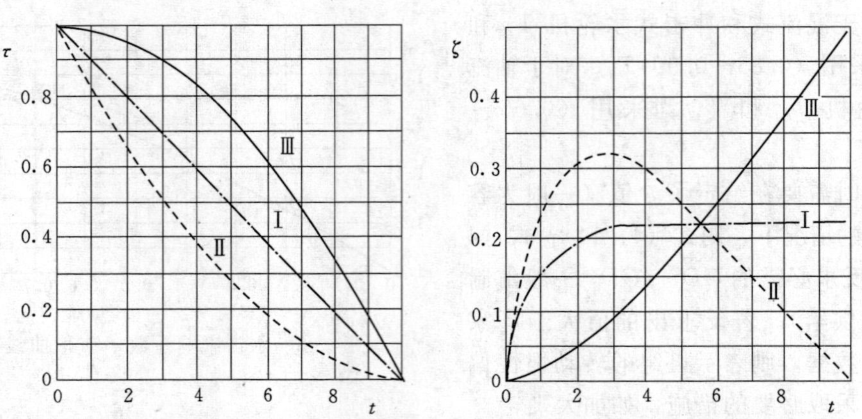

(a) 相同时间内三种导叶关闭规律　　(b)对应三种关闭规律的水击压力变化曲线

图 4-9　导叶关闭规律对水击压力上升的影响

以有效地降低水击压力和转速上升值。目前常采用导叶的两段关闭规律，即在调速器中采取一定的措施，使接力器关闭速度先快后慢。图 4-10 所示为某水电站采用两段关闭时的示波图，由图可知，在甩负荷开始阶段导叶关闭速度快，如此有利于降低转速上升值，当压力上升到规定数值时，导叶关闭速度减缓，使随后发生的压力上升不会比折点处的压力上升高，所以甩负荷过程中最大压力上升值发生在折点处。因此，只要适当选择折点的位置和第一、二段的关闭速度，就可以达到降低水击压力和机组转速上升的目的。

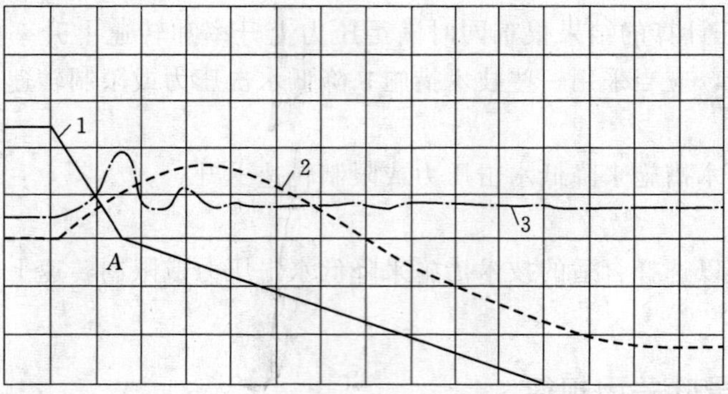

图 4-10　两段关闭规律时甩负荷示波图

1—接力器行程曲线；2—转速变化曲线；3—蜗壳压力变化曲线；A—折点

两段关闭控制系统目前尚无定型产品，需要时可与厂家协商，提出具体技术要求。如图 4-11 所示调压阀的控制系统中也包括有两段关闭装置，其动作原理如下：

在甩负荷后调压阀开始快速开启时，导叶接力器快速关闭导叶；而引导油腔的排油因受节流孔 C 的限制而油压迅速升高迫使油压止回阀克服油压和弹簧力而开启。于是调压阀接力器关闭腔内压力油有一部分经调节阀 D 排走，于是调压阀开启速度较“分段装置”未投入时加快了。此后，调压阀全开，导叶尚未全关，引导油腔的油压消失，油压止回阀关闭，导叶接力器仅在经节流孔 A 流来的少量压力油的作用下缓

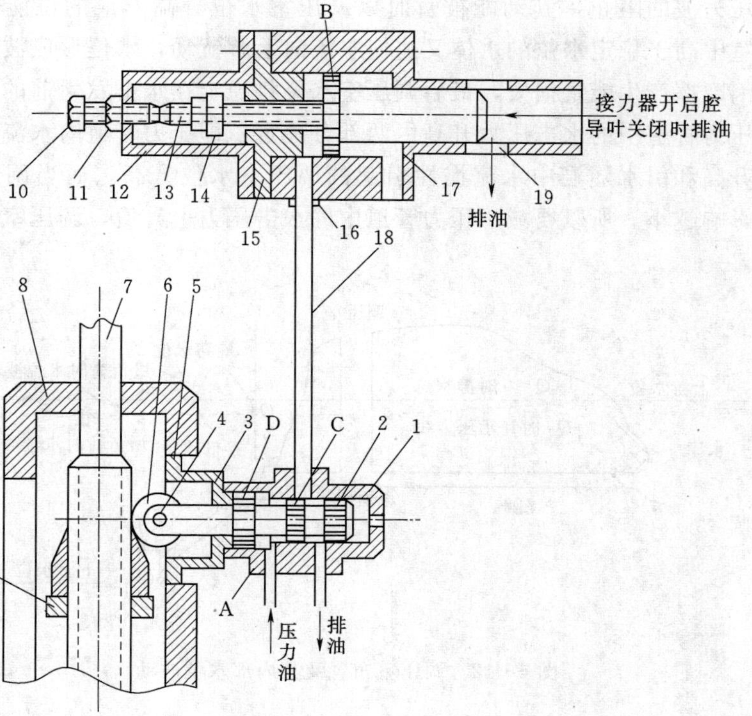

图 4-11　YDT-1800A 调速器两段关闭装置

1—阀体；2、13—阀塞；3—调节环；4—轴销；5—支座；6—滚轮；7—反馈轴；8—反馈阀体；9、11—锁紧螺母；10—调节螺母；12—罩；14—调节螺母；15—压盖；16—密封圈；17—调流罩；18—油管；19—节流孔；A、C—节流孔；B、D—调节阀

慢关闭，从而实现了导叶的两段关闭。

值得提出的是，并不是调压阀才有两段关闭装置。如有些水电站并未装设调压阀，但仍可在接力器轴反馈锥体与开启腔排油管之间装设两段关闭装置。当接力器活塞位于某一确定位置时，改变其开启腔油口开口的大小，从而改变接力器活塞的关闭速度，如图 4-11 所示。

二、设置调压室

如前述的调节过程特性对调节过程的影响可知，从减小水击压力升高的角度出发，可以采用缩短管道长度 L 或增大管径的方法来减小 T_ω 值。但是管道长度取决于地形地质条件，而增大管径会造成投资的增加，大多数情况下采用缩短管道长度 L 或增大管径的方法来减小 T_ω 值并不是可取的方法，为此可设置调压室。

调压室是一种修建在水电站压力引水隧洞（或其他形式的压力引水道）与压力管道之间的建筑物，调压室将连续的压力引水道分成上游引水道和下游引水管道（即压力管道）两个部分，它能有效地减小压力管道中的水击压力上升值。调压室是一具有自由水面和一定容积的调节性水工建筑物，如图 4-12 所示。当甩负荷时，水击压力波由导叶处开始，沿压力管道传播至调压室时，水击波被调压室反射。而引水隧洞中水流由于压力波的阻止，其动能被暂时以调压室水位升高形成的位能储存起来。随后，调压室中高于稳定水位的水体又迫使水流向上游流动，水位形成波动，由于水流在流动中因摩擦产生能量损失，最后调压室水位将稳定在水击发生前的水位。在上述过程中，压力管道中的水击压力升高由两部分决定：即压力管道内水流惯性引起的调压室水位升高和引水隧洞中水流惯性引起的调压室水位升高。而当调压室断面越大时，后者影响越小。所以要减小压力管道内的水击压力上升值，调压室的位置要尽量靠近厂房。

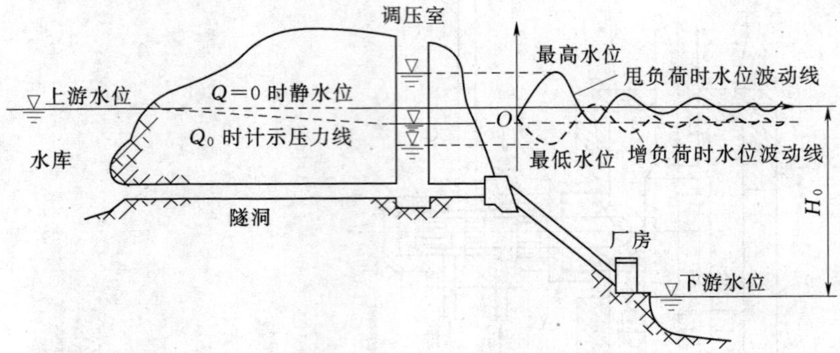

图 4-12　调压室布置及其内部水位波动

当水电站增加负荷时，水轮机引用水量加大，如果 T_w 较大而未设调压室，水流可能会出现断流，设置调压室则可暂时补充不足水量以保证水流的连续性。此时，调压室中的水位将有所降低，则压力管道内由于增负荷引起的压力降低也会减小，这给保证管道结构的安全和调节系统的稳定性都会带来好处。

调压室有简单圆筒式、阻抗式、溢流式、双室式及差动式等多种形式，有的水电站还设置了调压室组、尾水调压室。尽管调压室能够比较全面地解决有长压力引水管道水电站在调保计算中存在的问题，但建造调压室投资大、工期长，所以在实际中是否采用调压室，还应根据水电站在电网中的作用、机组运行条件、电站枢纽布置以及地形、地质条件等进行综合技术经济比较后确定。在初步分析时，设不设置调压室可用整个引水管道中的水流惯性时间常数 T_w 值进行判断。对于孤立系统或电站容量占电力系统总容量 50%以上者，允许 $L=2.5\sim3.0$s；水电站容量占电力系统总容量 20%以下者，允许 $L=5.0\sim6.0$s，当 L 超过上述范围时应考虑设置调压室。

三、装设调压阀

由于受到地质、地形条件限制兴建调压室有困难的中、小型水电站（$T_w\leqslant12$s），可考虑以调压阀代替调压室，一般其投资为建造调压室的 20%。

调压阀设置在由蜗壳或压力水管引出的排水管上，如图 4-13 所示。在甩负荷后导叶关闭的同时，调压阀打开。部分流量（一般为管道流量的 50%～80%）经调压阀泄出，使压力管道中的流量变化减缓，压力升高也减小。为了节省水量，在导叶关闭后，调压阀能自动慢慢关闭。采用调压阀装置，即使导叶以较快的速度关闭，由于压力管道中总流量变化不大，故水击压力增加不大。这样，提高了导叶的关闭速度，

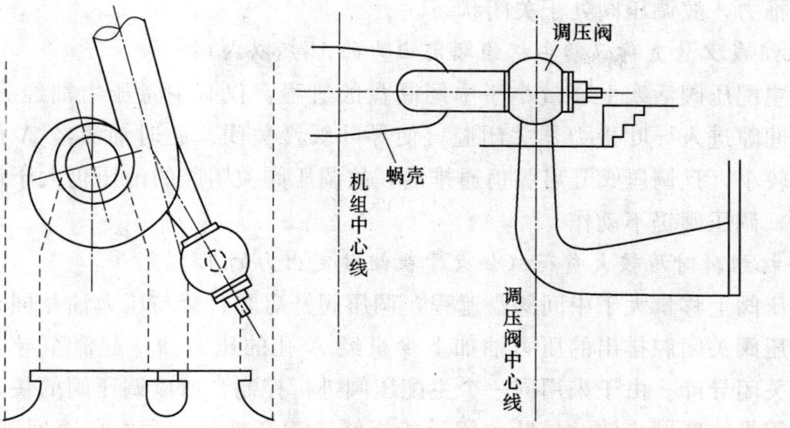

(a) 调压阀设置在蜗壳的引出管　　(b) 调压阀设置在压力水管的引出管

图 4-13　调压阀设置示意图

也会相应地减少机组的速率上升值。增负荷时，调压阀无作用。

图 4-14 所示为国产 TFW 型调压阀的动作原理图。其特点是全部采用压力油直接进行控制和操作，通过改装后的调速器主配压阀等元件同时控制和操作导叶接力器和调压阀接力器，并具有导叶两段关闭装置。其动作原理如下：

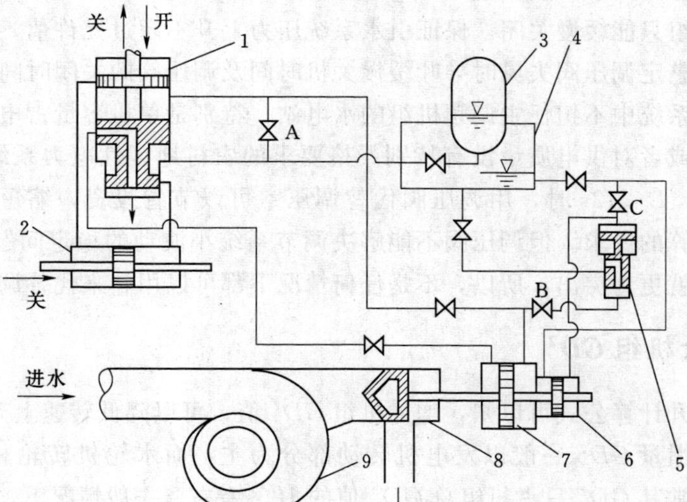

图 4-14　TFW 型调压阀全油压控制系统原理图

1—调速器主配压阀；2—调速器主接力器；3—压力油罐；4—回油阀；
5—油压止回阀（压差阀）；6—引导阀；7—调压阀接力器；
8—调压阀；9—蜗壳弧；A、B、C—节流阀

1. 机组负荷不变

主配压阀活塞位于图示中间位置，压力油经节流孔 A 进入调压阀接力器关闭腔，而调压阀开启腔则经过主配压阀中间阀盘中心孔排油。由于关闭腔油压大于调压阀阀

盘上的水推力，故调压阀处于关闭状态。

2. 机组减少量负荷（约占机组额定出力的15%以内）

由于主配压阀活塞上移量小于中间阀盘的遮程，仅有少量压力油经孔 A 及主配压阀阀盘间隙进入导叶接力器关闭腔，使导叶缓慢关闭。此时油流经 A 孔所形成的压降 ΔP 较小，且调压阀开启腔仍通排油，故调压阀关闭腔的油压仍大于调压阀盘上的水推力，调压阀仍不动作。

3. 当机组瞬时甩较大负荷（如大于机组额定出力的15%）

主配压阀上移量大于中间阀盘遮程，调压阀开启腔直接与压力油相同调压阀快速开启，调压阀关闭腔排出的压力油加上少量经 A 孔的压力油一起流至导叶接力器关闭腔快速关闭导叶。由于采用同一个主配压阀进行控制，所以调压阀的快速开启与导叶快速关闭是协联同步的。导叶关闭后机组转速逐渐恢复，主配压阀回到中间位置，故调压阀开启腔又与排油接通，于是压力油经节流孔 A 按规定的速度缓慢关闭调压阀。

4. 机组增负荷

主配压阀活塞下移，导叶开启，调压阀接力器工作状态未变，调压阀仍处于关闭状态。

5. 调压阀失灵拒动

不论主配压阀开口多大，进入导叶接力器关闭腔的压力油只是经节流孔 A 的少量压力油，机组只能缓慢关闭，保证引水系统压力上升不超过允许值。可见，A 孔的作用有两个：整定调压阀失灵时导叶缓慢关机时间及调压阀的关闭时间。

目前，在系统中不担任主调频机组的水电站，特别是单机容量占电力系统比重不大的水电站，或者对供电质量没有特别严格要求的农村地区性电力系统中的水电站，在 $(2\sim2.5\text{s})<L<12\text{s}$ 时，用调压阀代替调压室可以节省投资，缩短建设工期，亦可满足调保计算的要求。但调压阀不能解决调节系统小波动的稳定问题，当 T_ω 较大时，这个问题就更为突出，所以，不是任何情况下都可以用它来代替调压室。

四、增大机组 GD^2

从速率上升计算公式可以知，增加机组 GD^2 值，可以降低转速上升值。

机组转动惯量 GD^2 一般以发电机转动部分为主，而水轮机转轮相对直径较小、重量较轻，通常其 GD^2 只占机组总 GD^2 值的10%左右。一般情况下，大、中型反击式水轮机组按照常规设计的 GD^2 已基本满足调节保证计算的要求；如不能满足时，应与发电机制造部门协商解决。中、小型机组，特别是转速较高的小型机组，由于其本身的 GD^2 较小，常用加装飞轮的方法来增加 GD^2。

4.4-1

此外，加大 GD^2 意味着加大了机组惯性时间常数，这会有利于调节系统稳定性。

项目五　引水式水电站

引水式水电站是自河流坡降较陡、落差比较集中的河段，以及河湾或相邻两河河床高程相差较大的地方，利用坡降平缓的引水道引水而与天然水面形成符合要求的落差（水头）发电的水电站。

水电站的装机容量主要取决于水头和流量的大小。山区河流的特点是流量不大，但天然河道的落差一般较大，这样，发电水头可通过修造引水明渠或引水隧洞来取得，适合于修建引水式水电站。

世界上已建成的引水式水电站，最大水头达1767m（奥地利赖瑟克山水电站）；引水道最长的达39km（挪威考伯尔夫水电站）。我国已建成的引水式水电站，最大水头为1175m（四川省凉山州昭觉县苏巴姑水电站）；引水隧洞最长的为8601m（四川渔子溪一级水电站）。

5.0-1

本项目主要介绍进水口的功用、要求及类型，有压进水口，无压进水口，引水建筑物等。

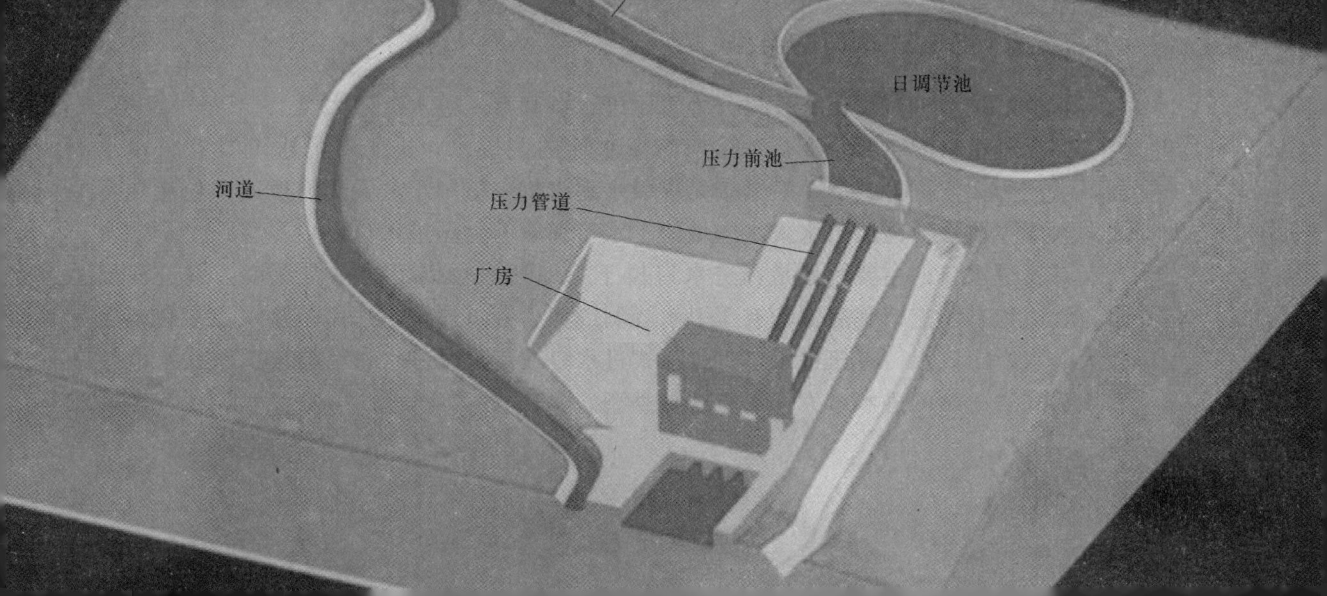

任务一 进水口的功用、要求及类型

进水建筑物简称进水口，是指从天然河道或水库中取水而修建的专门水工建筑物。水电站进水口是指为发电目的而专门修建的进水建筑物。水电站进水口位于什么位置？其功用是什么？

【知识目标】

熟悉进水口的功用和要求；掌握水电站进水口的类型。

【能力目标】

能够辨识不同进水口与其特点和功用。

一、进水口的功用和要求

水电站进水口位于引水系统的首部，其功用是引进符合发电要求的用水。

水电站进水口应满足下列基本要求：

(1) 要有足够的进水能力。在任何工作水位下，进水口都应保证按照负荷要求引进所需的流量。因此，在枢纽总体布置时，必须合理安排进水口的位置和高程；选用足够的过水断面尺寸；防止产生吸气漩涡；一般按水电站的最大引用流量 Q_{max} 设计。

(2) 水质要符合要求。不允许有害泥沙进入引水道和水轮机，因此进水口要设置拦污、拦沙、沉沙、防冰及冲沙、排冰设施。

(3) 水头损失要小。进水口的位置应合理，外形轮廓应平顺，使水流通畅地进入引水道；断面尺寸应足够，以使水流速度控制在允许范围内，尽可能减小水头损失。

(4) 可控制流量。进水口须设置闸门，为进水和引水系统的检修创造条件，并进行紧急事故关闭，截断水流，避免事故扩大。对无压引水式水电站，引用流量的大小也可由进口闸门控制。

(5) 满足对水工建筑物的一般要求。进水口结构要有足够的强度、刚度和稳定性，并且结构简单，施工方便，造型美观，便于运行、检修和维护等。

二、水电站进水口的类型

水电站进水口按水流条件可分为无压进水口和有压进水口两大类。

无压进水口的主要特征是：取河流或水库的表层水，进水口的水流具有自由水面，水流为无压流，其后一般紧接无压引水建筑物，适用于从天然河道或水位变化不大的水库中取水。无压引水式水电站的进水口一般为无压进水口。

有压进水口的主要特征是：进水口位于水库死水位以下的一定深度，引进深层水，水流为有压流，其后常与有压引水隧洞或压力管道连接，适用于从水位变化幅度较大的水库中取水。有压进水口也称深式进水口或潜没式进水口。有压引水式水电站和坝后式水电站的进水口大都属于这种类型。

任务二　有 压 进 水 口

有压进水口的类型主要取决于水电站的开发和运行方式、引用流量、枢纽建筑物的总体布置要求以及地形地质条件等因素。有压进水水电站进水口都有哪些类型？各自的特点是什么？布置时应该注意哪些事项？

【知识目标】

掌握有压进水口的类型及适用条件，有压进水口的布置。

【能力目标】

能够根据工程特点选择合适的有压进水口类型；能够合理地布置有压进水口的位置。

一、有压进水口的类型及适用条件

有压进水口的类型主要取决于水电站的开发和运行方式、引用流量、枢纽建筑物的总体布置要求以及地形地质条件等因素，可分为隧洞式、压力墙式、塔式和坝式四种主要类型。

1. 隧洞式进水口

隧洞式进水口的基本特征是：在隧洞进口附近的岩体中开挖竖井，闸门布置在竖井中，竖井的顶部布置启闭设备及操作室，如图 5-1 所示。

隧洞式进水口由进口段、闸门段和渐变段三部分组成。进口段的横断面一般为矩形，平面上及立面上均开挖成喇叭形，以使进口水流顺畅；进口处应设置拦污栅，常布置成倾斜，以扩大水流过栅面积，降低过栅流速，减小水头损失。闸门段是安置检修闸门和工作闸门的洞段，过水断面仍为矩形。渐变段为由矩形断面逐步过渡到有压隧洞圆形断面的过渡段。这种布置的特点是结构比较简单，能充分利用围岩的作用，钢筋混凝土工程量较少，不受风浪和冰冻的影响，受地震影响也较小，工作安全可靠，但竖井开挖较困难。适用于工程地质条件较好，岩体比较完整坚硬，山坡坡度适宜，易于开挖竖井和平洞的情况。

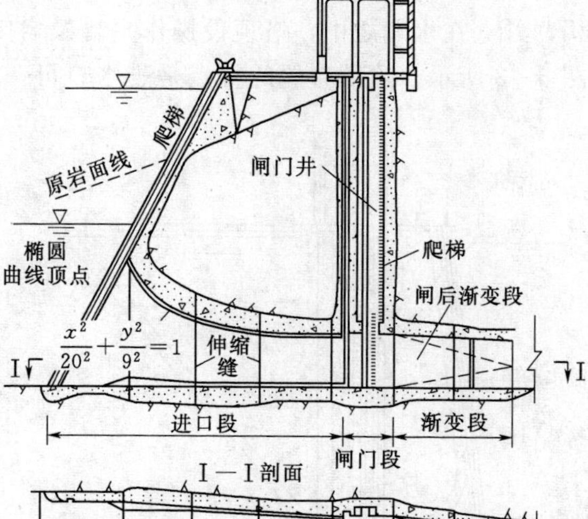

图 5-1　隧洞式进水口

2. 压力墙式进水口

压力墙式进水口的基本特征是：进口段和闸门段均布置在山岩之外，形成一个紧靠山岩的单独墙式建筑物，如图 5-2 所示。压力墙式进水口结构承受水压力及山岩压力，要求有足够的强度及稳定性。有时，为了简化结构布置，增加结构的稳定性及可靠性，可将进水口布置成倾斜的。压力墙式进水口适用于地质条件较差，山坡较陡，不易开挖竖井的情况。

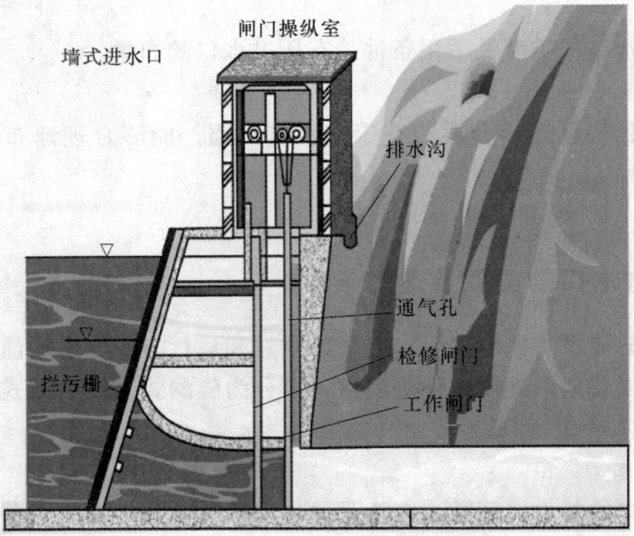

图 5-2 墙式进水口

5.2-1

3. 塔式进水口

塔式进水口的基本特征是：进口段、闸门段及其一部分框架形成一个独立的塔式结构，耸立在水库之中，塔顶设操作平台及启闭机室，用工作桥与岸坡或坝顶相连，如图 5-3 所示。这种布置的特点是进水口可一边或四边进水，然后将水引入塔底的竖井中；塔身是直立的悬臂结构，结构复杂，施工较困难，还要承受风浪压力及地震力，要求有足够的强度和稳定性以及坚固的地基。适用于采用当地材料坝的枢纽中，以及水库岸坡地质条件差或地形平缓，无法采用压力墙式进水口的情况。

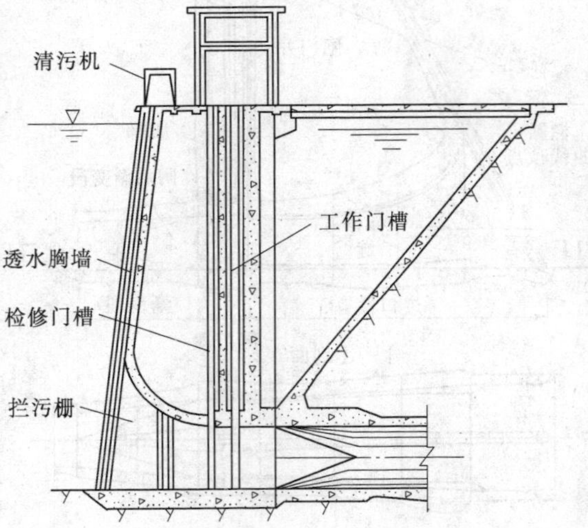

图 5-3 塔式进水口

4. 坝式进水口

坝式进水口的基本特征是：进水口布置在混凝土坝体的上游面，并与坝内压力管道连接，进水口与坝身合成一体，进口段和闸门段常合二为一，布置紧凑，如图 5-4 所示。适用于混凝土重力坝的坝后式厂房、坝内式厂房和河床式厂房等。

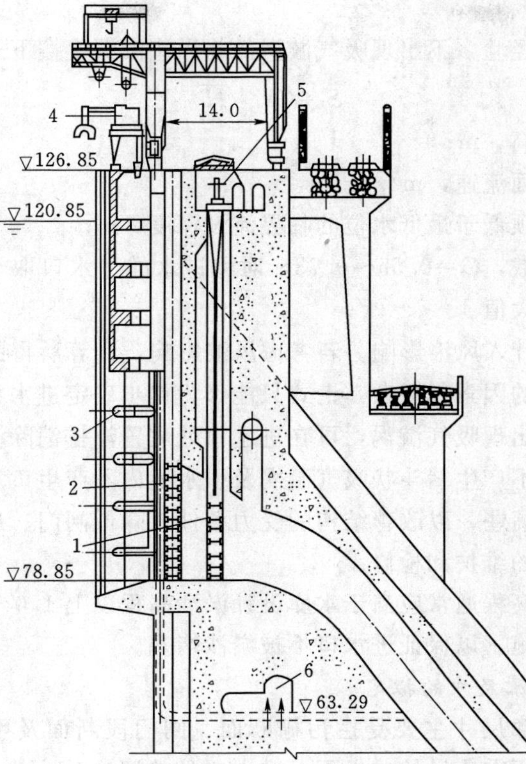

图 5-4　坝式进水口（单位：m）

1—事故闸门；2—检修闸门；3—拦污栅；4—清污机；

5—液压启闭机；6—旁通阀操作室

二、有压进水口的布置

1. 有压进水口的位置及高程

（1）有压进水口的位置。水电站有压进水口在枢纽中的位置应根据地形地质条件、水位变幅、隧洞线路、进水口类型等综合考虑确定。应尽量使进水口水流平顺、对称、无回流和漩涡、不出现淤积、不聚集污物，泄洪时仍能正常进水。进水口后接压力隧洞，应与洞线布置协调一致，选择地形、地质及水流条件较好的位置。

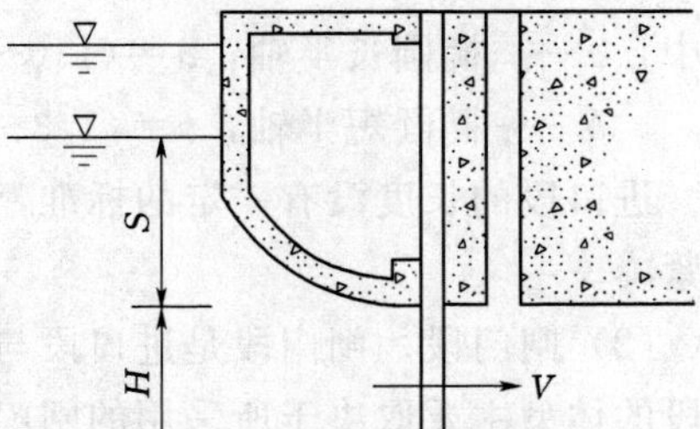

图 5-5　有压进水口的高程

（2）有压进水口的高程。有压进水口的顶部高程应低于运行中可能出现的最低水位，并有一定的淹没深度，以不产生漏斗状吸气漩涡为原则，如图 5-5 所示。漏斗状漩涡不仅会带入空气，而且会吸入漂浮物，引起电站机组噪声和振动，减少过流能力，影响水电站的正常发电。

根据已建工程的经验，不出现吸气漩涡的临界淹没深度按下式估算：

$$S=CV\sqrt{H} \tag{5-1}$$

式中　H——闸门净高，m；

V——闸门断面流速，m/s；

S——闸门门顶低于最低水位的临界淹没深度，m；

C——经验系数，$C=0.55\sim0.73$，对称进水的进水口取小值，侧向进水的进水口取大值。

式（5-1）中未计入风浪影响。若考虑风浪影响，计算所得的 S 值应加上 1/3 的浪高。由于影响漩涡的因素很复杂，上式只能作为初步确定进水口淹没深度用。对于已建电站，若运行中出现吸气漩涡，可在进水口处放置浮排消除漩涡，效果良好。

在满足进水口前不产生漏斗状吸气漩涡及引水道内不产生负压的条件下，进水口的布置高程应尽可能高些，以改善结构的受力条件，降低闸门、启闭设备及引水道的造价，也便于进水口的维护和检修。

有压进水口底板高程通常应高于水库设计淤沙高程以上 1.0～1.5m。如无法满足时，则应设置冲沙设施，以保证进水口不被淤沙堵塞。

2. 有压进水口轮廓尺寸的拟定

有压进水口的轮廓尺寸主要受拦污栅断面、闸门段断面及引水隧洞过水断面控制。在满足引进发电所需流量的前提下，进水口的轮廓应使水流平顺进入引水道，水头损失小，避免产生涡流和负压现象。进口水流的流速不宜太大，一般控制在 1.5m/s 左右。

（1）进口段。进口段的作用是连接拦污栅与闸门段，其尺寸主要受拦污栅断面面积控制。进口段的底板一般为水平，两侧稍有收缩，上唇则收缩较大，断面为矩形。上唇收缩曲线一般采用 1/4 椭圆或圆弧，两侧收缩曲线为 1/4 圆弧，以使进水顺畅，如图 5-2 所示。椭圆曲线方程为

$$\frac{x^2}{a^2}+\frac{y^2}{b^2}=1 \tag{5-2}$$

式中　a——椭圆长半轴，$a=(1.0\sim1.5)D$，通常用 $1.1D$，D 为引水道直径；

b——椭圆短半轴，$b=(1/3\sim1/2)D$，通常 $a/b=3\sim4$。

进口段的长度没有一定的标准，在满足工程结构布置和水流顺畅的条件下，尽可能紧凑。

（2）闸门段。闸门段是进口段与渐变段的连接段，闸门及启闭设备布置于此。闸门段的体型主要取决于所采用的闸门、门槽形式以及结构受力条件。

闸门段为矩形断面，其高度一般等于或略大于引水道直径，宽度等于或略小于引水道直径，长度主要由闸门及启闭设备布置需要确定。事故闸门净过水面积一般为引水道的 1.1～1.25 倍左右，检修闸门净过水面积与事故闸门相等或稍大些。

（3）渐变段。渐变段是矩形闸门断面过渡到圆形引水隧洞的过渡段。通常采用圆

角过渡，圆角半径 r 可按直线规律变化，如图 5-6 所示。渐变段的长度一般为引水隧洞直径的 1.5～2.0 倍，侧面收缩角以 6°～8°为宜，一般不超过 10°。

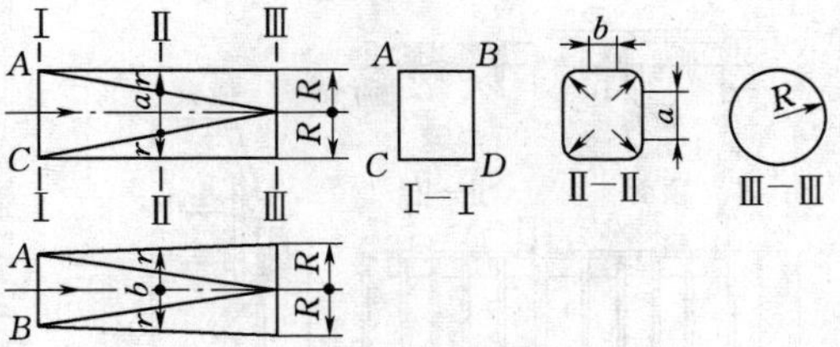

图 5-6 渐变段

上述拟定方法对坝式进水口同样适用，但是为适应坝体的结构要求，进水口长度要缩短，进口段与闸门段常结合在一起。坝式进水口一般都做成矩形喇叭口形状。进水口的中心线可以是水平的，也可以是倾斜的，视与压力管道的连接条件而定，如图 5-4 所示。坝式进水口的渐变段长度一般取引水道直径的 1.0～1.5 倍。

5.2-1

三、有压进水口的主要设备

有压进水口的主要设备包括拦污设备、闸门及启闭设备、通气孔及充水阀等。

1. *拦污设备*

拦污设备的作用是防止河流及水库中漂木、树枝、树叶、杂草、垃圾、浮冰等污物进入进水口，并不使漂浮物堵塞进水口，保证闸门和机组的正常运行，主要拦污设备为拦污栅。工程经验表明，进水口拦污栅极易被漂浮物堵塞，须经常清理，若清理不及时，可能造成电站出力减少甚至停机，毁坏拦污栅。工程上为减小进水口处拦污栅的压力，常在远离进水口几十米之外加设一道粗栅或拦污浮排，拦住粗大的漂浮物，并集中清除。

(1) 拦污栅的布置。

1) 拦污栅的立面布置。拦污栅的立面布置可以是垂直的或倾斜的。隧洞式和压力墙式进水口的拦污栅常布置成倾斜的，倾角为 60°～70°左右，如图 5-1 和图 5-2 所示。这种布置的优点是过水断面大，过栅流速小，易于清污。塔式进水口的拦污栅可布置成垂直的，也可布置成倾斜的，如图 5-3。坝式进水口的拦污栅一般布置成垂直的，如图 5-4 所示。

2) 拦污栅的平面布置。拦污栅的平面形状可以是平面的或多边形的。隧洞式及压力墙式进水口一般常用平面布置，便于清污；塔式和坝式进水口，两种形状均可采用，但多边形布置可增加过水断面。

(2) 支承结构。拦污栅通常由钢筋混凝土框架结构支承，拦污栅框架由墩（柱）及横梁组成，墩（柱）侧面留槽，拦污栅片插入槽内，上、下两端分别支承在两根横梁上，承受水压力时相当于简支梁。横梁的间距一般不大于 4m，间距过大会增加栅片的横断面，减小净过水断面，增加水头损失。

(3) 拦污栅片。拦污栅由若干块栅片组成，每块栅片的宽度一般不超过 2.5m，高度不超过 4m，栅片像闸门一样插在支承结构的栅槽中，必要时可一片片提起检修。栅片的结构如图 5-7 所示，其矩形边框由角钢或槽钢焊成，固定中间的栅条，栅条上下端焊在栅框上。

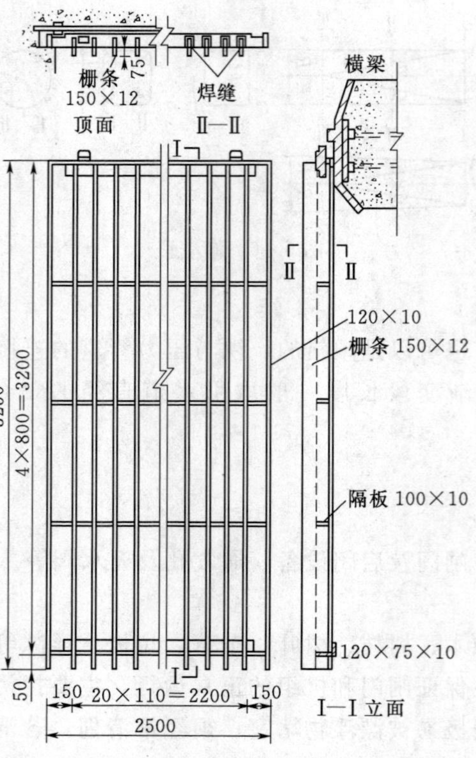

图 5-7　拦污栅栅片结构（单位：mm）

(4) 拦污栅设计。

1）过栅流速。过栅流速是指扣除墩（柱）、横梁及栅条等各种阻水断面后按净面积计算出的流速。拦污栅面积小则过栅流速大，水头损失大，漂浮物对拦污栅的作用力大，清污困难；拦污栅面积大，则会增加造价，甚至造成布置困难。为便于清污，人工清污的允许过栅流速一般不大于 1.0m/s，机械清污的允许过栅流速一般限制在 1.0～1.2m/s 之间。

2）栅条的厚度、宽度及净距。栅条的厚度及宽度由强度计算决定。通常厚 8～12mm，宽 100～200mm。栅条净距 b 越大，拦污效果越差，水头损失越小；反之，拦污效果越好，水头损失越大。栅条净距 b 取决于水轮机的类型及转轮直径：轴流式水轮机，$b \approx D_1/20$；混流式水轮机，$b \approx D_1/30$；冲击式水轮机，$b \approx d/20$，d 为喷嘴直径。

3）拦污栅与进水口的距离。拦污栅与进水口的距离应不小于 D(洞径或管道直径)，以保证水流平顺。

4）拦污栅的高度。拦污栅的总高度取决于库水位及清污要求。对于经常清污的情况，拦污栅顶应高于需要清污的最高水位；不需经常清污的拦污栅，顶部高程可做在汛前水位以上，以便每年有机会清理与维修拦污栅。

(5) 拦污栅的清污及防冻。拦污栅清污方式有人工清污和机械清污两种。人工清污是用齿耙扒掉拦污栅上的污物，一般适用于小型水电站中淹没深度较浅的倾斜布置拦污栅。大中型水电站进水口拦污栅需用清污机清污。污物不多的河流，也可采用定期吊起栅片进行清污或检修。若河流污物较多，也可设前、后两道拦污栅，一道吊出清污时，另一道拦污，以保证水电站正常运行。

寒冷地区应防止拦污栅冰冻。防冻方法常用的有两种：一是电热法，栅条上通以低于 50V 电压的电流，形成回路，栅条发热解冻；二是将压缩空气用管道通到拦污栅上游面底部，使其从均匀布置的喷嘴中喷出气流，形成自下而上的夹气水流，将下层温水带至水面，防止拦污栅结冰。

2. 闸门及启闭设备

为控制水流，进水口必须设置闸门。闸门有工作闸门和检修闸门。

工作闸门也称事故闸门，其作用是当引水道或机组发生事故时紧急关闭闸门，截断水流，防止事故扩大。工作闸门通常悬挂在孔口上方，事故时要求在动水中快速（1～2min）关闭，静水中开启。引水道检修时，也常用工作闸门堵水。工作闸门一般为平板门，其启闭设备采用固定式卷扬启闭机或液压式启闭机，每扇闸门配置一套，以便随时操作闸门。工作闸门的操作应尽可能自动化，并考虑吊出检修的需要。工作闸门前后应设旁通管及平压阀，以便闸门开启前向门后充水平压，创造闸门静水开启条件。工作闸门应在全开或全关情况下工作，不应作部分开启调节流量使用。

检修闸门设在工作闸门上游侧，其作用是检修工作闸门及其门槽时用以堵水。检修闸门一般采用平板闸门，中小型电站也可采用叠梁。检修闸门在静水中启闭，且可采用移动式启闭设备或临时启闭设备，可以几个进水口共用一扇检修闸门，平时将检修闸门存放在储门室中。

3. 通气孔及充水阀

(1) 通气孔。通气孔设在有压进水口的工作闸门之后，其作用是当引水道充水时用以排气，当工作闸门紧急关闭放空引水道时用以补气，防止出现有害的真空。若闸门为前止水布置时，可利用工作闸门后的竖井兼作通气孔，如图 5-2 所示；若闸门为后止水时，则必须设专用的通气孔，如图 5-3 所示。通气孔内可设爬梯，兼作进人孔，其顶部应高出上游最高水位，防止水流溢出。

通气孔的面积取决于工作闸门关闭时的进气量，进气量的大小一般取引水道的最大引水流量。通气孔的面积可按下式计算：

$$A=\frac{Q_a}{V_a} \tag{5-3}$$

式中　Q_a——进水口进水流量，一般为最大引水流量，m^3/s；

V_a——通气孔进气流速。

对于露天式管道进水口，一般采用 30～50m/s，但不得大于引水道放空过程中水流速度的 15 倍。坝式进水口可取 70～80m/s。

根据工程经验，发电引水道工作闸门后的通气孔面积不宜小于引水管道面积的 5%左右。

(2) 充水阀。充水阀的作用是开启闸门前向引水道充水，平衡闸门前后水压，以便在静水中开启闸门，减小闸门起门力。充水阀的设置方法是将旁通管通至上游水中，下游接入工作闸门之后，旁通管上设充水阀；另一种方法是将充水阀设置在平板闸门上，利用闸门吊杆启闭。闸门关闭时，吊杆下压即可关闭；开启闸门前，先将吊杆吊起 20cm 左右，这时充水阀开启（闸门门体末开），开始向引水道充水，充水完毕，再提升吊杆拉动闸门门体。

5.2-2

任务三　无 压 进 水 口

无压进水口的特点是水流为无压流，以引表层水为主，进水口后一般接无压引水道；因上游无大的水库，河中流量大，流速高（尤其在洪水期），水流挟带大量泥沙和漂浮物，在进水口前回旋淤积，防沙、防污及防冰问题突出，如处理不当，可能造成河道变形和危及建筑物的正常运行。无压进水口位置应该怎么选择？

【知识目标】

1. 熟悉开敞式进水口位置选择。

2. 掌握开敞式进水口的组成及布置。

【能力目标】

能够根据工程特点合理地布置无压进水口的位置。

无压进水口适用于无压引水式水电站，起着控制流量与水质的作用，并保证使发电所需的流量以尽可能小的水头损失进入渠道（或无压隧洞）。无压进水口可分为有坝取水进水口和无坝取水进水口。因无坝取水不能充分利用河流水资源，故工程上较少采用。这里主要介绍有坝取水的开敞式进水口。

一、开敞式进水口位置选择

根据无压进水口的特点，进水口位置的选择应特别注意防沙、防污问题，应尽量选在河床比较稳定的河段，并位于凹岸。水流的主流在凹岸，无回流，漂浮物不易淤积，易引进河流表层清水，进水口前不易淤积泥沙。当无合适的稳定河段可利用时，可采取工程措施建造人工弯道以形成环流。弯道半径约为弯道断面平均宽度的 4～8 倍，弯道长度约为弯道半径的 1～1.4 倍，如图 5-8 所示。

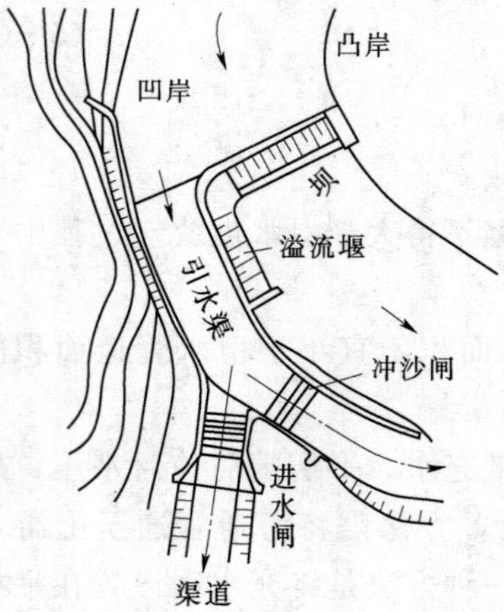

图 5-8　无压进水口布置图

二、开敞式进水口的组成及布置

开敞式进水口的组成建筑物一般有拦河坝（或拦河闸）、进水闸、冲沙闸及沉沙池等。

建造拦河坝或拦河闸时，要充分考虑泥沙的影响，原则上要尽量保持河流原有的形态，洪水期要使上游泥沙（特别是推移质）绝大部分经冲沙闸下泄，不使其堆积在闸的上游。

进水闸与冲沙闸的相对位置应以“正面进水、侧面排沙”的原则进行布置。应根据自然条件和引水流量的大小确定最佳引水角度，条件许可时应尽量减小引水角度，一般不大于 20°～30°。进水闸轴线与冲沙闸轴线交角宜在 35°～45°之间，以保证防沙效果。当地形条件限制不能满足以上要求时，应适当加大冲沙闸的过水能力，并在进口前设分水墙，以形成冲沙槽，也可设置冲沙廊道排除进口前淤沙。

进水闸的底坎高程应高于冲沙闸底板高程 1.0～1.5m，防止底沙进入引水道。冲沙闸的布置应以提高冲沙效果、施工方便为原则，因地制宜地进行，其底坎高程应高出河床 0.5～1.0m。

在非洪水期，引水比例较大，河道推移质泥沙较多时，可设拦沙坎防止底沙进入引水道。拦沙坎高度约为冲沙槽设计水深的 1/4～1/3，不宜小于 1.5m，拦沙坎与进水闸前水流方向宜成 30°～40°交角。带冲沙闸进水口的总体布置如图 5-9 所示。

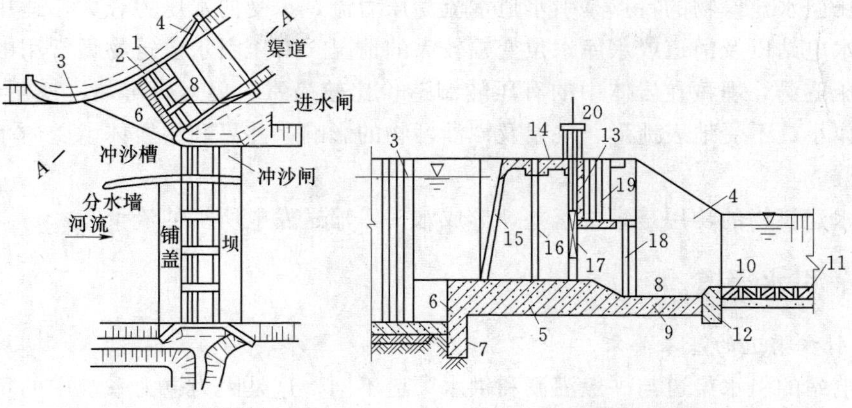

(a) 平面图　　(b) A—A 纵剖面图

图 5-9　带冲沙槽的进水口总体布置图

1—闸墩；2—边墩；3—上游翼墙；4—下游翼墙；5—闸底板；6—拦沙槛；7—截水墙；8—消力池；9—护坦；10—穿孔混凝土板；11—乱石海漫；12—齿墙；13—胸墙；14—工作桥；15—拦污栅；16—检修闸门；17—工作闸门；18—下游检修闸门；19—下游闸板存放槽；20—启闭机

5.3-1

任务四　引 水 建 筑 物

水电站的引水建筑物可分为无压引水和有压引水两大类。无压引水建筑物的特点是具有自由水面，引水建筑物承受的水压力较小，适用于无压引水式水电站以及河道或水库的水位变化不大，沿线地形平缓、岸坡稳定的情况。有压引水建筑物的特点是引水道水流为压力流，承受的水压力较大，适用于有压引水式水电站以及河道或水库水位变幅较大的情况。

【知识目标】

1. 掌握渠道的功用、要求及类型。
2. 熟悉渠道水力计算。

【能力目标】

能够根据工程特点选择合理的引水建筑物。

水电站的引水建筑物可分为无压引水和有压引水两大类。

无压引水建筑物的特点是具有自由水面，引水建筑物承受的水压力较小，适用于无压引水式水电站以及河道或水库的水位变化不大，沿线地形平缓、岸坡稳定的情况。在结构形式上，无压引水建筑物最常用的有引水渠道或无压隧洞。渠道常沿山坡等高线布置，受地形地质条件制约，其长度和开挖工程量较大，且运行期须经常维护和检查，但施工方便，以往中小型电站常采用渠道。目前因无压隧洞的施工技术提高，运行可靠，维护工作小等特点，故中小型电站采用无压隧洞在逐渐增多。

有压引水建筑物的特点是引水道水流为压力流，承受的水压力较大，适用于有压引水式水电站以及河道或水库水位变幅较大的情况。有压引水建筑物最常用的结构形式是有压隧洞，埋藏在岩体中的有压隧洞造价比较昂贵，但运行可靠，使用年限长，维护工作小，不受地表地形、气温及泥沙污物的影响，并可利用岩体承受内水压力和防止渗漏。

引水建筑物的功用是集中落差，形成水头，输送发电所需的流量。

一、引水渠道

1. 引水渠道的基本要求

水电站的引水渠道与一般灌溉和供水渠道不同。这是因为电力系统中的负荷随时间变化很大，水电站通常在系统中承担调峰作用，要求引水渠道的引用流量随负荷变化而变化，引起渠道中的水位、压强也不断变化，通常称水电站的引水渠道为动力渠道。

水电站引水渠道应满足以下基本要求：

(1) 有足够的输水能力。当电站负荷发生变化时，机组的引用流量也随之变化。为使引水渠道能适应由于负荷变化而引起流量变化的要求，渠道必须有合理的纵坡和过水断面。一般按水电站的最大引用流量设计。

(2) 水质要符合要求。应防止有害污物和泥沙进入渠道，渠道进口、沿线及渠末要采取拦污、防沙、排沙措施。

(3) 运行安全可靠，经济合理。应尽可能减少输水过程中的水量和水头损失，因此渠道要有防冲、防淤、防渗漏、防草、防凌功能。渠道应能放空和维护检修，并有排洪设施，结构布置合理，便于施工和运行。

2. 引水渠道的类型

根据引水渠道的水力特性，可分为自动调节渠道和非自动调节渠道两种类型。

(1) 自动调节渠道。当水电站引用流量发生变化时，可由渠道自身调节渠内水深和水面比降，不必运用渠首闸门控制流量的渠道称为自动调节渠道。其主要特点是渠顶高程沿渠道全线不变，且高出上游最高水位；渠底按一定坡度逐渐降低，断面也逐渐加大；渠尾不设泄水建筑物，如图 5-10 所示。

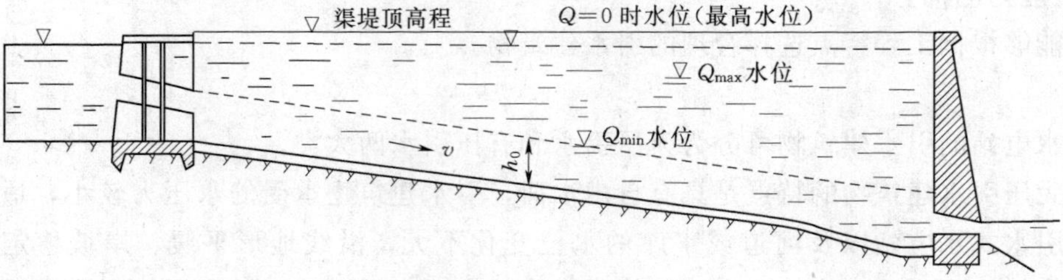

图 5-10　自动调节渠道

当水电站引用流量等于渠道设计流量时，渠道内水面线平行于渠底，水深为正常水深，水面线为降水曲线；当水电站的引用流量为 0 时，渠道内水位与水库齐平，渠道不产生溢流和弃水现象；当水电站引用流量小于渠道设计流量时，渠道内水面线为壅水曲线。

这种渠道在最高水位和最低水位之间有一定的容积，可在一定程度上起调节作用，引用流量较小时可保持较高水头，为电站适应负荷变化创造了条件，但所需工程量较大，适用于渠道线路短，地面纵坡较小，进水口水位变化不大，且下游无其他部门用水要求的情况。

(2) 非自动调节渠道。当水电站引用流量发生变化时，由渠道末端的泄水建筑物（溢流堰）控制渠内水位变化和宣泄水量，并运用渠首闸门控制流量的渠道称为非自动调节渠道。其主要特点是渠道顶部大致平行于渠底，渠道的深度基本不变，在渠道末端的压力前池中设有溢流堰，如图 5-11 所示。

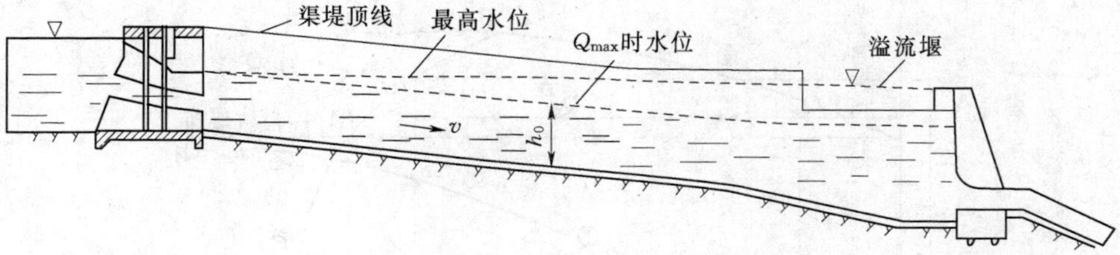

图 5-11　非自动调节渠道

当水电站引用流量等于渠道设计流量时，渠道内水面线平行于渠底，水深为正常水深，压力前池水位低于堰顶；当水电站引用流量小于渠道设计流量时，渠道内水面线为壅水曲线，水位超过堰顶，开始溢流；当水电站的引用流量为 0 时，通过渠道的全部流量泄向下游。

这种渠道的渠顶高程随地形而变化，当渠道较长、底坡较陡时，工程量比较小；溢流堰可限制渠末的水位，保证向下游供水；但若下游无用水要求而进口闸门又不能及时关闭时，则造成大量弃水损失。适用于渠道线路较长，地面纵坡较大或电站停止运行后仍须向下游供水的情况。

3. 引水渠道线路选择

线路选择是引水渠道设计的重要任务，线路选择合理，可为施工带来方便，降低造价及管理维护费用，提高电站运行的可靠性和经济效益。线路选择一般应遵循以下原则：

(1) 渠线应尽量短而直，以减小水头损失，降低造价。须转弯时，有衬砌渠道的转弯半径宜不小于渠道水面宽度的 2.5 倍，无衬砌的土渠宜不小于水面宽度的 5 倍。

(2) 应选择地质条件较好的地段。避开大溶洞、大滑坡、泥石流等不良地质地段，且不宜在冻胀性、湿陷性、膨胀性、分散性、松散坡积物等壤土上布置渠线。若无法避免时．则应采取相应的工程措施。

(3) 渠线应尽量提高，以获得较大的落差。山区渠道宜沿等高线布置，减小工程量，避免深挖高填。宜少占或不占耕地，避免与现有建筑物干扰，必要时修建交叉建筑物，避免穿过集中居民点、高压线塔、重点保护文物、军用通信线路、油气地下管网以及重要的铁路、公路等。

4. 引水渠道水力计算

引水渠道水力计算的主要任务是根据设计流量，选择合理的断面尺寸以及水电站在不同运行方式下动力渠道的水头损失、水位和流速。在水电站的运行过程中，由于负荷的变化，动力渠道中可能出现恒定流和非恒定流两种流态。

(1) 恒定流计算。

1) 根据均匀流计算出流量 Q、过水断面 A、水力半径 R、底坡 i、糙率 n 之间的关系。当 i、A 均已确定，可求出渠道正常水深与流量之间的关系曲线 h_n-Q，如图 5-12 中的曲线①所示。

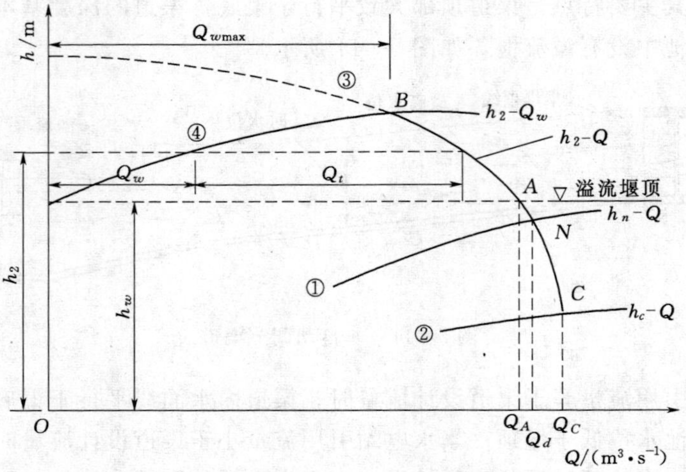

图 5-12　渠末水深与流量关系

2) 根据断面面积 A，假定一系列临界水深 h_c，可求出与其相对应的流量 Q，从而作出 h_c-Q 关系曲线，即图中②曲线。

3) 非均匀流计算的目的是确定渠道水面曲线。对于给定的渠首设计水深 h_1，利用水力学中非均匀流水面曲线的计算方法可求出渠道通过不同流量时渠末水深 h_2，可绘出 h_2-Q 关系曲线，即图中③曲线。

4) 根据渠末溢流堰的实际尺寸，按堰流公式可求出渠末水深 h_2（等于堰顶至渠底的高度 h_w，再加上堰上水头）与溢流流量 Q_w 的关系曲线 h_2-Q_w，即图中④曲线。

图中各条曲线的关系及意义如下：

曲线①与曲线③的交点 N 表示 $h_1=h_2$，渠道内发生均匀流，此时的流量相应于渠道的设计流量 Q_d。

若水电站引用流量大于 Q_d，$h_2<h_n$，渠道中出现降水曲线，且随着流量的增加 h_2 迅速减小。h_2 的极限值是临界水深 h_c，即曲线①与曲线③的交点 C，此时的流量 Q_c 为给定渠首水深 h_1 下渠道的极限过水能力。Q_d 一般采用水电站最大引用流量 $Q_{\max}$，这是因为：

a. 可使渠道经常处于壅水状态工作，以增加发电水头。

b. 可避免因流量增加不多而水头显著减小的现象。

c. 可使渠道的过流能力留有余地，以防渠道淤积、长草或实际糙率大于设计采用值时，水电站出力受阻（即发不出额定出力）。

若水电站引用流量小于 Q_{max}（即 Q_d）时，渠道中出现壅水曲线，渠末水位随流量减小而上升。当水电站引用流量等于 Q_A 时，即在曲线③与堰顶高程线的交点 A 处，$h_2=h_w$，刚好不溢流。当水轮机的流量 Q_t 在 0 与 Q_A 之间，$h_2>h_w$，溢流堰发生溢流，溢流流量为 Q_w，通过渠道的流量为 Q_t+Q_w，渠末水位 h_2 可由图中查出。当水电站停止运行（$Q_t=0$）时，通过渠道的流量全部由溢流堰溢走，相应于曲线③与曲线④的交点 B，即溢流堰在恒定流情况下的最大溢流流量 Q_{wmax}，相应水位为恒定流下渠尾最高水位。

当水库水位在一定范围内变化时，渠首水深 h_1 也要发生变化，可取几个典型 h_1 进行非均匀流计算，得出相应的 h_2-Q 曲线，进行综合分析。

（2）非恒定流计算。非恒定流计算的目的是研究水电站负荷变化时渠道中水位和流速的变化过程。计算内容包括：

1）水电站突然丢弃负荷时渠道涌波的计算，求出渠道沿线的最高水位，用以确定堤顶高程。

2）水电站突然增加负荷时渠道的涌波计算，求出渠道的最低水位，以确定压力管道进口高程。

3）水电站按日负荷图工作时渠道中水位及流速变化过程，以研究水电站的工作情况。

5. 引水渠道的断面尺寸

渠道断面一般为梯形，边坡坡度取决于地质条件及衬砌的情况。在岩基中修建的渠道其边坡可近似于垂直成为窄深式矩形断面。在选择断面形式时，应尽量符合水力最佳断面，同时要考虑施工、技术方面的要求。确定断面尺寸时，首先要满足防冲、防淤、防草等要求，拟定几个可能的方案，经过动能经济比较，选出最优方案。经过动能经济计算后，得到的渠道断面 A_c 称为经济断面。工程实践表明，渠道的经济流速 V_c 一般为 1.5～2.0m/s，则可用 $A_c=Q_{max}/V_c$ 估算渠道断面面积。

5.4-1

二、水电站引水隧洞

引水隧洞是在山体内开挖而成的引水道，它是水电站常用的引水建筑物之一。根据隧洞的工作条件，可分为无压隧洞和有压隧洞两种。根据隧洞的功用，可分为引水隧洞和尾水隧洞。

1. 引水隧洞线路选择

洞线的选择是隧洞工程设计中的重要内容，它直接关系到隧洞的造价、施工难易、施工安全、工程进度、运行可靠性和工程效益等，应结合进水口、调压室、压力管道及厂房位置等综合考虑。在满足水电站枢纽总体布置的前提下，隧洞线路布置的原则是：洞线短、弯道少，沿线的工程地质、水文地质条件好，并便于布置施工平洞。

（1）地质条件。隧洞沿线应尽可能位于完整坚硬的岩层、山坡稳定的地区中，避开岩体软弱、山岩压力大、地下水充沛及岩石破碎带等不利地质区。隧洞必须穿越软弱夹层或断层时，应尽可能正交布置。隧洞通过层状岩体时，洞线与岩层走向间夹角应尽可能大（夹角不宜小于45°），以利于围岩稳定，提高承载能力。隧洞的进出口应选择在覆盖薄、风化层浅、岩石比较坚固完整的地段，避开容易滑坡的地带，以免施工和运行中发生塌方、堵塞洞口等事故。要考虑到运行中隧洞漏水使岩体浸湿后发生崩滑的可能性。

（2）地形条件。隧洞在平面上力求最短，在立面上要有足够的埋藏深度。尽量减少或避免与沟谷交叉，进口位置不应靠近陡壁，更不宜设于水面狭窄的山湾内。洞脸地形不宜过缓，否则引渠过长，进口建筑物工程量将加大。当隧洞左右地形显著不对称时，将对隧洞产生不利的附加荷载。一般要求隧洞周围坚固岩层厚度不小于3倍开挖直径，以利用岩石的天然拱形作用，减小山岩压力，承受部分内水压力。应利用山谷等有利地形布置施工支洞，不能单纯考虑缩短主洞长度，而要统一考虑主洞及支洞的布置。

（3）施工条件。对于长引水隧洞，施工条件是重要因素。为加快施工进度，每隔一段距离开凿一条施工支洞，支洞外还要有相应的道路及附属设施。有压隧洞纵坡通常为0.002～0.005，以便于施工排水及放空隧洞，若采用有轨运输时坡度宜小于1%。

（4）水流条件。应力求水流平顺，水头损失小。隧洞线路要求短而直，以节省开挖量，使水流条件好，减少水头损失，提高经济效益。平面上必须转弯时，由于弯道会影响流态和压力分布，造成水头损失，应选取合适的转角和曲率半径。一般小于10m/s流速的低流速隧洞洞线转角α不应大于60°，曲率半径R应大于或等于5倍洞径或洞宽。曲线两端应有长度不小于5倍洞径或洞宽的直线段。无压隧洞中，尽量不要形成反坡，避免坡度多变。在有压隧洞中，虽然洞身中一般不会产生空蚀现象，但为考虑检修时易于排水和避免水流的可能分离现象，也不宜布置成反坡。平面布置中，还要重视隧洞进出口轴线与河流主流的相对位置，应使进出口水流顺畅。

2. 引水隧洞的特点和类型

（1）引水隧洞的特点。水电站引水隧洞与渠道相比，具有以下优点：

1）可采用较短的线路，并避开沿线不利的地形、地质条件。

2）有压隧洞能适应水库水位的大幅度升降及水电站引用流量的迅速变化。

3）可利用岩石抗力承受部分内水压力，降低造价。

4）避免沿程水质污染，不受冰冻影响，运行安全可靠。

5）施工不受地面气候等外界因素干扰和影响。

隧洞的主要缺点是对地质条件、施工技术及机械化的要求较高，单价较贵，工期较长。但随着现代施工技术和设备的不断改进，以及隧洞衬砌设计理论的不断完善，这些缺点正被逐渐克服。目前，隧洞在我国已得到广泛的应用。

（2）引水隧洞的类型。引水隧洞分为无压隧洞与有压隧洞两种基本类型。

1）无压隧洞。当用明渠引水，渠线盘山过长，工程量很大时，通过方案比较，可采用无压隧洞引水。根据地质条件和施工条件，无压隧洞的断面形状常采用方圆形、马蹄形和高拱形，如图 5－13 所示。无压隧洞水面以上的空间一般不小于隧洞断面积的 15%，顶部净空高度不小于 0.4m。各种断面形状的隧洞，从施工需要考虑，其断面宽度不小于 1.5m，高不小于 1.8m。为了防止隧洞漏水和减小洞壁糙率，并防止岩石风化，无压隧洞大都采用全部或部分衬砌。

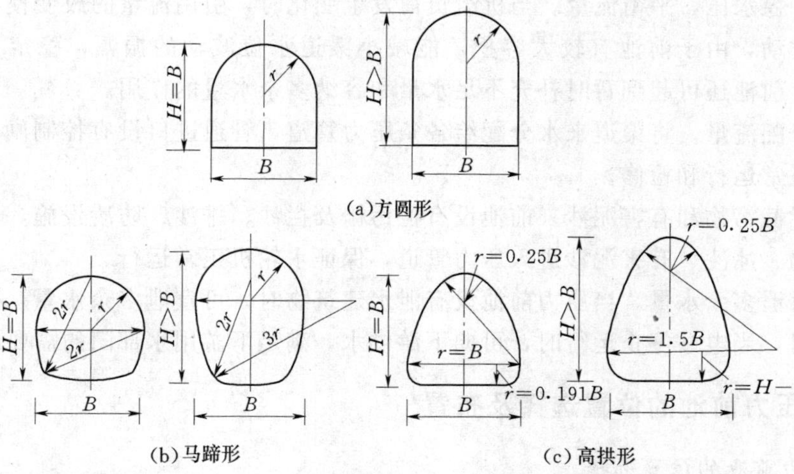

图 5－13　无压隧洞的断面形状

2）有压隧洞。有压隧洞是有压引水式电站最常用的引水建筑物，隧洞中水流充满整个断面，承受较大的内水压力，其断面形状常采用圆形。为了便于施工，圆形断面的内径一般不小于 1.8m。

3. 引水隧洞经济断面的选择

对于引水隧洞，在水电站引用流量已定的情况下，选择的断面尺寸越大，工程投资越大，但电能损失较少；选择的断面尺寸越小，工程投资越小，但电能损失较大。这就需要通过技术经济分析来确定最经济的断面。经济分析的原则与前述引水渠道的经济分析相同，一般是先假设几个隧洞断面方案，然后进行经济比较。对于一般中、小型电站，可用经济流速确定隧洞经济断面，有压隧洞的经济流速 V_e 一般在 4m/s 左右，经济断面可由 Q_{max}/V_e 求出。

5.4－2

任务五　压力前池与日调节池

压力前池又称前池，是水电站无压引水建筑物与压力管道之间的平水建筑物，它设置在引水渠道或无压引水隧洞的末端。压力前池的作用是什么？压力前池的位置应该怎样选择？应该怎么布置？

【知识目标】

1. 掌握压力前池的构造和作用。

2. 熟悉日调节池的作用。

【能力目标】

能够根据工程特点依据压力前池的特点合理的布置压力前池。

压力前池又称前池，是水电站无压引水建筑物与压力管道之间的平水建筑物，它设置在引水渠道或无压引水隧洞的末端。

一、压力前池的作用

(1) 平稳水压，平衡流量。当机组负荷发生变化时，引用流量的改变使渠道中的水位产生波动，由于前池有较大容积，能减小渠道水位波动的振幅，稳定了发电水头；另外，前池还可起到暂时补充不足水量和容纳多余水量的作用。

(2) 分配流量。将渠道来水分配给各条压力管道，管道进口设有控制闸门，保证各台机组正常运行和检修。

(3) 拦截污物和有害泥沙。前池设有拦污栅及拦沙、排沙、防凌设施，防止渠道中的漂浮物、冰凌、有害泥沙进入压力管道，保证水轮机正常运行。

(4) 宣泄多余水量。当压力前池设有泄水建筑物时，可宣泄多余水量，限制水位升高；同时，当电站停止运行时，可向下游供水，满足下游用水部门的需要。

二、压力前池的位置选择及布置

1. 压力前池的位置选择

压力前池的位置选择与引水道线路、压力管道、电站厂房及本身泄水建筑物等布置有密切联系。因此，应根据地形地质条件和运用要求，结合整个引水系统及厂房布置进行全面和综合的考虑。

(1) 前池整体布置应使水流平顺，水头损失最少，以提高电站的出力和电能。最好使渠道中心线与前池中心线平行或接近平行。

(2) 前池应尽可能靠近厂房，以缩短压力管道的长度。前池中水流应均匀地向各压力管道供水，使水流平顺，无漩涡发生。运行上要方便清污、维护和管理。

(3) 前池应有良好的地形地质条件。压力前池的位置通常布置在较陡山坡的顶部，故应特别注意地基的稳定和渗漏问题。因此，应建在天然地基的挖方中，不应建在填方或不稳定地基上，以防由于山体滑坡和不均匀沉陷导致前池及厂房建筑物破坏。

2. 压力前池的组成及布置

压力前池的主要组成建筑物包括：前室、进水室、泄水建筑物、冲沙和放水建筑物等，如图 5-14 所示。

(1) 前室（池身及扩散段）。前室是渠末和压力管道进水室间的连接部分，由扩散段和池身组成。前室的作用是将渠道断面扩大并过渡到进水室所需的宽度和深度，减缓流速，便于沉沙，并形成一定容积。

前室的断面逐渐扩大，为使水流平顺，不产生漩涡，渠道连接前室的平面扩散角 β 不宜大于 15°；在立面上，渠道末端渠底应以 1∶3～1∶5 的斜坡向下延伸。为便于沉沙、排沙和防止有害泥沙进入进水室，前室末端底板高程应比进水室底板高程低 0.5～1.0m 以形成拦沙槛，槛高及前室末端水平段长度，应根据冲沙廊道或冲沙孔的布置要求确定。为了缩短前室渐变段长度，可在前室首部中间设分流墩。当渠道轴线

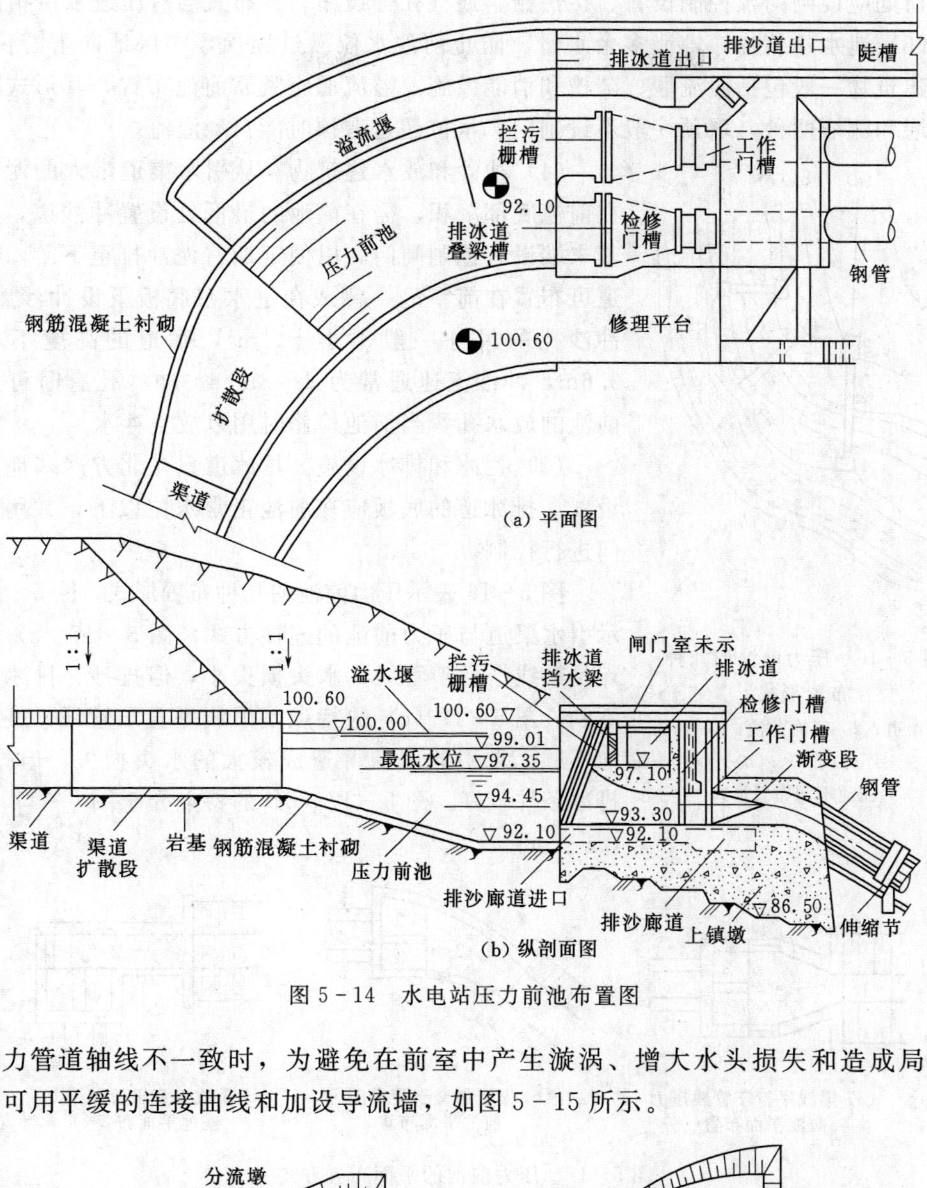

(a) 平面图

(b) 纵剖面图

图 5-14　水电站压力前池布置图

与压力管道轴线不一致时，为避免在前室中产生漩涡、增大水头损失和造成局部淤积，可用平缓的连接曲线和加设导流墙，如图 5-15 所示。

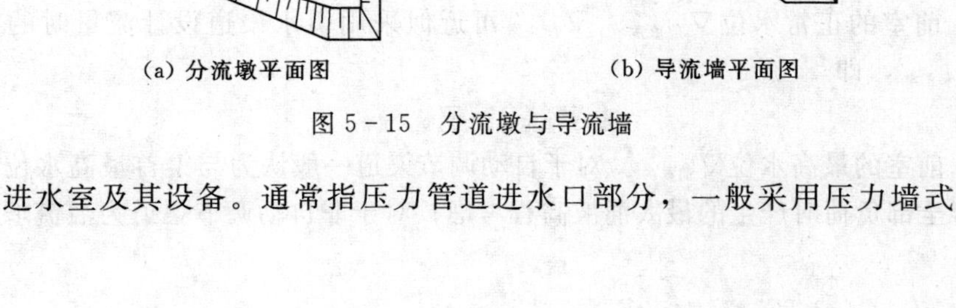

(a) 分流墩平面图　　(b) 导流墙平面图

图 5-15　分流墩与导流墙

(2) 进水室及其设备。通常指压力管道进水口部分，一般采用压力墙式进水口。

进水口处应设闸门及控制设备、拦污栅、通气孔等设施。其布置与有压进水口相似。

(3) 泄水建筑物。宣泄多余水量，防止前池水位漫过堤顶，并保证向下游供水。泄水建筑物一般包括溢流堰、陡槽和消能设施。溢流堰应紧靠前池布置，其形式可分为正堰和侧堰两种，堰顶一般不设闸门，水位超过堰顶时能自动溢流。

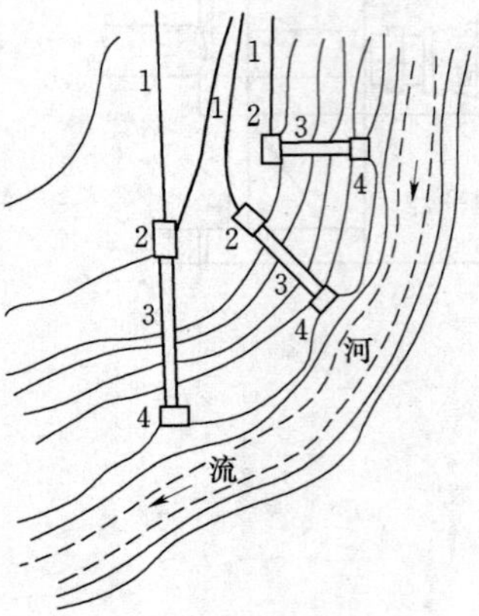

图 5-16 压力前池的几种布置形式

1—渠道；2—压力前池；3—压力水管；4—厂房；(a)、(b)、(c) —压力前池不同布置形式

(4) 冲沙和放水建筑物。从引水渠道带入的泥沙将在前池底部沉积，需在前池的最低处设置冲沙道，并在其末端设有控制闸门，以便定期将泥沙排至下游。冲沙道可布置在前室的一侧或在进水室底板下设冲沙廊道。冲沙孔的尺寸一般不小于 $1m^2$，廊道的高度不小于 0.6m，冲沙流速通常为 2～3m/s。冲沙孔有时可兼作前池的放水孔，当前池检修时用以放空存水。

(5) 拦冰和排冰设施。排冰道只在北方严寒地区才设置，排冰道的底板应在前池正常水位以下，并用叠梁门进行控制。

图 5-16 表示压力前池的几种布置形式，图 5-17 表示引水渠道与压力前池的连接方式。图 5-17 (a) 的特点是渠线平行于管线，水头损失小，但排沙、排冰比较不利。图 5-17 (c) 的特点是渠线垂直于管线，进水流向不顺，常引起涡流并造成较大的水头损失，但排沙、排冰条件较好。图 5-17 (b) 的特点介于图 5-17 (a)、(c) 之间。

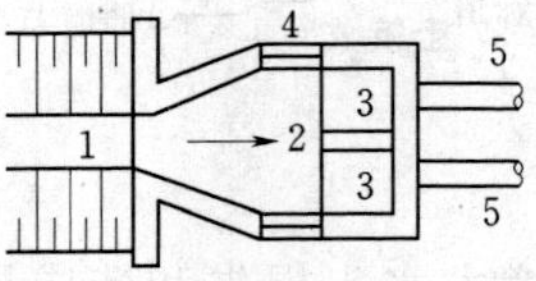

(a) 渠线平行于管线压力前池平面布置

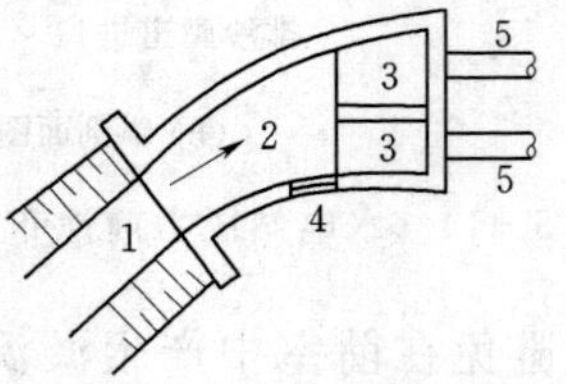

(b) 渠线斜交于管线压力前池平面布置

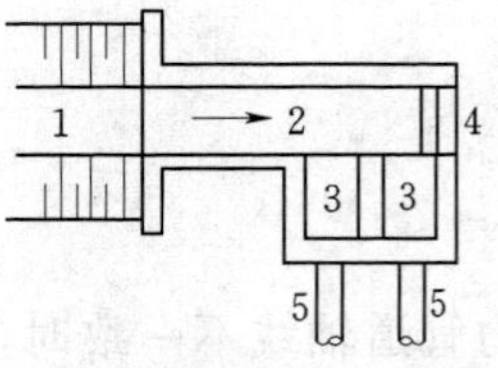

(c) 渠线垂直于管线压力前池平面布置

图 5-17 压力前池的平面布置方式

1—引水渠；2—前室；3—进水室；4—溢流堰；5—压力水管

三、压力前池的尺寸拟定

1. 前池中特征水位的确定

(1) 前室的正常水位 $\nabla_{前正常}$。$\nabla_{前正常}$ 可近似采用引水渠道设计流量时的渠末正常水位 $\nabla_{渠末正常}$，即

$$\nabla_{前正常}=\nabla_{渠末正常} \tag{5-4}$$

(2) 前室的最高水位 $\nabla_{前最高}$。对于自动调节渠道一般认为与渠首最高水位齐平或按电站丢弃全部负荷时产生的最大涌波高程考虑；对于非自动调节渠道为溢流堰顶高程加

堰上最高溢流水深 $h_{堰}$。由于堰顶高程通常按前池的正常水位加上3～5cm计算，因此

$$\nabla_{前最高}=\nabla_{前正常}+h_{堰}+(0.03\sim0.05)\quad(\mathrm{m}) \tag{5-5}$$

溢流堰下泄流量，常取水电站的最大引用流量。

（3）前室的最低水位 $\nabla_{前最低}$。$\nabla_{前最低}$ 应根据下面两种情况确定：

1）枯水期渠道来水量为电站最小引用流量时，渠末水位为前池最低水位，即

$$\nabla_{前最低}=\nabla_{渠末底}+h_{渠末} \tag{5-6}$$

式中 $\nabla_{渠末底}$——渠末底部高程；

$h_{渠末}$——电站最小引用流量时渠末水深。

2）电站突然增加负荷时，池中水位突然下降，前池水位为最低。此时，应根据运行可能出现的最不利情况进行计算，例如其他机组满负荷运行而最后一台机组突然带上满负荷。若非恒定流的落波高为 $\Delta h_{波}$，而增加负荷前的前池水位为 $\nabla_{起始}$，则前池中的最低水位为

$$\nabla_{前最低}=\nabla_{起始}-\Delta h_{波} \tag{5-7}$$

落波的波高一般可按下式计算：

$$\Delta h_{波}=\frac{\Delta Q}{aB_1} \tag{5-8}$$

$$a=\sqrt{g\frac{A}{B_1}}-V_0 \tag{5-9}$$

式中 a——落波沿渠道的传播速度，m/s；

A——流量变化前渠道过水断面的面积，m^2；

$\Delta h_{波}$——落波的波高，m；

V_0——流量变化前渠道中的流速，m/s；

ΔQ——由于负荷增加，相应增加的流量，m^3/s；

B_1——落波高度一半处渠道过水断面的水面宽度，m；

g——重力加速度，$g=9.81\mathrm{m/s^2}$。

若假设 B 代表流量变化前的过水断面宽度，m 代表渠道的边坡系数，则

$$B_1=B-m\Delta h_{波} \tag{5-10}$$

由上可知，落波高 $\Delta h_{波}$ 需进行试算，先假定一个 $\Delta h_{波}$，由式（5-9）和式（5-10）求出 B_1 和 a，再求出 $\Delta h_{波}$，若计算值 $\Delta h_{波}$ 和假设的 $\Delta h_{波}$ 相一致，即为所求的 $\Delta h_{波}$，否则再重新假设并计算。

（4）进水室的正常水位 $\nabla_{进}$。正常水位 $\nabla_{进}$ 为前室正常水位减去局部水头损失，即

$$\nabla_{进}=\nabla_{前正常}-(\Delta h_{进}+\Delta h_{门槽}+\Delta h_{栏}) \tag{5-11}$$

式中 $\Delta h_{进}$、$\Delta h_{门槽}$、$\Delta h_{栏}$——水流经过进水室、闸门槽及拦污栅时的水头损失。

（5）进水室的最低水位 $\nabla_{进最低}$。最低水位 $\nabla_{进最低}$ 即压力管道进口处的最低水位：

$$\nabla_{进最低}=\nabla_{前最低}-(\Delta h_{进}+\Delta h_{门槽}+\Delta h_{栏}) \tag{5-12}$$

2. 前池尺寸的拟定

（1）前室侧墙高程 $\nabla_{墙顶}$。对自动调节渠道，前室侧墙的高程与进水口顶部的高

程相同，如图 5-18 所示；对非自动调节渠道，前池侧墙的高程$\nabla_{墙顶}$，应保证水流不漫顶并有适当的安全超高δ：

$$\nabla_{墙顶}=\nabla_{前最高}+\delta \tag{5-13}$$

δ的值一般可取 0.5m，前池面积较小时，可取略小于 0.5m 的数值。

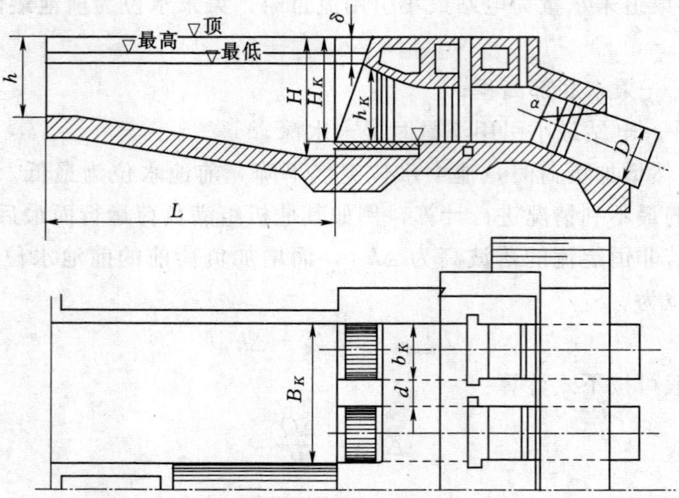

图 5-18 压力前池轮廓尺寸示意图

(2) 宽度 B。宽度 B 与进水室前沿的总宽度 B_K 相等。

(3) 前室首端的深度 h。h 为渠道末端底部至侧墙顶部的高度。

(4) 前室末端的深度 H。

$$H=H_K+h_{拦沙} \tag{5-14}$$

式中 $h_{拦沙}$——拦沙坝的高度，取 0.5～1.0m；

H_K——进口水深，如图 5-18 所示。

(5) 前室的长度 L。为了保证渠道在平面上和前室最大宽度相连接，在深度上和池身最大深度相连接，前室长 L 应为

$$L=(3\sim5)(H-h)+(0.5\sim1.0)\quad(\text{m}) \tag{5-15}$$

(6) 进水室的宽度 B_K。一个进水室的宽度 b_K 约为压力管道直径 D 的（1.5～1.8）倍，则进水室前沿的总宽度：

$$B_K=nb_K+(n-1)d \tag{5-16}$$

式中 n——压力管道的数目；

b_K——单个进水室的宽度；

d——中间隔墩的厚度，浆砌块石隔墩取 0.8～1.0m，混凝土隔墩取 0.5～0.6m。

(7) 进水室的进口水深 h_K。h_K 应使进口流速不超过拦污栅的允许过栅流速 V_Z，故

$$h_K\geqslant\frac{q_{\max}}{b_K V_Z} \tag{5-17}$$

式中　q_{max}——每个进水室的最大流量，m^3/s；

V_Z——进口处拦污栅的允许过栅流速，m/s。当采用人工清污机时，栅前流速一般不超过1.0m/s。

(8) 进水室的底板高程$\nabla_{进底}$。由$\nabla_{进底}=\nabla_{进最低}-h_K$，同时$\nabla_{进底}$还应满足进水口不产生漏斗状吸气漩涡的条件，即

$$\nabla_{进底}=\nabla_{进最低}-S-\frac{D}{\cos\alpha} \tag{5-18}$$

$$S=(2\sim3)\frac{V_{max}^2}{2g} \tag{5-19}$$

式中　V_{max}——压力管道通过最大引用流量时的流速，m/s；

D——压力管道的直径，m；

α——压力管道中心线与水平面的交角。

(9) 进水室的长度$L_{进}$。进水室长度$L_{进}$取决于拦污栅、工作闸门、通气孔、工作桥及启闭机等设备的布置。小型电站一般为3～5m。

(10) 前池瞬时容积的校核。当发电流量在产生变化的瞬间，为保证供水的连续性，而不至于中断，要求前池瞬时的容积为

$$V_{瞬时}=B'L'\Delta h' \tag{5-20}$$

式中　B'——渠道宽度，m；

L'——渠道总长，m；

$\Delta h'$——渠道流量变化增加的水深，$\Delta h'=h_2-h_1$，m；

h_1、h_2——渠道中流量发生变化前后的水深，m，可由曼宁公式计算。

当求出$V_{瞬时}$后，再推求前池的面积。设前池的面积为A，且最低水位以上的可调水深为$h_{调}$，则

$$V_{瞬时}=Ah_{调}\quad 或\quad A=\frac{V_{池瞬}}{h_{调}} \tag{5-21}$$

式中，$h_{调}$一般可取1～3m，根据地形、水头等情况而定，在最低水位以下容积不起调节作用，只要满足进水条件即可。

3. 溢流堰的尺寸拟定

溢流堰的位置由枢纽整体布置决定，溢流堰的断面形状一般做成流线型。当前池最高水位决定后，即可根据堰流公式求出所需溢流堰的长度。计算公式为

$$L=\frac{Q_{max}}{Mh_{堰}^{3/2}} \tag{5-22}$$

式中　M——溢流堰流量系数；

$h_{堰}$——堰上水头，一般可取0.4～0.5m。

有时可也先确定L再求$h_{堰}$，从而确定前室的最高水位。

5.5-1

四、日调节池

担任峰荷的水电站一日之内的引用流量在0与Q_{max}之间变化，而引水渠道是按

Q_{max}设计的，因此在一日内的大部分时间里，渠道的过水能力没有得到充分利用。另外，由于引水渠道较长，利用进口处闸门调节流量反应缓慢；同时，引用流量的变化将引起渠道的水位波动。为了满足电站日调节的需要，可在渠道下游沿线合适的地形修建日调节池，如图 5－19 所示。

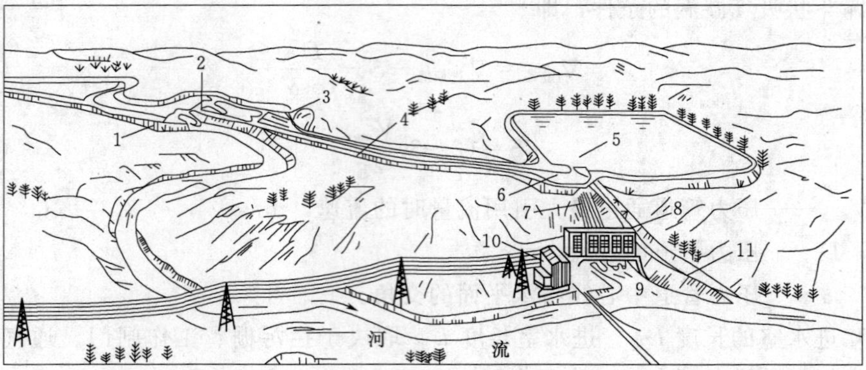

图 5－19 无压引水式水电站示意图

1—坝；2—进水口；3—沉沙池；4—引水渠道；5—日调节池；6—压力前池；7—压力管道；8—厂房；9—尾水渠；10—配电所；11—泄水道

日调节池与压力前池之间的渠道仍按 Q_{max} 设计，而日调节池上游的渠道可按日平均流量进行设计，这样渠道断面可以减小。运行过程中，当水电站引用流量大于日平均流量时，不足水量由日调节池给予补充，日调节池的水位下降；当水电站引用流量小于日平均流量时，多余的水流入日调节池，池中水位回升，这样可减少前池水位的剧烈波动。

当引水渠道较长、水电站负荷变幅较大时，增设日调节池有可能降低整个引水系统的造价并改善其运行条件。日调节池越靠近压力前池，其作用越大。日调节池的容积，可根据水电站在日负荷图上的工作方式，通过流量调节计算求得，一般约为电站日用水总量的 20%～25%。

当河中水流含泥沙量大时，日调节池很容易被淤积，所以在含沙量大的季节，应将日调节池进口封闭，让水电站担任基荷，可改善淤积情况。

项目六　调　压　室

在较长的压力引水系统中，为了降低高压管道的水锤压力，满足机组调节保证计算的要求，常在压力引水道与压力管道衔接处建造调压室。

对引水式水电站的有压引水道或地下式厂房的较长有压尾水道，为了减小水击压力，并改善机组的运行条件而建造的水电站平水建筑物。它利用扩大了的断面和自由水面反射水击波的特点，将有压引水道分成两段：上游段为有压引水隧洞，下游段为压力水管。由于设立调压室，使隧洞基本上可避免水击压力的影响，同时也减小压力水管中的水击压力，从而改善机组的运行条件。

本项目主要介绍调压室的作用及工作原理，调压室的设置条件及位置选择；调压室的布置方式及类型；调压室水位波动的计算；调压室水位波动的稳定问题等。

任务一　调压室的功用、要求及设置条件

调压室是指在较长的压力引水（尾水）道与压力管道之间修建的一种建筑物。其有什么作用？设置要求以及设置条件是什么？

【知识目标】

1. 掌握调压室的功用。

2. 掌握调压室的设置条件。

3. 熟悉调压室的位置选择。

【能力目标】

能够根据工程特点以及调压室的功用初步确定调压室的设置。

一、调压室的功用

调压室是指在较长的压力引水（尾水）道与压力管道之间修建的，用以降低压力管道的水锤压力和改善机组运行条件的水电站建筑物。调压室的断面面积比压力引水（尾水）道大，且具有自由水面（除压气式调压室外），属于水电站的平水建筑物。

调压室的功用可归纳为以下三点：

(1) 反射水锤波。基本上避免或减小压力管道传来的水锤波进入压力引水道。

(2) 缩短压力管道的长度。即可减小压力管道及厂房过流部分中的水锤压力。

(3) 改善机组在负荷变化时的运行条件。调压室有一定的容量，离厂房较近，机组负荷变化时能迅速补充或存蓄一定水量，有利于机组的稳定运行，从而改善电站的供电质量。

按照人们的习惯，调压室的大部分或全部设置在地面以上的称为调压塔；调压室的大部分埋在地面以下的称为调压井。

二、调压室的基本要求

根据调压室的功用，调压室应满足以下基本要求：

(1) 调压室应尽量靠近厂房，以缩短压力管道的长度。

(2) 能较充分地反射压力管道传来的水锤波。调压室对水锤波的反射越充分，越能减小压力管道和引水道中的水锤压力。

(3) 调压室的工作必须是稳定的。在负荷变化时，引水道及调压室水体的波动应能迅速衰减，达到新的稳定状态。

(4) 正常运行时，调压室底部的水头损失要小。即调压室底部和压力管道连接处应具有较小的断面积。

(5) 工程安全可靠，施工简单方便，造价经济合理。

上述各项要求之间会存在一定程度的矛盾，必须根据具体情况统筹考虑各项要求，进行全面的分析比较加以确定。

三、调压室的设置条件

在有压引水道中设置调压室后，一方面使有压引水道基本上避免了水锤压力的影响，减小了压力管道中的水锤压力，改善了机组的运行条件，从而减少了它们的造价；但另一方面却增加了设置调压室的造价。因此是否需要设置调压室，应在机组调节保证计算和运行条件分析的基础上，考虑水电站在电力系统中的作用、地形及地质条件、压力水道的布置等因素，进行技术经济比较后加以确定。

1. 设置上游调压室的条件

根据我国《水电站调压室设计规范》（DL/T 5058—1996）的要求，设置上游调压室件是：

$$T_w=\frac{\sum L_i V_i}{gH_d}>[T_w] \tag{6-1}$$

式中　T_w——压力水道中水流惯性时间常数，s。T_w 的物理意义是在水头 H_d 作用下，不计水头损失时，管道内水流的流速从 0 增大到 V 所需的时间；

L_i——压力水道及蜗壳和尾水管（无下游调压室时应包括压力尾水道）各分段的长度，m；

V_i——各分段内相应的流速，m/s；

H_d——设计水头，m；

$[T_w]$——T_w 的允许值，一般取 2s～4s。$[T_w]$ 的取值与电站容量在电力系统中所占的比重有关。

我国的调压室设计规范规定：

(1) 水电站单独运行或其容量在电力系统中所占的比重超过 50%时，$[T_w]=1.5\sim2.0$s；

(2) 水电站容量在电力系统中所占的比重为 50%～20%时，$[T_w]=2.5\sim3.5$s；

(3) 水电站容量在电力系统中所占的比重小于 20%时，$[T_w]=3.5\sim5.0$s。

2. 设置下游调压室的条件

下游调压室的功用是缩短尾水道的长度，减小甩负荷时尾水管中的真空度，防止液柱分离。设置下游调压室的条件是以尾水管内不产生液柱分离为前提，其设置条件是：

$$L_w>\frac{5T_s}{V_{w0}}\left(8-\frac{Z_s}{900}-\frac{V_{wj}^2}{2g}-H_s\right) \tag{6-2}$$

式中　L_w——压力尾水道的长度，m；

T_s——水轮机导叶关闭时间，s；

V_{w0}——稳定运行时压力尾水道中的流速，m/s；

V_{wj}——水轮机转轮后尾水管入口处的流速，m/s；

H_s——水轮机的吸出高度，m；

Z_s——机组安装高程，m。

最终通过调节保证计算，当机组丢弃全负荷时，尾水管内的最大真空度不宜大于

$8mH_2O$。高海拔地区应作高程修正：

6.1-1

$$H_V=\Delta H-H_s-\phi\frac{V_{wj}^2}{2g}>-\left(8-\frac{Z_s}{900}\right) \tag{6-3}$$

式中　H_V——尾水管内的绝对压力水头，m；

ΔH——尾水管入口处的水锤值，m；

ϕ——考虑最大水锤真空与流速水头真空最大值之间相位差的系数，对于末相水锤，$\phi=0.5$；对于第一相水锤，$\phi=1.0$。

任务二　调压室的工作原理和基本方程

调压室可以减小水击压力，并改善机组的运行条件。调压室的工作原理是什么呢？

【知识目标】

熟悉调压室的工作原理和基本方程。

【能力目标】

能够利用调压室原理理解调压室工作时的水位波动情况。

一、调压室的工作原理

引水系统中设置调压室后，将引起两种性质不同而又相互联系的非恒定流现象。一种是压力管道的水锤现象，另一种是“压力引水道-调压室”系统的水位波动现象。

图 6-1 为一设有调压室的引水系统。当水电站以某一额定功率运行时，水轮机和整个引水系统的引用流量均为 Q_r，并处于恒定流状态。此时调压室水位比上游水库水位低 h_{w0}（h_{w0} 为通过 Q_r 时，压力引水道的水头损失）。

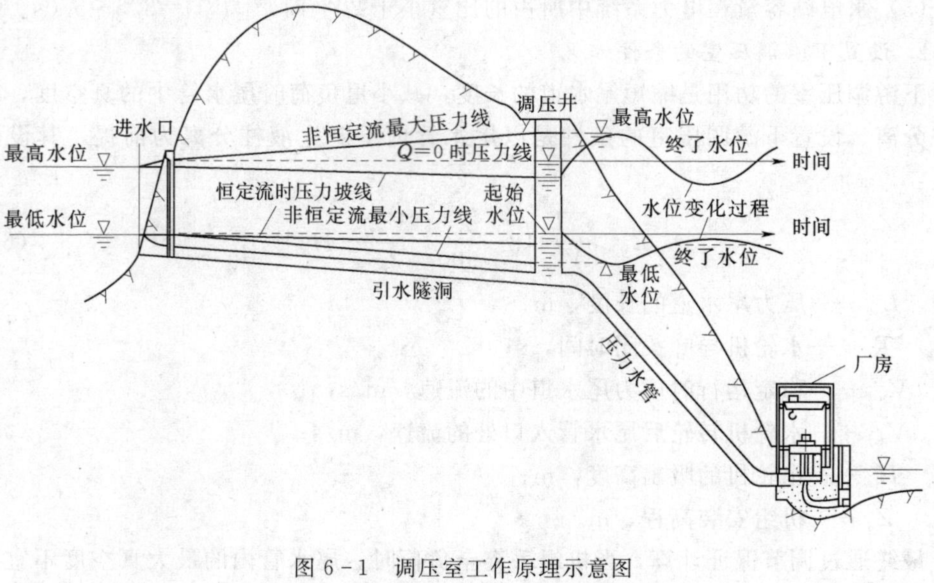

图 6-1　调压室工作原理示意图

当电站丢弃全部负荷时，压力管道中发生水锤现象，管中水流经过短暂时间后停止流动，与“压力引水道—调压室”系统中的水流变化周期相比，可认为压力管道中的水流是突然停止的。此时，压力引水道中的水流由于惯性作用仍以原来的流速继续流向调压室，引起调压室水位升高，引水道两端的水位差随之减小，流速逐渐减缓。当调压室的水位达到水库水位时，引水道两端的水位差等于0，但由于引水道中水流的惯性作用仍继续流向调压室，使调压室水位继续升高，直至引水道中的流速等于0时，调压室水位上升到最高点，称为最高涌波水位。由于此时调压室的水位高于水库水位，在引水道的始末又形成新的水位差，调压室中的水流开始流向水库，即形成了反向流动，调压室的水位开始下降。当调压室水位降到库水位时，引水道始末两端的压力差又等于0，但由于惯性作用，水位继续下降，直至引水道的流速减到0时，调压室水位降低到最低点。此后“压力引水道—调压室”中的水流又重复上述的运动过程，调压室水位也不断上下波动。由于“压力引水道—调压室”系统存在摩阻，运动水体的能量逐渐消耗，波动逐渐衰减，最后调压室水位稳定在水库水位。

当水电站增加负荷时，水轮机引用流量加大，由于引水道中水流的惯性作用，流量不能立即加大以满足负荷变化的需要，须由调压室首先补充流量，从而引起调压室水位下降，调压室与水库间形成新的水位差，使引水道的水流流速增大，流量也逐渐增加，由调压室补充的流量逐渐减少。当引水道中的流量等于负荷增加后水轮机所需的流量时，调压室的水位降到最低点，称为最低涌波水位。由于此时调压室与水库的水位差增大，引水道中流量继续增加，超过水轮机的需要，因而调压室水位又开始回升，达到某一高度后又开始下降，这样就形成了调压室水位的上下波动。由于能量的消耗，波动逐渐衰减，最后稳定在一个新的运行水位。新的运行水位与水库水位之差等于引水道通过水轮机增加负荷后所需引用流量的水头损失。

从以上分析可知，“压力引水道—调压室”系统中的水位波动现象与压力管道中的水锤波动性质有很大的差别。调压室的水位波动主要是由于水体的往复运动引起，其特点是振幅小，衰减慢，周期长。而压力管道的水锤过程是水锤波的传播，其特点是振幅大，衰减快，周期短。

在增加负荷或丢弃部分负荷后，电站继续运行，调压室水位的变化影响发电水头的大小，调速器为了维持恒定的功率，随调压室水位的升高和降低，将相应地减小和增大水轮机流量，这进一步激发调压室水位的变化。因此调压室的水位波动，可能有两种情况：一种是逐步衰减的，波动的振幅随时间而减小；另一种是波动的振幅不衰减甚至随时间而增大，成为不稳定的波动，在调压室设计和运行时这种不稳定现象应予避免。

研究调压室水位波动的主要目的是：

（1）求出调压室中可能出现的最高和最低涌波水位及其变化过程，从而决定调压室的高度和引水道的设计内水压力及布置高程。

（2）根据波动稳定的要求，确定调压室所需的最小稳定断面。

6.2-1

二、调压室水位波动的基本方程

图 6-2 为具有调压室的有压引水系统示意图。当水轮机引用流量 Q 保持不变，引水道中的流速 V 和调压室中的水位 Z 均为固定值时，引水系统为恒定流。当水轮机引用流量 Q 发生变化时，调压室中的水位及引水道中的流速均发生变化，水流为非恒定流，此时引水道中的流速 V 和调压室的水位 Z 均为时间 t 的函数。

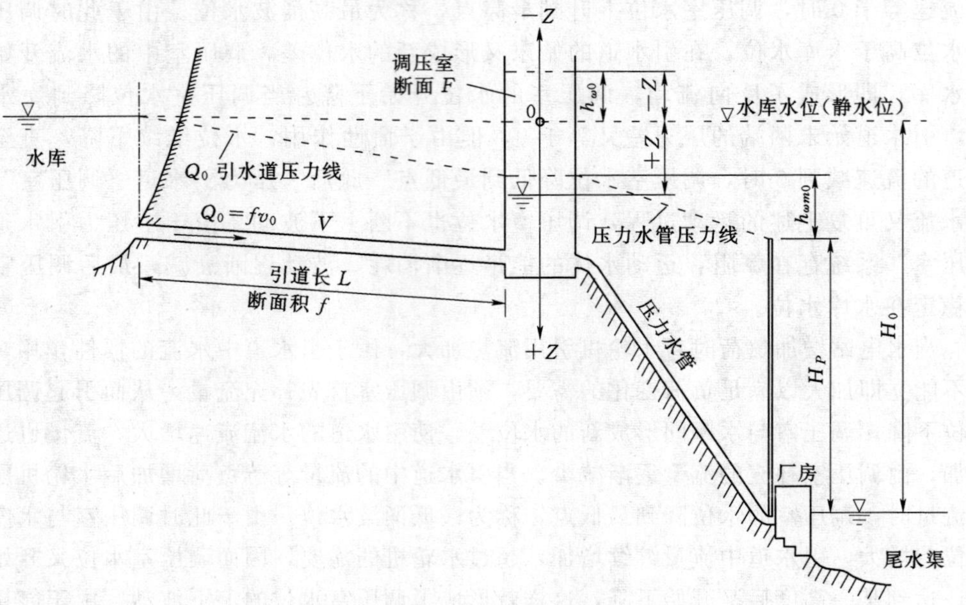

图 6-2　有压引水系统示意图

1. 连续方程

根据水流连续性定律，水轮机在任何时刻所需要的流量 Q 由两部分组成，分别是来自引水道的流量和调压室的流量，即

$$Q=A_1V+A\ \frac{\mathrm{d}Z}{\mathrm{d}t} \tag{6-4}$$

式中　A——调压室断面面积，m^2；

A_1——压力引水道的横断面面积，m^2；

V——压力引水道的水流流速，m/s，以流向调压室为正；

Z——库水位与调压室水位的差值，m，以库水位为基准，向下为正；

$\frac{\mathrm{d}Z}{\mathrm{d}t}$——调压室中水位变化速度，$\mathrm{m/s^2}$。

2. 动力方程

在非恒定流情况下，如果不考虑引水道和水体的弹性，根据牛顿第二定律，引水道中水体质量与其加速度的乘积等于该水体所受的力（忽略调压室中水体的惯性），即

$$LA_1\frac{\rho_w g}{g}\frac{dV}{dt}=A_1\rho_w g(Z-h_w)$$

由此可得水流在任一瞬时的动力方程

$$Z=h_w+\frac{L}{g}\frac{dV}{dt} \tag{6-5}$$

式中　L——压力引水道的长度，m；

h_w——压力引水道通过流量 Q 时的水头损失，m。

3. 等功率方程

由于调压室的水位波动引起水轮机水头和功率的变化，而机组的负荷不变，因此水轮机调速系统必须随着水头的变化相应地改变水轮机的引用流量，以适应负荷不变的要求。设下标 0 表示波动前的物理量，如调压室水位发生一微小变化 z，调速器使水轮机流量相应改变一微小数值 q，此时压力管道的水头损失为 h_{wm}，则

$$\rho_w g Q_0(H_g-h_{w0}-h_{wm0})\eta_0=\rho_w g(Q_0+q)(H_g-h_{w0}-h_{wm}-z)\eta$$

当水轮机的水头和流量变化不大时，可假定机组效率保持不变，由此得等功率方程

$$Q_0(H_g-h_{w0}-h_{wm0})=(Q_0+q)(H_g-h_{w0}-h_{wm}-z) \tag{6-6}$$

式中　H_g——水电站的静水头，m；

h_{w0}——压力引水道通过流量 Q_0 时的水头损失值，m；

h_{wm0}——压力管道通过流量 Q_0 时的水头损失值，m；

h_{wm}——压力管道通过流量 Q_0+q 时的水头损失值，m。

式（6-4）～式（6-6）是调压室水位波动的基本方程式。

任务三　调压室的基本类型

根据调压室与厂房相对位置的不同，调压室的布置有哪些不同的方式？

【知识目标】

1. 掌握调压室的布置方式。

2. 掌握调压室的类型、特点和适用情况。

【能力目标】

能够根据不同调压室的特点初步选择调压室的类型。

一、调压室的基本布置方式

根据调压室与厂房相对位置的不同，调压室的布置有四种基本方式。

1. 上游调压室（引水调压室）

调压室设置在厂房上游的压力引水道上，如图 6-3（a）所示，这种布置方式适用于厂房上游压力引水道比较长的情况，应用也最广泛。本章主要介绍这种布置方式的调压室。

2. 下游调压室（尾水调压室）

调压室设置在厂房下游的压力尾水道上，如图 6-3（b）所示，这种布置方式适用于厂房下游具有较长的压力尾水道时，需要减小压力尾水道的水锤压力，特别是防止丢弃负荷时压力尾水道产生过大的负水锤，因此尾水调压室应尽可能地靠近厂房。

下游调压室的水位变化过程，正好与上游调压室相反。当丢弃负荷时，水轮机流量减小，调压室需要向压力尾水道补充水量，因此水位首先下降，达到最低点后再开始回升；在增加负荷时，尾水调压室水位首先开始上升，达到最高点后再开始下降。在电站正常运行时，调压室的稳定水位高于下游水位，其差值等于压力尾水道中的水头损失。

3. 上下游双调压室系统

由于布置上的原因，有些地下式水电站厂房的上下游都有较长的压力水道，为了减小水锤压力，改善机组的运行条件，在厂房的上下游均设置调压室而成为双调压室系统，如图 6-3（c）所示。当丢弃全部负荷时，上、下游调压室的工作互不影响，可分别求出最高和最低水位。当增加负荷或丢弃部分负荷时，水轮机的流量发生变化，两个调压室的水位都将发生变化，而任一个调压室的水位变化，都将引起水轮机流量新的改变，从而影响到另一个调压室的水位变化。由于两个调压室的水位变化是相互制约的，使得整个引水系统的水力现象大为复杂，特别是当压力引水道和压力尾水道的特性接近时，可能发生共振。因此设计时不能只限于推求波动的第一振幅，而应求出波动的全过程，研究波动的衰退情况。

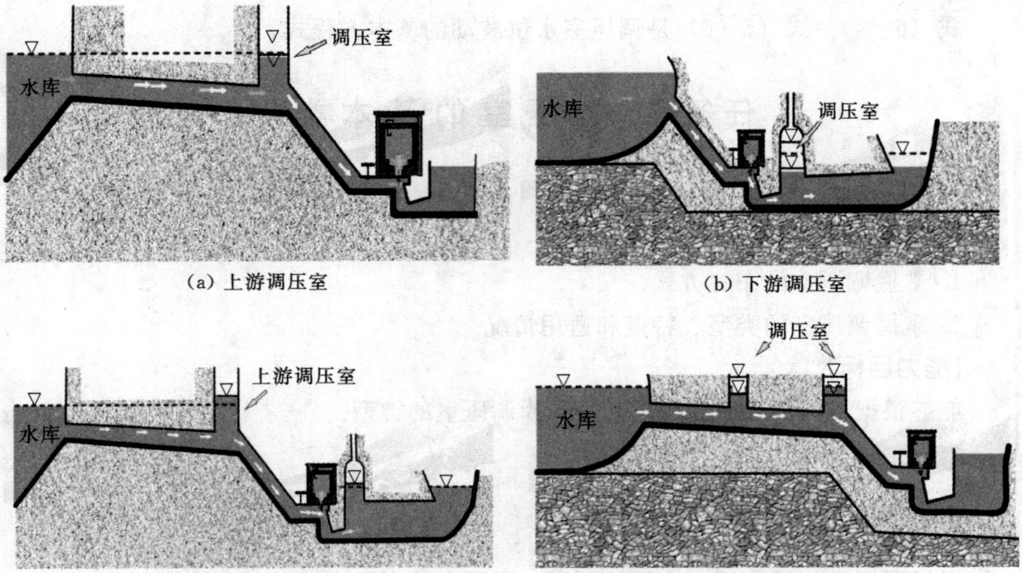

(a) 上游调压室　　(b) 下游调压室

(c) 上下游双调压室　　(d) 上游双调压室

图 6-3 调压室的布置方式

4. 上游双调压室系统

当上游压力引水道较长时，也可设置两个调压室，如图 6-3（d）所示。靠近厂房的调压室对于反射水锤波起主导作用，称为主调压室；靠近上游水库的调压室用以反射越过主调压室的水锤波，改善引水道的工作条件，帮助主调压室衰减引水系统的波动，称为辅助调压室。辅助调压室越接近主调压室，所起的作用越大，反之，越向上游其作用越小。引水系统水位波动的衰减由两个调压室共同承担，增加一个调压室的断面可以减小另一个调压室的断面，但两个调压室的断面之和总是大于只设一个调压室的断面积。如果压力引水道中有施工竖井可以利用，采用双调压室可能是经济的。辅助调压室常因电站扩建或电站运行条件改变，原有调压室容积不够而增设；或因结构、地质等原因，采用设置辅助调压室以减小主调压室的尺寸。

6.3-1

上游双调压室系统的水位波动是非常复杂的，相互制约和诱发的作用很大，整个波动并不成简单的正弦曲线。因此，应合理选择两个调压室的位置和断面，使引水系统的水位波动能较快地衰减并稳定。

二、调压室的基本类型

根据调压室水力条件和结构形式的不同，调压室有以下几种基本类型。

1. 简单圆筒式调压室

如图 6-4（a）所示，简单圆筒式调压室的特点是自上而下具有相同的断面，结构简单，反射水锤波的效果好。但在正常运行时压力引水道与调压室的连接处水头损失较大；水位波动的振幅较大，衰减较慢，所需调压室的容积较大。为克服上述缺点，可采用有连接管的圆筒式调压室。简单圆筒式调压室一般适用于低水头、小容量的水电站。

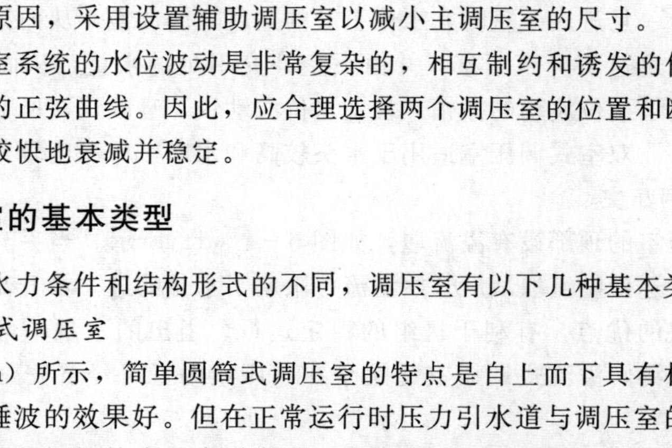

图 6-4　调压室的基本类型

2. 阻抗式调压室

将简单圆筒式调压室的底部收缩成孔口或与断面小于压力引水道的短管相连接，即成为阻抗式调压室，如图 6-4（b）所示。与简单圆筒式调压室相比，由于进出调压室的水流受阻抗的作用，使波动的振幅小、衰减快，在同等条件下所需断面较小，同时正常运行时水头损失小。但由于阻抗的存在，反射水锤波的效果较差，压力引水道可能受到水锤的影响。通常，阻抗孔的面积不小于压力引水道面积的 15%，但也不宜大于 50%，以免降低阻抗孔的作用。阻抗式调压室一般适用于压力引水道较短的中、低水头水电站。

3. 双室式调压室

双室式调压室是由一个断面较小的竖井和上下两个断面扩大的贮水室组成，如图 6-4（c）所示。实际工程中采用竖井与上室组合的较多，而完全用双室的实例较少，故称为水室式。正常运行时，调压室中的水位处于上、下室之间。丢弃负荷时竖井中水位迅速上升，一旦进入上室时，水位上升的速度立即放慢，从而减小波动振幅。增加负荷时，水位迅速下降至下室，并由下室补充不足的水量，从而限制了水位的下降。上下室限制了水位波动的振幅，且室水位波动快，衰减快，所需容积小，反射水锤波的效果较好。双室式调压室适用于水头较高和水库工作深度较大的水电站。

4. 溢流式调压室

溢流式调压室的顶部设有溢流堰，如图 6-4（d）所示。当丢弃负荷时，调压室水位迅速上升，达到溢流堰顶后开始溢流，限制了水位的进一步升高，具有水位波动振幅小及衰减快的优点，有利于机组的稳定运行。溢出的水量，可以设上室加以储存，也可排至下游。溢流式调压室适用于在调压室附近可经济安全地布置泄水道的电站。

5. 差动式调压室

差动式调压室由两个直径不同的同心圆筒组成，如图 6-4（e）所示。外圆筒直径较大称为大室，起贮水及保证稳定的作用，其断面由波动稳定条件控制。内圆筒直径较小，上有溢流口，称为升管，其底部以阻抗孔口与大室相通。

正常运行时，大室与升管水位齐平；丢弃负荷时，由于阻抗孔的影响，升管水位迅速上升，大室水位上升缓慢，升管向大室溢流后，大室水位开始迅速上升；当大室水位和升管水位齐平并达到最高水位后，升管水位迅速下降，大室水位仍滞后于升管水位而缓慢下降。由于在水位波动过程中，升管和大室经常保持着水位差，故称为差动式调压室。

差动式调压室兼顾了阻抗式和溢流式调压室的优点，所需容积较小，反射水锤波的条件好，水位波动衰减较快，但结构复杂，施工难度大，造价高。一般适用于地形和地质条件不允许扩大断面的中高水头水电站，在我国采用较多。

6. 气垫式或半气垫式调压室

将调压室顶部完全封闭，自由水面以上的密闭空间充满高压空气（室内水面气压高于大气压力），称为气垫式调压室，如图 6-4（f）所示。若上部空间有一断面不大的通气孔与大气相通，称为半气垫式调压室。气垫式调压室是利用调压室中空气的压缩和膨胀，来减小调压室水位的涨落幅度。此种调压室的布置比较灵活，可以靠近厂房，反射水锤波比较充分，减小水锤压力，对电站运行有利。但水位波动稳定性较差，需要较大的调压室稳定断面和容积，对地质条件要求高，还需配置压缩空气机以定期对空气室补气，增加了投资和运行费用。这种调压室适用于高水头地下引水式水电站，或在表层地形地质条件不适于做常规调压室或通气竖井较长时，可考虑采用。

6.3-2

6.3-1

任务四　调压室水位波动的计算

调压室水位波动计算的目的，是求出最高涌波水位和最低涌波水位及水位变化过程，从而确定调压室的顶部和底部高程及压力管道的进口高程。那么，调压室水位波动是如何进行计算的呢？

【知识目标】

掌握调压室水位波动计算的解析法。

【能力目标】

能够进行水位波动计算。

调压室水位波动计算常用的方法有解析法、逐步积分法和电算法。解析法较为简便，可用公式直接求出最高和最低涌波水位，但引入的假定较多，精度较差，且不能求出波动的全过程，常用于可研阶段或初设阶段初步确定调压室的尺寸。逐步积分法是通过逐时段计算求出最高和最低涌波水位以及波动的全过程，一般用于技施设计阶段。电算法是应用计算机将调压室的水位波动、压力管道的水锤压力及机组速率变化联合起来计算，对调压室的水位波动进行较详细的分析，目前已有专门的电算程序。本节主要介绍解析法。

一、调压室水位波动计算的解析法

下面主要依据《水电站调压室设计规范》（DL/T 5058—1996），进行调压室水位波动的计算。这里仅介绍简单圆筒式和阻抗式调压室，其他型式的调压室可参考规范或设计手册。

1. 简单圆筒式调压室

（1）丢弃全负荷情况。当水电站在瞬时丢弃全部负荷时，水流涌向调压室，一般按水库最高设计水位计算调压室水位波动的最高涌波。但对于简单圆筒式调压室，因波动衰减缓慢，丢弃全负荷后的第二振幅有可能低于增加负荷时的最低涌波水位值，故需进行最低设计水位时，丢弃全负荷的第二振幅值的验算。

1）丢弃全负荷时的最高涌波水位 Z_{max}。根据《水电站调压室设计规范》，最高涌波水位 Z_{max} 由下式计算：

$$X_0=\ln(1+X_{max})+X_{max} \tag{6-7}$$

$$X_0=\frac{h_{w0}}{\lambda};\quad X_{max}=\frac{Z_{max}}{\lambda};\quad \lambda=\frac{LA_1V_0^2}{2gAh_{w0}}$$

式中　L——压力引水道长度，m；

A_1——压力引水道断面面积，m^2；

A——调压室断面面积，m^2；

h_{w0}——流量为 Q 时（在丢弃负荷前），上游库水位与调压室水位之差，等于压力引水道沿程和局部水头损失之和再加上相应的流速水头，计算时应用可能的最小糙率计算水头损失，m；

V_0——对应于 Q 时压力引水道的流速，m/s。

最高涌波水位 Z_{max} 值亦可由图 6-5 中曲线 A，根据 X_0 查出 X_{max}，算出 Z_{max}。

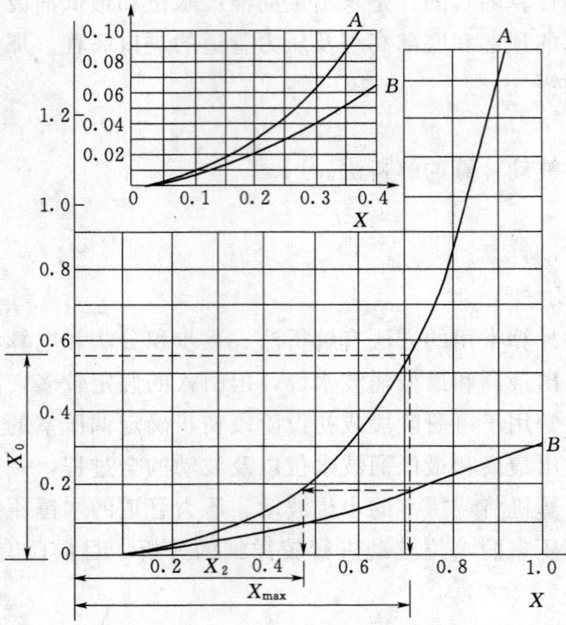

图 6-5 丢弃全负荷时简单式调压室最高涌波计算图

2）丢弃全负荷时的第二振幅 Z_2。第二振幅 Z_2 可由下式计算：

$$X_{max}+\ln(1-X_{max})=\ln(1-X_2)+X_2 \qquad (6-8)$$

$$Z_2=\lambda X_2$$

X_2 值也可从图 6-5 中曲线 A、B 求得。根据已知 X_{max} 或 X_0 求 Z_2 值，即沿横坐标轴线找出相应的 X_{max} 值，并引垂线与曲线 B 相交，再由该交点引水平线与曲线 A 相交，其交点的横坐标值即 X_2 的数值，λX_2 即 Z_2 值。应用时应注意 X_{max} 与 X_2 的符号，前者为负，后者为正。

（2）增加负荷时的最低涌波水位 Z_{min}。最低涌波水位 Z_{min} 可按下式计算：

$$\frac{Z_{min}}{h_{w0}}=X_{min}=1+\left(\sqrt{\varepsilon}-0.275\sqrt{m'}+\frac{0.05}{\varepsilon}-0.9\right)\times(1-m')\times\left(1-\frac{m'}{\varepsilon^{0.62}}\right) \qquad (6-9)$$

$$\varepsilon=\frac{LA_1V_0^2}{gAh_{w0}^2};\quad m'=\frac{Q}{Q_r}$$

式中 ε——无因次系数，表示“压力引水道—调压室”系统的特性；

Q——增加负荷前引水道中的流量，m^3/s；

Q_r——增加负荷后引水道中的流量，一般为机组额定流量，m^3/s；

m'——负荷系数，$m'<1$ 值应根据电站在系统内所担负的任务决定。一般在初步设计阶段可按上游水库最低设计水位时，其他机组均已满载运行，最后一台机组（并不得小于电站总容量的 1/3）投入运行的情况作为设计情况。

增加负荷时应用可能的最大糙率计算水头损失。

为计算方便，可用查图表的方法求解，即根据 ε 和 m' 值由图 6-6 查得 $\frac{Z_{\min}}{h_{w0}}$。

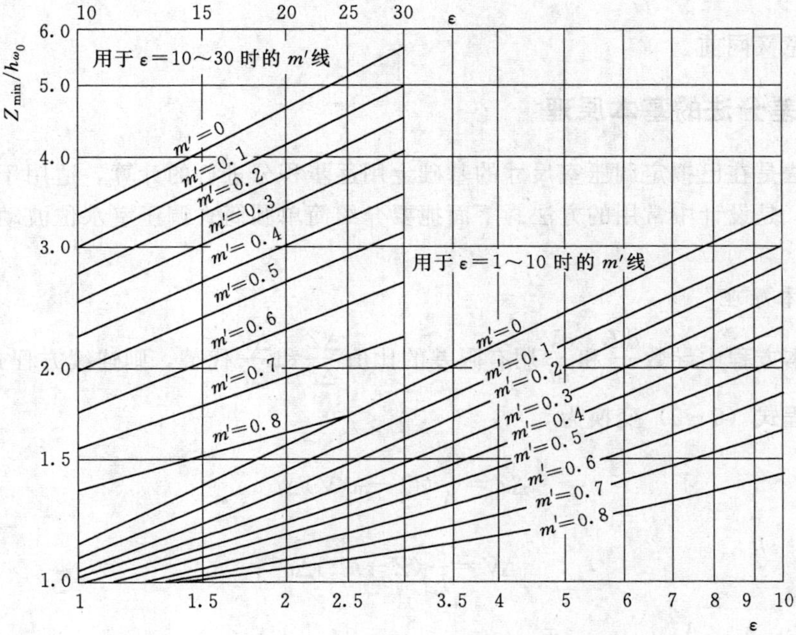

图 6-6　增加负荷时简单式调压室最低涌波水位计算图

2. 阻抗式调压室

(1) 阻抗孔水头损失计算。通过阻抗孔口的水头损失 h_c 值，可按下式近似计算：

$$h_c=\frac{1}{2g}\left(\frac{Q}{\phi S}\right)^2 \tag{6-10}$$

式中　ϕ——阻抗孔流量系数，可由试验得出，初步计算时可在 0.60～0.80 之间选用；

S——阻抗孔断面面积，m^2。

(2) 丢弃全负荷时的最高涌波水位：

当 $\lambda' h_{c0}<1$ 时，按下式计算：

$$(1+\lambda' Z_{\max})-\ln(1+\lambda' Z_{\max})=(1+\lambda' h_{w0})-\ln(1-\lambda' h_{c0}) \tag{6-11}$$

当 $\lambda' h_{c0}>1$ 时，按下式计算：

$$(\lambda'|Z_{\max}|-1)+\ln(\lambda'|Z_{\max}|-1)=\ln(\lambda' h_{c0}-1)-(\lambda' h_{w0}+1) \tag{6-12}$$

$$\lambda'=\frac{2gA(h_{w0}+h_{c0})}{LA_1V_0^2}$$

式中　h_{c0}——全部流量通过阻抗孔时的水头损失，m；

其他符号意义同前。

(3) 增加负荷时的最低涌波水位。当阻抗孔尺寸满足公式 $\eta=\frac{h_{c0}}{h_{w0}}=\frac{X_{\min}-(m')^2}{(1-m')^2}$

（即最合适的尺寸）时，可按下式近似地计算最低涌波水位值：

$$\frac{Z_{\min}}{h_{w0}}=X_{\min}=1+\left(\sqrt{0.5\varepsilon-0.275\sqrt{m'}}+\frac{0.1}{\varepsilon}-0.9\right)\times(1-m')\times\left(1-\frac{m'}{0.65\varepsilon^{0.62}}\right) \tag{6-13}$$

式中符号意义同前。

二、差分法的基本原理

差分法是在已拟定调压室尺寸的基础上用逐步积分进行的计算，适用于各种类型的调压室，是设计中常用的方法。下面扼要介绍简单圆筒式调压室水位波动计算的差分法原理。

1. 基本原理

将基本方程中导数$\frac{dZ}{dt}$和$\frac{dV}{dt}$用有限差的比值$\frac{\Delta Z}{\Delta t}$和$\frac{\Delta V}{\Delta t}$代替，则连续方程式（6-4）和动力方程式（6-5）变换为

$$\Delta Z=\frac{1}{A}(Q-A_1V)\Delta t \tag{6-14}$$

$$\Delta V=\frac{g}{L}(Z-h_w)\Delta t \tag{6-15}$$

令$K=\frac{Q}{A}\Delta t$，$\alpha=\frac{A_1}{A}\Delta t$，$\beta=\frac{g}{L}\Delta t$，代入上述二式得

$$\Delta Z=K-\alpha V \tag{6-16}$$

$$\Delta V=\beta(Z-h_w) \tag{6-17}$$

水头损失$h_w=\frac{LV^2}{C^2R}+\sum\zeta\frac{V^2}{2g}+\frac{V^2}{2g}$，包括从进水口到调压室的全部沿程和局部损失及调压室底部流速水头损失。式中C和R分别为压力引水道的谢才系数及水力半径。

计算时间Δt选定后，K、α、β均为已知数。Δt的选择关系到计算结果的精度，通常取$\Delta t=\frac{T}{25}\sim\frac{T}{30}$，$T$为水位波动的理论周期，可近似取$T=\frac{2\pi}{\omega}=2\pi\sqrt{\frac{LA}{gA_1}}$。

2. 差分法计算的基本假定

（1）由于Δt很小，所以假定在Δt的过程中，调压室水位Z和压力引水道流速V保持不变，而在时段末发生突变，即Z和V为阶梯式变化；

（2）在一个时段Δt内，规定流速V和水位Z采用起始瞬时的数值计算。

3. 计算步骤

确定计算情况，选择Δt，求出K、α、β，以压力引水道的V_0代入式（6-16），可求出第一时段末的调压室水位变量ΔZ_1；以$\Delta Z_1=Z_1-h_{w0}$代入式（6-17），求出第一时段压力引水道的流速变量ΔV_1。然后令$V_1=V_0-\Delta V_1$代入式（6-16），可求出第二时段末的调压室水位变量ΔZ_2，再由式（6-17）求出第二时段压力引水道的

流速变量 ΔV_2。以此类推下去，可求出调压室的整个波动过程。

上述步骤可由计算机完成，也可由图解进行。

4. *用差分原理求解调压室水位波动的计算。*

目前，用差分法求解调压室水位波动已有专门的计算程序。因篇幅所限，这里不再介绍，读者可参阅有关书籍。

任务五　调压室水位波动的稳定问题

水电站有压引水系统设置调压室后，当电站负荷变化时，在“压力引水道-调压室”系统中出现了与水锤波的性质完全不同的水位波动，从而提出了“压力引水道—调压室”系统的波动稳定问题，简称“调压室水位波动的稳定问题”。

【知识目标】

1. 掌握小波动稳定断面的计算。
2. 熟悉大波动的稳定条件。
3. 熟悉影响调压室波动稳定的因素。

【能力目标】

能够进行小波动稳定断面的计算；可以分析影响调压室波动稳定的因素。

在水电站正常运行时，调压室水位因种种原因发生变化，影响着水轮机的水头（即水轮机的水头发生变化），但电力系统要求功率保持固定，调速器为了保持功率不变，必须相应地改变水轮机的流量，而水轮机流量的改变，又反过来激发调压室水位的波动。如调压室水位下降，水轮机的水头减小，为了保持功率不变，调速器自动地加大了导叶的开度，使水轮机引用流量增大，但流量的增加，又激发起调压室水位新的下降，这种互相激发的作用，可能使调压室的波动逐渐增大，而不是逐渐衰减。因此，调压室的波动可能有两种：一种是动力不稳定的，即波动振幅随时间逐渐增大；一种是动力稳定的，即波动的振幅随时间逐渐衰减或最后趋近于一个常数。在设计调压室时，不仅要求波动是稳定的，而且必须是衰减的，以保证电站稳定运行。

一、小波动稳定断面的计算

在调压室运行过程中，水位波动分为两种类型：一种是大波动，即电站发生大幅度的负荷变化，调压室中将发生较大的水位波动；另一种是小波动，即电站微小的负荷变化所造成的水位小幅度波动。

1910 年，托马（Thoma）教授对德国汉堡水电站发生的调压室波动不稳定现象进行了研究，并提出了波动稳定的条件。在研究过程中，假定调压室为简单圆筒式，波动为无限小，调速器严格保证机组的功率为常数，电站单独运行，机组效率保持不变。

据此，托马教授推导出了保证小波动稳定的条件：

(1) 保证波动稳定衰减的一个必要条件是调压室断面面积 A 大于托马临界稳定

断面面积A_{th}，即

$$A > A_{th} = \frac{LA_1}{2\alpha g(H_g - h_{w0} - 3h_{wm0})} \tag{6-18}$$

式中 A_{th}——托马临界稳定断面面积，m^2；

L——压力引水道长度，m；

A_1——压力引水道断面面积，m^2；

H_g——发电最小静水头，m；

h_{w0}——压力引水道水头损失，m；

h_{wm0}——压力管道水头损失，m；

α——自水库至调压室的水头损失，$\alpha = \frac{h_{w0}}{V^2}$（包括局部水头损失与沿程摩擦水头损失），$s^2/m$；

V——压力引水道的流速，m/s。

实际工程应用时，调压室的稳定断面可根据电站在电力系统中的地位及机电设备性能等因素，用托马断面面积A_{th}乘以系数K来确定，通常取$K=1.0\sim1.1$。

(2) 压力引水道和压力管道水头损失之和必须小于水电站静水头的1/3，即

$$h_{w0} + h_{wm0} < \frac{1}{3}H_g \tag{6-19}$$

实际工程中，水头损失占总水头的比重是很小的，这一条件通常均能满足。

差动式调压室是用大井和升管断面之和来保证波动稳定的；双室式调压室是用竖井断面来保证波动稳定的。

二、大波动的稳定条件

当调压室发生大波动时，托马稳定条件不能直接应用。比较实用的方法是先按托马临界断面初步确定调压室尺寸，然后利用逐步积法求解。如应用电算法可求出各种可能工况下的波动过程，并分析水位波动是否稳定。

研究证明，如小波动的稳定性不能保证，则大波动必然不能衰减。为了保证大波动衰减，调压室的断面必须大于托马临界稳定断面，并有一定的安全余量，一般取$(1.0\sim1.1)A_{th}$。

三、影响调压室波动稳定的因素

在推导托马稳定条件时对影响波动稳定的因素进行近似假定，显然没有考虑到的因素对调压室的波动稳定性也是有影响的。因此，设计时应对各种影响因素进行具体分析，以确保调压室运行的安全可靠。

1. 水电站水头的影响

从式（6-18）可知，水电站的水头越高，托马稳定断面越小，即波动稳定条件越容易满足。因此，在选择调压室类型时，对中低水头水电站多采用断面较大的简单圆筒式和阻抗式调压室；对高水头水电站，要求的稳定断面较小，常受波动振幅控

制，多采用双室式调压室。在计算调压室的稳定断面时应采用水电站在正常运行时可能出现的最低水头进行计算。

2. 调压室底部流速水头的影响

研究表明，对于有连接管的调压室，其底部的流速水头对波动稳定是有利的，流速水头的作用与水头损失相似，它相当于加大了摩阻损失，如图 6-7 所示。但对水轮机而言，并不减小水电站的有效水头。因此，托马临界稳定断面公式应修改为

$$A_{th}=\frac{LA_1}{2g\left(\alpha+\frac{1}{2g}\right)\left(H_g-h_{w0}-3h_{wm0}+\frac{V^2}{2g}\right)} \tag{6-20}$$

由上式可以看出，压力引水道的直径越大，长度越短，流速水头的影响越显著。

实际上，调压室底部的水流是极其紊乱的，尤其是连接管直径较大和调压室水位较低时更为显著。因此，考虑全部流速水头可能是不安全的。工程上，对连接管与压力引水道直径相等的情况，考虑连接处实际的流速水头，采用

$$A_{th}=\frac{LA_1}{2g\left(\alpha+\frac{0.7}{2g}\right)(H_g-h_{w0}-3h_{wm0})} \tag{6-21}$$

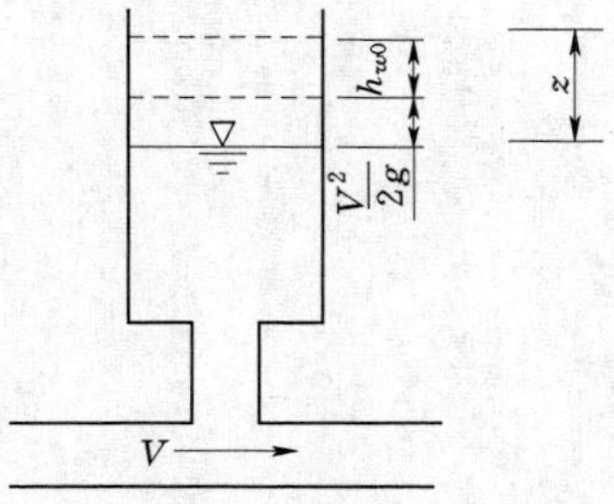

图 6-7　调压室底部流速水头示意图

这是比较符合实际的。

3. 引水系统中糙率的影响

压力引水道的糙率越大，水头损失系数 α 越大，A_{th} 越小（虽然 H_g 随糙率的增大而减小，有使 A_{th} 增大的趋势，但其影响远不如 α 显著），因此压力引水道的糙率对波动衰减是有利的，而压力管道糙率对波动衰减是不利的。为安全计，在计算托马断面时，压力引水道的糙率应采用可能的最小值，压力管道的糙率则采用可能的最大值。

4. 水轮机效率的影响

在推导托马公式时，假定水轮机的效率为常数，实际上水轮机的效率是随着水头和流量的变化而变化的。研究表明，水电站在低水头运行时，水轮机效率的变化对调压室水位波动的衰减是不利的。

5. 调速器性能的影响

托马条件未考虑调速器性能的影响，但实际上调速器性能对电站的稳定运行亦有较大影响。德国汉堡电站调压室发生水位波动的不稳定现象，除调压室断面过小外，当时调速器构造简单、自身稳定性差也是一个因素。我国某电站调压室面积为托马断面的 60%，通过调整调速器参数仍能稳定运行。有的电站在电网中所占比重较大，通过合理选择调速器的参数，未设调压室，电站运行仍是稳定和可靠的。

6. 电力系统的影响

托马条件是按电站单独运行推导的，当调压室水位发生波动时，功率为常数的要求是由该电站的机组单独保证的，因此电站运行的稳定性较差。实际上，水电站一般

都参加电力系统运行，当调压室水位发生波动时，将由电力系统中各电站的机组共同保证系统功率为常数，从而减小了该水电站功率变化的幅度，有助于该电站稳定运行及调压室的水位波动稳定。

加敦（Gandel）在托马条件上考虑了电站在电网中并列运行、调压室底部的流速水头、水轮机特性、压力管道的水头损失等因素的影响，推导出调压室稳定断面的计算公式。当电站容量小于系统容量 1/3 时，所需断面小于 0，亦即小波动稳定性由系统共同保证，与调压室断面大小无关。目前，水电站装机容量大于系统容量 1/3 且单独运行的长引水式水电站很少，大部分容量小于 1/3 系统容量且并网运行。为安全计，可考虑电力系统影响等多种因素的加敦公式计算调压室的稳定断面。加敦公式可参阅《水工设计手册》（水电站建筑物）或有关书籍。

项目七 水电站厂房的布置

水电站厂房是水电站中安装水轮机、水轮发电机和各种辅助设备的建筑物。一般由水电站主厂房和水电站副厂房两部分组成。它是水工建筑物、机械和电气设备的综合体，又是运行人员进行生产活动的场所。

本项目主要介绍水电站厂房的功用及组成，主厂房的布置，主厂房的轮廓尺寸，副厂房的布置，厂房的采光、通风、防潮及交通，厂区布置，厂房结构，厂房整体稳定及地基应力计算等。

任务一　水电站厂房的功用及组成

水电站厂房是水电站中的重要组成部分。水电站厂房的功用是什么？主要有哪些组成部分？

【知识目标】

1. 掌握水电站厂房的功用；

2. 熟悉水电站厂房的组成。

【能力目标】

能够识别水电站厂房的各组成部分，并可以说出其功能。

一、水电站厂房的功用

水电站厂房是将水能转换为机械能进而转换为电能的场所，它通过一系列工程措施，将水流平顺地引入及引出水轮机，将各种必需的机电设备安置在恰当的位置，为这些设备的安装、检修和运行提供方便有效的条件，也为运行人员创造良好的工作环境。

水电站厂房是建筑物及机械、电气设备的综合体，在厂房的设计、施工、安装和运行中需要各专业人员通力协作。水工建筑专业人员主要从事建筑物的设计、施工与运行，因而本教材着重从水工建筑的观点来研究水电站厂房。

二、水电站厂房的组成

（一）厂房的机电设备组成

为了安全可靠地完成变水能为电能并向电网或用户供电的任务，水电站厂房内配置了一系列的机械、电气设备，它们可归纳为以下五大系统。

（1）水力系统。即水轮机及其进出水设备，包括钢管、水轮机前的蝴蝶阀（或球阀）、蜗壳、水轮机、尾水管及尾水闸门等。

（2）电流系统。即所谓电气一次回路系统，包括发电机、发电机引出线、母线、发电机电压配电设备、主变压器、高压开关及配电设备等。

（3）机械控制设备系统。包括水轮机的调速设备如操作柜、油压装置及接力器，蝴蝶阀的操作控制设备，减压阀或其他闸门、拦污栅等的操作控制设备。

（4）电气控制设备系统。包括机旁盘、励磁设备系统、中央控制室、各种控制及操作设备如互感器、表计、继电器、控制电缆、自动及远动装置、通信及调度设备等。

（5）辅助设备系统。即为设备安装、检修、维护、运行所必需的各种电气及机械辅助设备，包括：

1）厂用电系统：厂用变压器、厂用配电装置、直流电系统。

2）起重设备：厂房内外的桥式起重机、门式起重机、闸门启闭机等。

3）油系统：透平油及绝缘油的存放、处理、流通设备。

4）气系统（又称风系统或空压系统）：高低压压气设备、贮气筒、气管等。

5）水系统：技术供水、生活供水、消防供水、渗漏排水、检修排水等。

6）其他：包括各种电气及机械修理室、试验室、工具间、通风采暖设备等。

上述五大系统各有不同的作用和要求，在布置时必须注意它们的相互联系，使其互相协调地发挥作用。如图7-1所示。

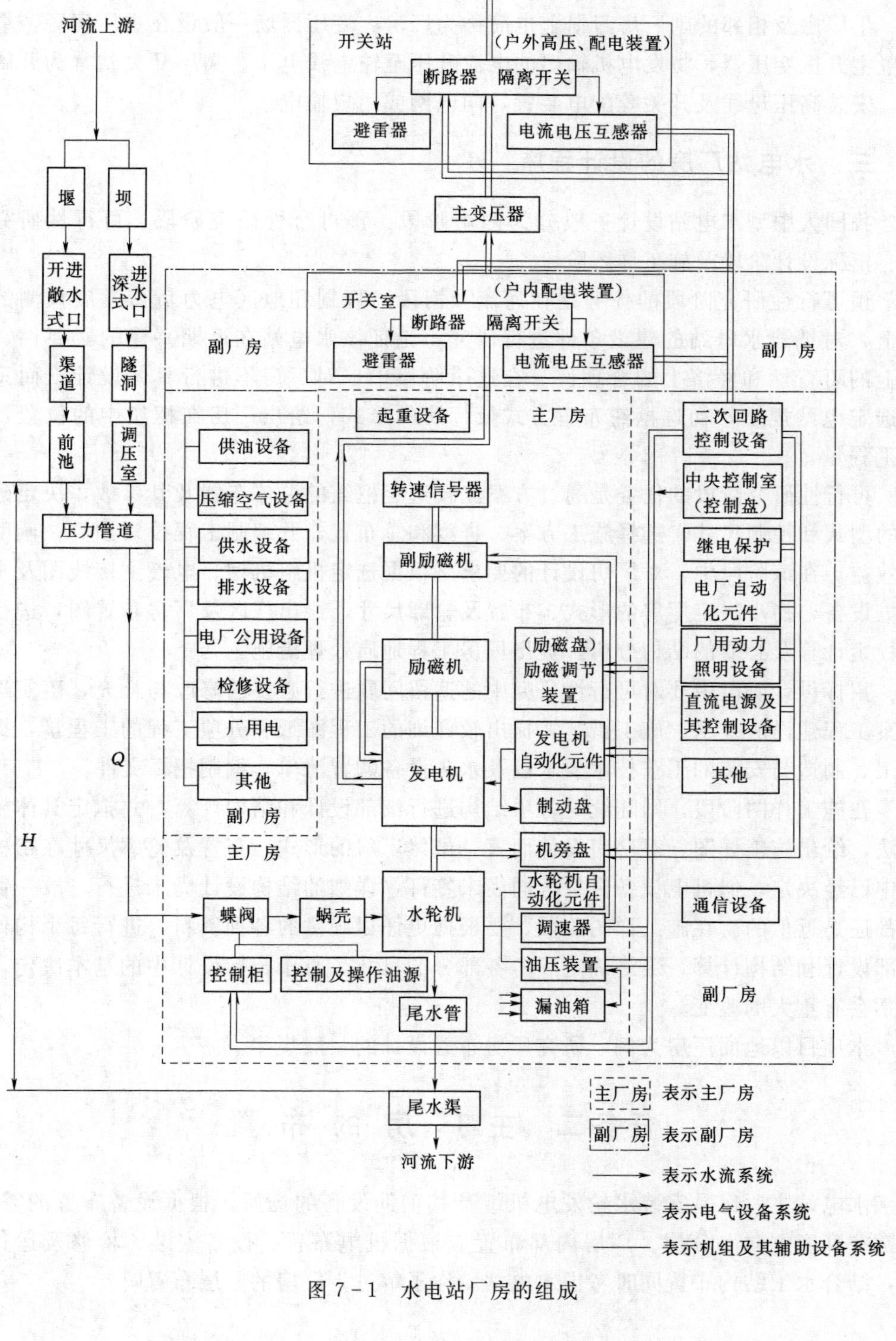

图7-1　水电站厂房的组成

(二) 厂房的建筑物组成

厂房枢纽的建筑物一般可以分为四部分：主厂房、副厂房、变压器场及高压开关站。主厂房（含装配场）是指由主厂房构架及其下的厂房块体结构所形成的建筑物，其内装有水轮发电机组及主要的控制和辅助设备，并提供安装、检修设施和场地。副厂房是指为了布置各种控制或附属设备以及工作生活用房而在主厂房邻近所建的房屋。主厂房及相邻的副厂房习惯上也简称为厂房。变压器场一般设在主厂房旁，场内布置主升压变压器，将发电机输出的电流升压至输电线电压。高压开关站常为开阔场地，安装高压母线及开关等配电装置，向电网或用户输电。

三、水电站厂房的设计程序

我国大中型水电站设计一般分为四个阶段：预可行性研究阶段、可行性研究阶段、招标设计阶段及施工详图阶段。

预可行性研究阶段的任务是在河流（河段）规划和地区电力负荷发展预测的基础上，对拟建水电站的建设条件进行研究，论证该水电站在近期兴建的必要性、技术上的可行性和经济上的合理性。在这个阶段中，对厂房不进行具体设计，而只基本选定电站规模，初选枢纽布置方式及厂房的形式，绘出厂房在枢纽中的位置，估算工程量。

可行性研究阶段的任务是通过方案比较选定枢纽的总体布置及其参数，决定建筑物的型式和控制尺寸，选择施工方案、进度和总布置，并编制工程投资预算，阐明工程效益。在该阶段中，对厂房设计的要求是根据选定机组机型、电气主接线图及主要机电设备，初步决定厂房的形式、布置及轮廓尺寸，绘出厂区及厂房布置图，进行厂房稳定计算及必要的结构分析，提出厂房工程地质处理措施。

招标设计阶段中要对可行性研究中的遗留问题进行必要的修改与补充，落实选定方案工程建设的技术、施工措施，提出较详细的工程图纸和分项工程的工程量，提出施工、制造与安装的工艺技术要求以及永久设备购置清单，编制招标文件。

在施工详图阶段，则陆续对各项结构进行细部设计和结构计算，并拟定具体施工方法，绘出施工详图。对厂房设计而言，虽然厂房的形式、布置及轮廓尺寸在招标设计中已经决定，但机电设备供货合同尚未签订，详细的结构设计尚未进行，故一切决定都还是近似的。在施工详图阶段，要根据更详尽确凿的各种资料，进行每个构件的细部设计和结构计算，最终确定厂房各部分的尺寸。对于招标设计中的基本决定，一般不会有重大的改变。

本项目以地面厂房为例，研究厂房布置设计的一般规律。

任务二 主厂房的布置

水电站主厂房是安装水轮发电机组及其辅助设备的场所，根据设备布置的需要，通常在高度方向上分层。厂房内部布置应根据机电布置、设备安装、检修及运行要求，结合水工结构布置同时考虑水电站。你了解过主厂房的分层布置吗？

【知识目标】

1. 掌握立式机组厂房的分层。
2. 熟悉发电机层设备布置。
3. 熟悉发电机的支承结构。
4. 掌握水轮机层、蜗壳层、尾水管层设备布置。
5. 熟悉安装间布置。

【能力目标】

能够区分水电站厂房的水轮机层、蜗壳层、尾水管层等以及设备的布置。

水电站主厂房是安装水轮发电机组及其辅助设备的场所，根据设备布置的需要通常在高度方向上分为数层，如图 7－2 所示，厂房内部布置应根据机电布置、设备安装、检修及运行要求，结合水工结构布置同时考虑。图 7－2～图 7－6 为某水电站厂房剖面图和平面布置图。

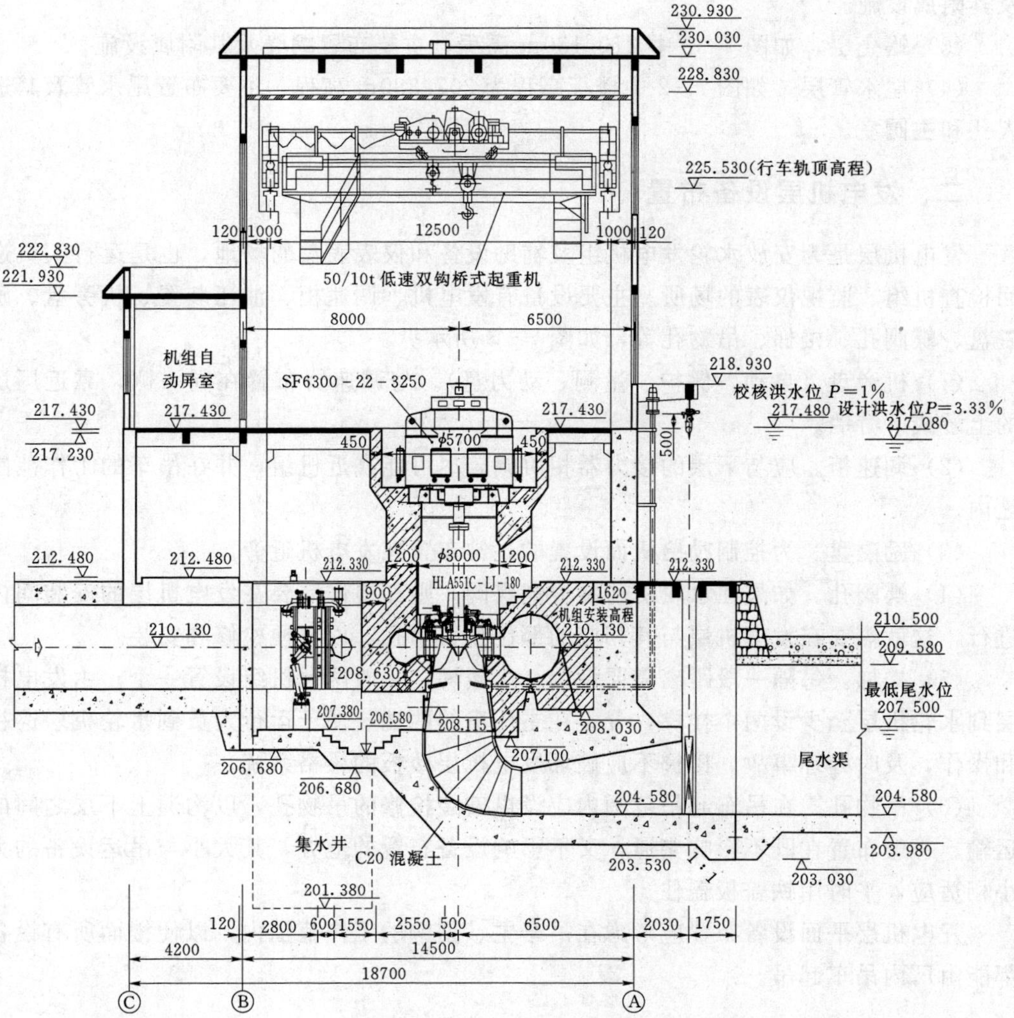

图 7－2 某水电站厂房横剖面图

一、立式机组厂房的分层

立式机组厂房通常以发电机层楼板高层为界（如图 7-2 中 217.430m 高程），将主厂房分为上部结构和下部结构两部分。

（一）主厂房的上部结构

上部结构包括厂房排架柱、牛腿、吊车梁、桁架、楼板、墙体、门窗和屋顶结构等，这些构件多为钢筋混凝土结构。上部结构的设备布置有发电机上机架、调速器、机旁盘、励磁设备、油压装置等，此外，还有走道、楼梯、廊道等内部交通设施及桥式吊车、吊物孔等构筑物及设施。

（二）主厂房的下部结构

（1）发电机层。如图 7-2 中 217.430m 高程，即一般水电站厂房的室内地坪高程。

（2）水轮机层。如图 7-2 中楼板高程为 212.330m，主要布置水轮机的上部结构及其附属设施。

（3）蜗壳层。如图 7-2 中 210.130m 高程，主要布置蜗壳及其附属设施。

（4）尾水管层。如图 7-2 中楼板高程为 207.380m 高程，主要布置尾水管及其进人孔和主阀室。

二、发电机层设备布置

发电机层是为安放水轮发电机组及辅助设备和仪表表盘的场地，也是运行人员巡回检查机组、监视仪表的场所。主要设备有发电机、调速柜、油压装置、机旁盘、励磁盘、蝶阀孔、楼梯、吊物孔等，如图 7-3 所示。

（1）机旁盘（自动、保护、量测、动力盘）。与调速器布置在同一侧，靠近厂房的上游或下游墙。

（2）调速柜。应与下层的接力器相协调，尽可能靠近机组，并在吊车的工作范围之内。

（3）励磁盘。为控制励磁机而设置的，常布置在发电机近旁。

（4）蝶阀孔。如果在水轮机前装置蝴蝶阀，则其检修需要在发电机层的安装间内进行，这就需要在发电机层与其相应的部位预留吊孔，以方便检修和安装。

（5）楼梯。每隔一段距离需要设置一个楼梯，一般两台机组设置一个。由发电机层到水轮机层至少设两个楼梯，分设在主厂房的两端，便于运行人员到水轮机层巡视和操作，及时处理事故。楼梯不应破坏发电机层楼板的梁格系统。

（6）吊物孔。在吊车起吊范围内应设供安装检修的吊物孔，以沟通上下层之间的运输。一般布置在既不影响交通，又不影响设备布置的地方，其大小与吊运设备的大小相适应，平时用铁盖板盖住。

发电机层平面设备布置应考虑在吊车主、副钩的工作范围内，以便楼面所有设备都能由厂内吊车起吊。

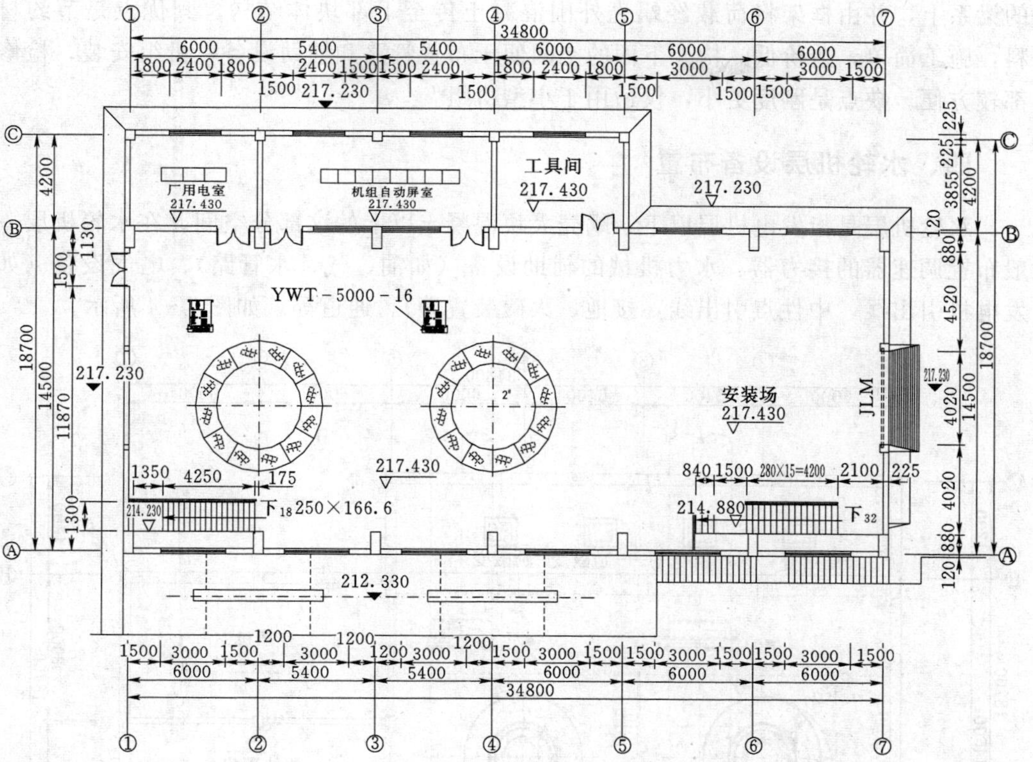

图 7-3 发电机层平面图

三、发电机的支承结构（机座或机墩）

机座是发电机的支承结构，其作用是将发电机支承在预定位置上，并为机组的运行、维护、安装和检修创造条件。立式机组的机座承受水轮发电机组的全部动、静荷载，这些荷载通过机座传到水下混凝土。为保证机组正常运行，要求机座具有足够的强度和刚度，同时具有良好的抗振性能，一般为钢筋混凝土结构。常见的机座形式有：

(1) 圆筒式机座。其结构形式为厚壁钢筋混凝土圆筒，其厚壁在 1m 以上。外部形状可是圆形，也可是八角形。内壁为圆形的水轮机井，其直径一般为 1.3～1.4 倍的转轮直径。圆筒式机座的优点是刚度较大，抗压、抗振、抗扭性能较好，结构简单，施工方便。我国大中型电站采用较多。其缺点是水轮机井空间狭小，水轮机的安装、维修、维护不方便。

(2) 环形梁立柱式机座。其结构由环形梁和立柱组成，发电机坐落在环形梁上，立柱底部固结在蜗壳在上部混凝土上，并将荷载传到下部块体结构。此种机座的优点是混凝土用量省，水轮机顶盖处宽敞，立柱间净空对设备的布置、机组的出线以及安装、维修均比较方便。缺点是机座刚度小，抗振、抗扭性能差，一般用于中小型机组。

(3) 构架式机座。机座由两个纵向钢架和两根横梁组成。发电机支承在框架上部的梁系上，并由框架将荷载经蜗壳外围混凝土传至下部块体结构。其优点是节约材料，施工简单，造价低。构架下面的空间便于布置管路和辅助设备，机组安装、检修都较方便。缺点是刚度更小，仅适用于小型机组。

四、水轮机层设备布置

水轮机层是指发电机层以下，蜗壳大块混凝土以上的这部分空间。在水轮机层一般布置调速器的接力器、水力机械的辅助设备（如油、气、水管路）、电气设备（如发电机引出线，中性点引出线，接地、灭磁装置等）、通道等。如图 7-4 所示。

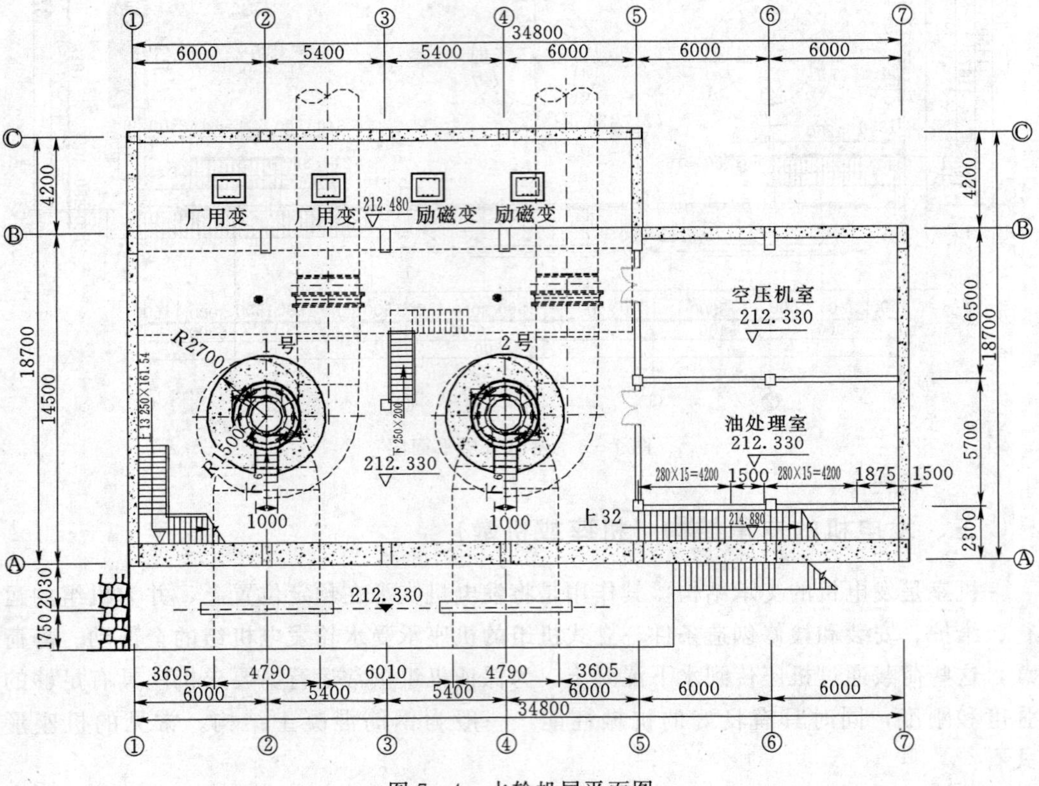

图 7-4 水轮机层平面图

（1）调速器的接力器。位于调速器柜的下方，与水轮机顶盖连在一起，并布置在蜗壳最小断面处，因为该处的混凝土厚度最大。

（2）电气设备。发电机引出线和中性点侧都装有电流互感器，一般安装在风罩外壁或机座外壁上。小型水电站一般不设专门的出线层，引出母线敷设在水轮机层上方，而各种电缆架设在其下方。水轮机层比较潮湿，对电缆不利。对发电机引出母线要加装保护网。

（3）油、气、水管道。一般沿墙敷设或布置在沟内。管道的布置应与使用和供应地点相协调，同时避免与其他设备相互干扰，且与电缆分别布置在上、下游侧，防止油、气、水渗漏对电缆造成影响。

（4）通道。水轮机层上、下游侧应设必要的过道，主要过道宽度不宜小于 1.2m。

水轮机机座壁上要设进人孔，进人孔宽度一般为 1.2～1.8m，高度不小于 1.8m，且坡度不能太陡。

五、蜗壳层的布置

图 7－5 为某水电站厂房蜗壳层平面布置，蜗壳层除过水部分外，均为大体积混凝土，布置较为简单。

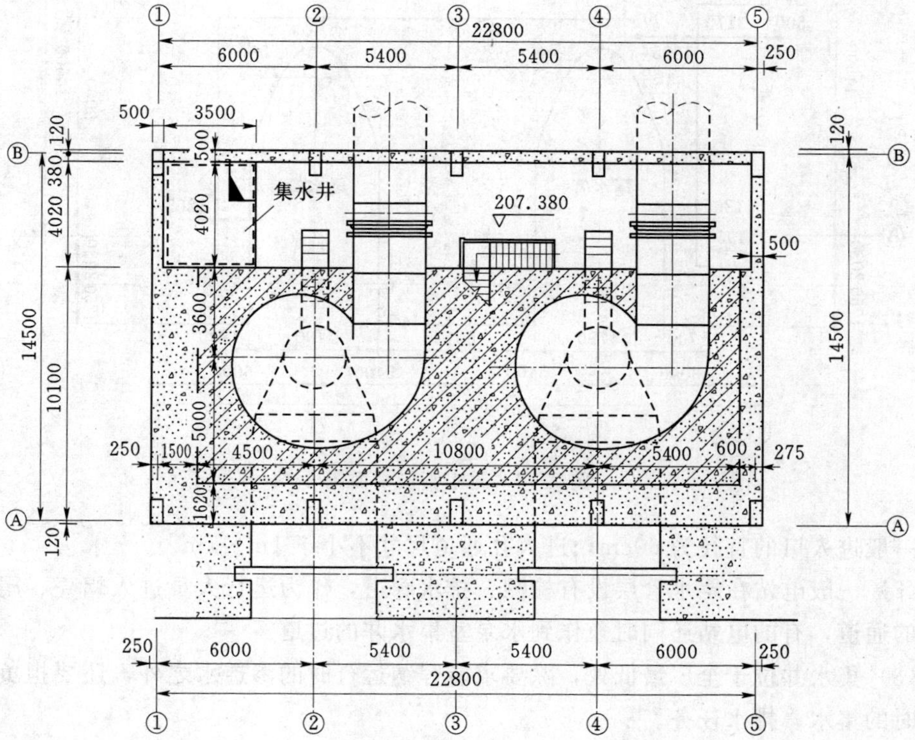

图 7－5　蜗壳层平面图

（1）当引水式电站采用联合供水或分组供水时，在蜗壳进口前设置一快速阀门，一般称为主阀。主阀依实际情况有闸阀、蝴蝶阀、球阀等类型。主阀可以装设在厂内，也可以装设在厂外，设在厂内时运行管理安装等都比较方便，但增加了厂房宽度。主阀的上游侧要安装伸缩节，以方便其拆装。主阀布置在主阀室内，其控制设备就近布置。

（2）排水泵室一般布置在集水井的上层，有楼梯、吊物孔与水轮机层连接。电站排水都通向下游尾水渠。

7.2－1

六、尾水管层的布置

图 7－6 为某水电站厂房尾水管层平面布置，该层主要为包围尾水管的大体积混凝土结构，布置较为简单。

（1）进人口。在下部块体结构中要设有通向蜗壳和尾水管的进人口，并设置通

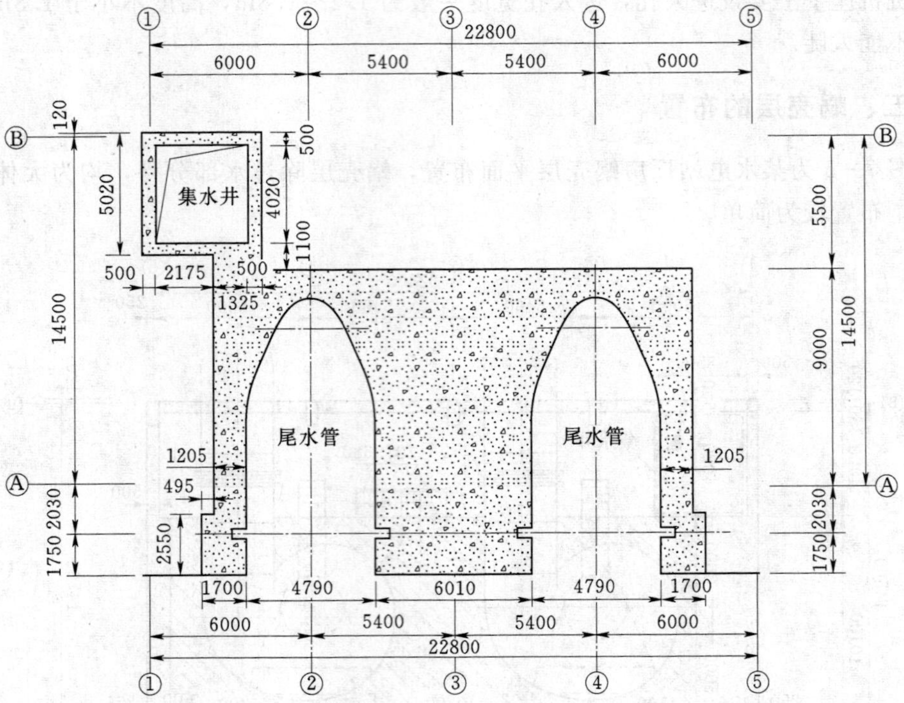

图 7-6　尾水管层平面图

道。一般进人口的直径为 60cm，进人孔通道尺寸不小于 1m×1m。

(2) 一般电站在尾水管层设有检测、排水廊道，作为运行人员进入蜗壳、尾水管检查的通道，有的电站还同时兼作到水泵室集水井的过道。

(3) 集水井位于全厂最低处，除要求能容纳运行时的渗透水之外，还要担负机组检修时的集水、排水任务。

七、安装间的位置、面积及布置

(一) 安装间的位置

水电站对外交通运输道路可以是铁路、公路或水路。对于大中型水电站，由于部件大而重，运输量又大，所以常修建专用的铁路线。中小型水电站多采用公路运输。对外交通通道应尽量直达安装间，以便利用主厂房内起吊设备吊卸货，因而安装间一般均布置在主厂房有对外道路的一端。如图 7-3 左侧进口。

(二) 安装间的面积

安装间与主厂房同宽以便桥吊通行，所以安装间的面积就主要取决于它的长度。安装间的面积可按一台机组扩大性检修的需要确定，一般考虑放置四大部件（即发电机转子、发电机上机架、水轮机转轮、水轮机顶盖）。四大部件要求布置在主钩的工作范围内，其中发电机转子应全部置于主钩起吊范围内。发电机转子和水轮机转轮周围要留有 1～2m 的工作场地。在缺乏资料时，安装间的长度可取 1.25～1.5 倍机组段长。多机组电站，安装间面积可根据需要增大或加设副安装间。

(三) 安装间的布置

安装间平面布置见图7-3。安装间的大门尺寸要满足运输车辆进厂要求，如通行标准轨距的火车，其宽度不小于4.2m，高度不小于5.4m。通行载重汽车的大门宽度不小于3.3m，高度不小于4.5m。

发电机转子放在安装间上检修时轴要穿过地板，因而须在地板上相应位置设大轴孔，面积要大于大轴盘法兰盘。为了组装转子时使轴直立，在轴下要设大轴承台，并预埋地脚螺栓。

主变压器若是要推入安装间进行大修，这是要考虑主变压器运入的方式及停放地点。因为主变压器的重量很大，尺寸也很大，故常常须对安装间的楼板进行专门加固，地板应设专门轨道，大门也可能要放大。

主变压器大修时常须吊芯修理，所以要在安装间设尺寸相当的变压器坑，将整个变压器吊入坑内，再吊铁芯，以免增加厂房高度。目前大型变压器常做成钟罩式，检修时吊芯改为吊罩，起重量和起吊高度大为减小，安装间不再设变压器坑。

八、起重设备布置

为了安装和检修机组及其辅助设备，厂房内要装设专门的起重设备。最常见的起重设备是桥式起重机（桥吊）。桥吊由横跨厂房的吊桥大梁及其上部的小车组成。桥吊大梁可在吊车梁顶上沿主厂房纵向行驶，其上的小车可沿吊桥大梁移动，如图7-7所示。

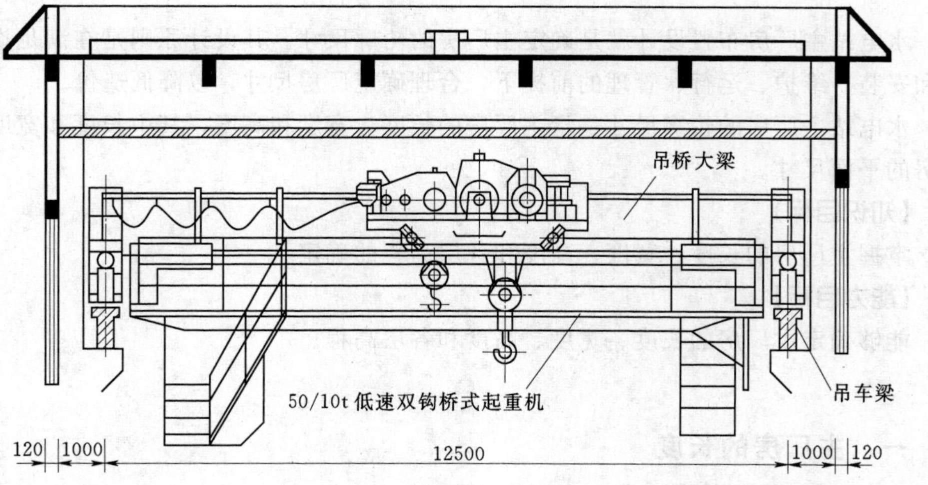

图7-7 吊桥大梁构造图

起重设备的类型和吊运方式对厂房上部结构和尺寸影响较大，正确选择起重设备和吊运方式，可减小厂房的宽度或高度。

(一) 桥吊的起重量和台数

桥吊的最大起重量取决于所吊运的最重部件，一般为发电机转子。悬式发电机的转子需带轴吊运，伞式发电机的转子可带轴吊运，也可不带轴吊运。对于低水头电站，最重部件也可能是带轴或不带轴的水轮机转轮。少数情况下，桥吊的起重量决定于主变压器（主变压器需要在厂内检修时）。

桥式起重机有单小车和双小车两种。单小车设有主钩和副钩，当起重量不大时一般采用一台双钩桥吊；双小车是在桥吊大梁上设有两台可以单独或联合运行的小车，每台小车只有一个起重吊钩，起重量大于75t时，可采用双小车吊。与单小车相比，双小车桥吊不仅重量轻，外形尺寸小，而且用平衡梁吊运带轴转子时，大轴可以超出主钩极限位置以上，从而可降低主厂房的高度。当机组较大而且台数多于6台时，也可采用两台吊车。两台桥吊可降低厂房高度，运用较灵活。

（二）桥吊跨度与工作范围

桥式起重机的工作范围是指主钩和副钩所能达到的范围，起重机产品目录上给出的吊钩方向的极限位置构成吊车的工作范围。桥吊跨度是指桥吊大梁两端轮子的中心距。选择桥吊跨度时应综合考虑下列因素：

(1) 桥吊跨度要与主厂房下部块体结构的尺寸相适应，使主厂房构架直接坐落在下部块体结构的一期混凝土上。

(2) 满足发电机层及安装间布置要求，使主厂房内主要机电设备均在主副钩工作范围之内，以便安装和检修。

(3) 尽量采用起重机制造厂家所规定的标准跨度。

任务三　主厂房的轮廓尺寸

水电站主厂房布置设计就是确定主厂房的轮廓尺寸。其设计原则是在满足设备布置和安装、维护、运行、管理的前提下，合理确定厂房尺寸，以降低造价。

水电站主厂房的轮廓尺寸是指主厂房的长度、宽度和高度，其中长度和宽度称为厂房的平面尺寸。

【知识目标】

掌握主厂房的长度、宽度、高度和各层高程的确定。

【能力目标】

能够确定主厂房的长度、宽度、高度和各层高程。

一、主厂房的长度

主厂房的长度包括机组段长度、安装间长度以及边机组段长。即

$$L = nL_0 + L_{安} + \Delta L \tag{7-1}$$

式中　L——主厂房的总长度；

n——机组台数；

L_0——机组段长度；

$L_{安}$——安装间长度；

ΔL——边机组段加长。

(一) 机组段长度 L_0

机组段长度是指相邻两台机组中心线之间的距离，也称机组间距，如图 7-8 所示。机组段间距一般由下部块体结构中水轮机蜗壳的尺寸控制，在高水头水电站情况下也可能由发电机定子外径控制。

当机组段间距由水轮机蜗壳尺寸控制时，蜗壳平面尺寸确定后，机组段长度 L_0＝蜗壳平面尺寸＋d。d 为蜗壳外的混凝土结构厚度，混凝土蜗壳一般取 0.8～1.0m，金属蜗壳一般取 1～2m，边机组段一般取 1～3m。某些情况下（尤其是低水头电站），下部块体结构的尺寸可能取决于尾水管的平面尺寸。

当机组段间距由发电机定子外径控制时，机组段长度 $L_0=D_{风}+B$。式中 $D_{风}$ 为发电机风罩外缘直径，B 为相邻两风罩外缘之间通道的宽度，一般取 1.4～2.0m。为了减小机组间距，最好不要将调速器、油压装置和楼梯等布置在两台机组中间。

确定机组段长度时应综合考虑厂房缝隙、蜗壳和尾水管厚度的影响，以及水轮机层和发电机层的布置要求，包块排架柱的布置要求，调速器接力器坑的布置要求，楼梯、楼板孔洞和梁格系统的布置要求。

(二) 边机组段加长

由于远离安装间一端的机组段外侧有主厂房的端墙，为了使机组设备和辅助设备处于桥吊工作范围内，边机组段需要加长 ΔL，一般取 $\Delta L=(0.1\sim1.0)D_1$。

(三) 安装间宽度

安装间的宽度一般与主厂房宽度相同，其面积要求在上节安装间的布置中已讲述，这里不再重复。一般取 $L_{安}=(1.0\sim1.5)L_0$。

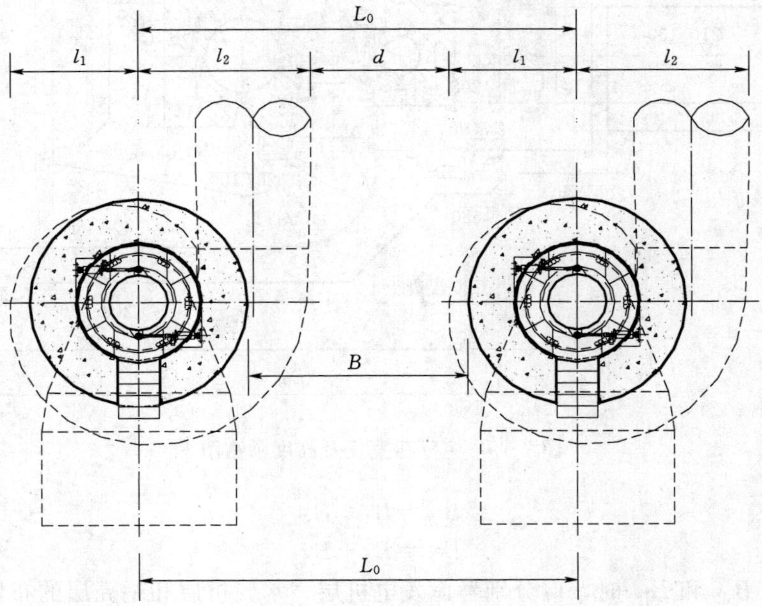

图 7-8　机组段长度示意图

二、主厂房的宽度

如图 7-9 所示，以机组中心线为界，将厂房的上、下部宽度分为上部上游侧宽度 B_1、上部下游侧宽度 B_2、下部上游侧宽度 B_3、下部下游侧宽度 B_4。则厂房上、下部宽度为

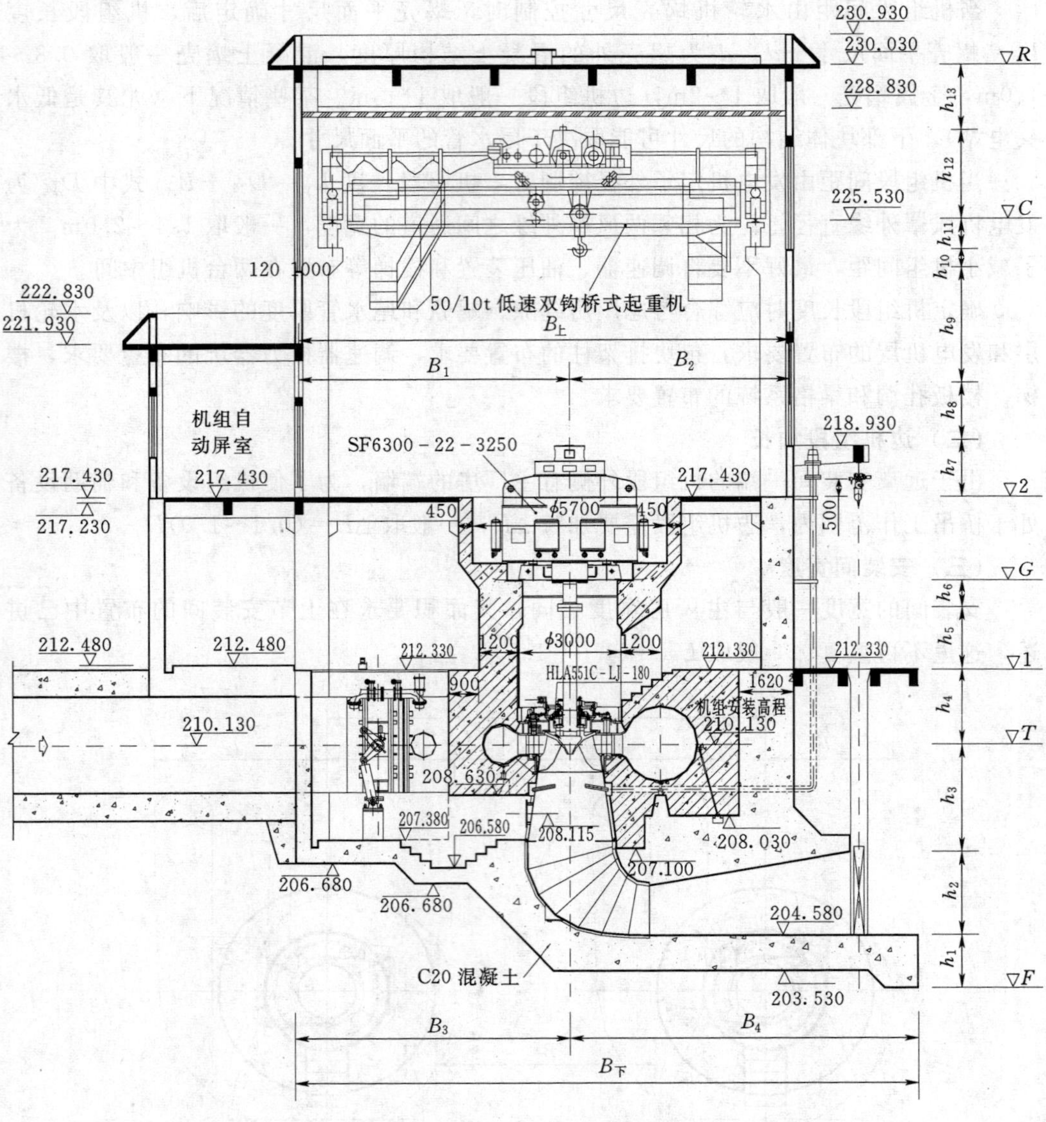

图 7-9　主厂房宽度及高度示意图

$$B_{上}=B_1+B_2 \tag{7-2}$$

$$B_{下}=B_3+B_4 \tag{7-3}$$

在确定 $B_{上}$ 和 $B_{下}$ 时，应分别考虑发电机层、水轮机层和蜗壳层的布置要求。

发电机层中，首先决定吊运转子（带轴）的方式，即是由上游侧吊运还是由下游侧吊运。若由下游侧吊运，则厂房下游侧宽度主要由吊运转子宽度决定。若从上游侧

吊运，则上游侧较宽。此外，发电机层交通应畅通无阻。一般主要通道宽度为2～3m，次要通道宽度为1～2m。在机旁盘前还应留有1m宽的工作场地，盘后应有0.8～1m宽的检修场地，以便于运行人员操作。

水轮机层中，一般在上、下游侧分别布置水轮机辅助设备（即油、水、气管路等）和发电机辅助设备（电流电压互感器、电缆等）。以这些设备布置后不影响水轮机层交通来确定水轮机层的宽度。

蜗壳层宽度一般由设置的检查廊道、进人孔等确定。要保证蜗壳的尾水管进人孔交通通畅，集水井水泵房设置应有足够的位置，以此确定蜗壳层平面宽度。

当宽度基本确定后，要用尺寸相近的吊车标准宽度 L_K 验证，厂房宽度必须满足吊车安装的要求。

一般在高水头电站中，常由发电机层布置要求确定厂房宽度，而在低水头电站中常由下部块体结构确定厂房宽度。

三、主厂房的高度及各层高程的确定

水电站的厂房的各层高程中，起基准作用的高程是水轮机的安装高程。水轮机的安装高程确定以后，其他高程就可以逐个确定下来。

（一）水轮机的安装高程

水轮机的安装高程是一个基准高程（控制性高程），与水轮机的型式、允许吸出高度和电站下游尾水位等有关。其计算公式为

$$\nabla_T = \nabla_W + H_S + X \tag{7-4}$$

$$H_S = 10 - (\sigma + \Delta\sigma)H - \frac{\nabla}{900} \tag{7-5}$$

式中　∇_T——水轮机安装高程，m；

∇_W——水电站正常运行时可能出现的最低下游水位，一般可取一台机组的过流量相应的尾水位，m；

H_S——水轮机允许吸出高度，m；

σ——气蚀系数，根据水轮机特性曲线确定；

$\Delta\sigma$——气蚀系数的修正值，可由水轮机厂家提供；

H——计算水头，m；

∇——水电站厂房所在地点的海拔高程，m；

X——水轮机压力最低点与安装高程之间的高差，与水轮机的型式有关，对混流式轮机 $X=b_0/2$，对轴流式水轮机 $X=(0.36\sim0.41)D_1$。

水轮机的安装高程确定以后，就可以依据结构和设备的布置要求确定各层高程了。

（二）主厂房基础开挖高程∇_F

从水轮机安装高程∇_F 向下减去尾水管的尺寸（h_2+h_3），再减去尾水管地板混凝土厚度 h_1（根据地基性质和尾水管结构形式而定），就得到厂房基础开挖高程∇_F。可用下式表示：

$$\nabla_F = \nabla_T - (h_3 + h_2 + h_1) \tag{7-6}$$

（三）水轮机层地面高程∇_T

水轮机层设计的原则是要确保蜗壳顶部混凝土的强度，因此要求蜗壳顶部混凝土要有足够的厚度，一般不低于1.0m，从水轮机安装高程∇_T向上加上蜗壳进口半径和蜗壳顶部混凝土层厚度h_4，可得水轮机层地面高程。金属蜗壳的保护层一般不少于1.0m。混凝土蜗壳顶板厚根据结构计算决定，或根据国内外已建电站的经验采用，然后在结构设计时进行复核。

水轮机层地面高程一般取100mm的整倍数。可用下式表示：

$$\nabla_1 = \nabla_T + h_4 \tag{7-7}$$

（四）发电机装置高程∇_G

水轮机层地面高程加上发电机机墩进人孔高度h_5（一般取1.8～2.0m）和进人孔顶部厚度h_6（由混凝土强度要求决定，一般为1.0m左右），就可得发电机定子装置高程。可用下式表示：

$$\nabla_G = \nabla_1 + h_5 + h_6 \tag{7-8}$$

式中 h_5还须满足水轮机层附属设备油、气、水管道和发电机出线布置要求。

（五）发电机层楼板高程∇_2

发电机层地面高程除应满足发电机层布置要求外，还应考虑水轮机层设备布置及母线电缆的敷设和下游尾水位的影响。一般情况下，发电机层楼板高度∇_2应满足下列条件：

（1）保证水轮机层的净高不少于3.5～4.0m，否则发电机出线和油、气、水管道布置困难。如果发电机层楼板与水轮机层地面之间加设出线层，则出线层底面到水轮机层地面净高也不宜少于3.5m。

（2）保证下游设计洪水不淹厂房。一般情况下，发电机层楼板和装配场楼板高程齐平。大中型水电站厂房总是希望将发电机层楼板设在下游设计洪水位以上0.5～1.0m（由厂房等级而定）。

上述条件并不是在任何情况下均必须满足的。有时河流洪水期与枯水期水位相差悬殊，山区河流尤其是如此，因而在这种情况下将发电机层楼板设在下游设计洪水为以上是不经济的。这样不仅会增加厂房下部结构部分的混凝土工程量，而且机组主轴增长，既增加金属的消耗，又对机组运行稳定性带来不利。这时，可将发电机层楼板高程布置在下游设计洪水位以下，但必须采取相应的措施：①在厂房大门和对外的交通口上，设置临时性插板以挡洪水；②窗台下的墙体采用混凝土防渗，沿进厂的交通道路设防水墙；③将装配场楼板高出发电机层楼板并高于洪水位。

（六）起重机（吊车）的安装高程∇_C

起重机的安装高程是指吊车轨顶高程，它是确定主厂房上部结构高度的重要因素。它取决于下列要求：机组拆卸检修起吊最大和最长部件（往往是发电机转子带轮或水轮机转轮带轴）时与固定的机组、设备、墙柱、地面之间保持水平净距0.3m，垂直净距0.6～1.0m（如采用刚性夹具，垂直净距可减小为0.25～0.5m），以免由于挂索松弛或吊件摆动而碰坏设备或墙柱；另外在装配场检修变压器时，还须满足吊起变压器铁芯所需要的高度。可用下式表示：

$$\nabla_G=\nabla_2+h_7+h_8+h_9+h_{10}+h_{11} \tag{7-9}$$

式中　h_7——发电机定子高度和上机架高度之和（如果发电机定子为埋入式布置，h_7 就仅为上机架高度）；

h_8——吊运部件与固定的机组或设备间的垂直净距；

h_9——最大吊运部件的高度；

h_{10}——吊运部件与吊钩间的距离（一般为 1.0～1.5m 左右），取决于发电机的起吊方式和挂索、卡具的类型，如图 7－10 所示；

h_{11}——主钩最高位置（上极限位置）至轨顶面距离，可从起重机主要参数表查取。

图 7－9 中 h_{12} 为起重机轨顶至小车顶面的净空尺寸，可以从起重机主要参数表查出；而 h_{13} 为小车顶与屋面大梁或屋架弦底面的净距。当采用肋形结构或屋架时 $h_{13}=0.2$～0.3m，小车可在两根屋架间或两根大梁间进行检修；当采用整片屋面厚板时，可在装配场上方留出小车检修用的空间或在厂顶预留吊孔，而不必过多地抬高厂房的高度。

大型水电站机组台数较多，为了降低主厂房的高度，同时为避免只设置一台吊车而使起重量太大，常设两台吊车来吊装发电机和水轮机。这时，用平衡梁做连接构件，如图 7－11 所示。

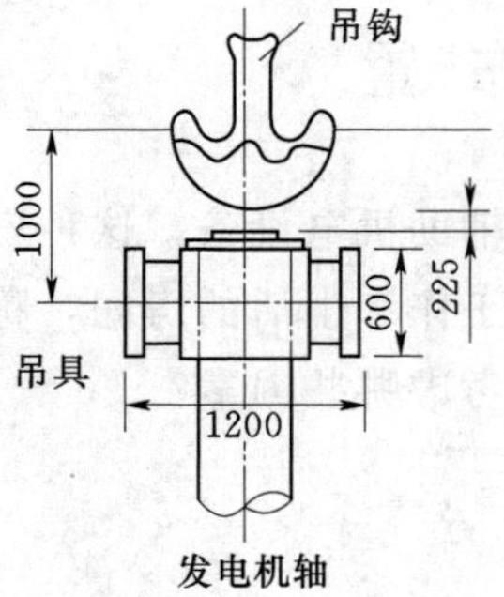

图 7－10　吊运部件与吊钩间的距离示意图

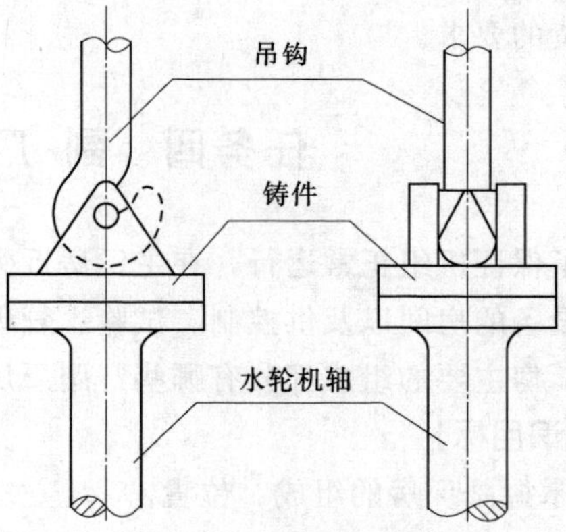

图 7－11　平衡梁连接构件

因此除了吊装部件外，还须考虑平衡梁的重量，通常约增加重量的 10%。当两台吊车联合运行时，水轮机轴用法兰连接于平衡梁上，而发电机转子轴可穿过平衡梁孔，用固定装置连接在平衡梁上。因此装有两台吊车的水电站厂房可以降低轨顶高程，但在厂房纵轴方向须要加长几米。

（七）屋顶高程 ∇_R

屋顶高程根据屋顶结构尺寸和形式确定，并应满足起重机部件安装和检修、厂房吊顶和照明设施布置等方面的要求。

吊车轨顶高程确定以后，就可由已知轨顶至吊车上小车顶面的净距 h_{12}，检修吊车需要在小车上方留有的净距 h_{13}（一般取 0.5m），以及屋面大梁的高度、屋面板厚度、屋面保温防水层的厚度等确定屋顶高程 ∇_R。

（八）安装间的楼板高程

安装间的高程主要取决于外道路的高程及发电机层楼板的高程。安装间最好与对外道路同高，均高于下游最高水位，以保持洪水期间对外交通畅通无阻。安装间最好也与发电机层同高，以充分利用场地，方便安装检修。

当水电站下游尾水过高时，发电机层楼板常低于下游最高尾水位，从而也低于对外道路，这时可以有以下几种方案：

(1) 安装间与对外道路同高，均高于发电机层，洪水期对外交通可保持通畅，但安装间与发电机层相邻部分的场地不能加以充分利用，安装间可能因之要稍加长些，同时桥吊的安装高程将取决于在安装间处吊运最大部件的要求，整个主厂房将加高。

(2) 安装间与发电机层同高，均低于下游最高水位。这时又有两种处理方式，一种是对外道路在靠近厂房处下坡，由低于下游最高水位处起在路边筑挡水墙，挡水墙一直接主厂房。这种方式的好处是可保持对外交通舒畅，但下游水位很高时挡水墙的工程量将太大。另一种是将主厂房大门做成挡水闸门，洪水时将大门关闭，断绝对外运输，工作人员可以由高处的通道进入厂房。

(3) 安装间与发电机层同高，且在安装间上专门划出一块停车卸货处，此停车处高于安装间而与对外道路同高。这是安装间场地不能充分利用，而厂房的高度可能取决于卸货的要求。

任务四　副厂房的布置

为了保证机组正常运行，在主厂房近旁布置着各种辅助机电设备，这种安装了辅助机电设备的房间以及供控制、试验、管理和运行人员工作和生活的房间，称为副厂房。副厂房主要的组成部分有哪些？副厂房的布置须要考虑哪些因素？

【知识目标】

1. 掌握副厂房的组成、位置。

2. 熟悉副厂房平面布置设计的原则和要求。

【能力目标】

能够确定副厂房的组成、位置。

一、副厂房的组成

副厂房的组成、面积和内部布置取决于电站装机容量、机组台数、电站在电力系统中的作用等因素。中型水电站的副厂房，按性质可分为三类，即直接生产用房、检修试验用房和辅助用房，其参考面积见表 7－1。

表 7-1　　中型水电站副厂房所需面积

副厂房名称	面积/m^2	副厂房名称	面积/m^2
一、直接生产用房		电工修理间	20～40
中央控制室，电缆室	按需要确定	机械修理间	40～60
继电保护盘室	按需要确定	工具间	15
厂用动力盘室	按需要确定	仓库	10～25
蓄电池室	40～50	油处理室	按需要确定
存酸室和套间	10～15	油化验室	10～20
充电机室	15～20	三、辅助用房	
蓄电池室的通风机室	15～20	交接班室	20～25
直流盘室	15～20	保安工具室	5～10
载波电话室	20～50	办公室	每间 15～20
油、水、气系统	按需要确定	会议室	15～20
厂用变压器室	按需要确定	浴室	按需要确定
二、检修试验用房		夜班休息室	按需要确定
测量表计试验室	30～50	仓库	15
精密仪表修理室	15～25	警卫室	10
仪表室	10～15	厕所	按标准确定
高压试验室	20～40		

二、副厂房的位置

副厂房的位置应紧靠主厂房，基本上布置在主厂房的上游侧、下游侧和端部，可集中在一处，也可分两处布置。

（一）副厂房设在主厂房的上游侧

这种布置方式的优点是布置紧凑，电缆短，监视机组方便，主厂房下游侧采光通风条件良好。缺点是电气设备线路与进水系统设备互相交叉干扰，引水道可能要增长。适用于引水式、坝后式水电站，坝后式厂房主要是利用厂坝之间的空间。

（二）副厂房设在主厂房的下游侧

其优点是电气设备的线路集中在下游侧，与水轮机进水设备互不交叉干扰，监视机组方便。缺点是主厂房的通风和采光受到影响，且由于发电机引出母线和变压器布置在主厂房的下游侧，引水管的振动影响较严重，容易引起电气设备的误操作。另外，副厂房布置在下游侧须延长泄水管的长度，相应增加厂房下部结构尺寸和工程量，电器出线较复杂。这种布置方式适用于河床式水电站，如葛洲坝、富春江水电站。

（三）副厂房设在主厂房靠对外交通的一端

其优点是主、副厂房的总宽度较小，采光通风良好，给运行人员创造了良好的工作条件，能适应电站分期建设、分期发电的要求，运行与机电设备安装干扰小，可减轻机组噪声对中央控制室的影响。缺点是母线与电缆线路较长，投资加大，当机组台数较多时，监视、维护距离较长。这种布置方式适用于引水式电站。

三、副厂房平面布置设计的原则和要求

（一）中央控制室（简称中控室）

中控室是整个水电站发电、配电、变电等设备以及水位和流量等集中控制和集中监视的地方，是电站的神经中枢。中控室一般布置控制盘、直流盘、继电保护盘和信号盘、厂用盘、自动调频盘等。中控盘的位置要便于电站的控制、监视并迅速消除故障，电缆长度尽量短，一般布置在发电机层的中部。中控室不宜布置在主变压器场的下层或尾水平台上，因为出现的噪音和振动将会影响继电保护设备的整定值，并使值班人员过度疲劳和注意力分散。

中控室要求宽敞明亮、干燥舒适、安静，具有良好的工作环境。最好采用玻璃隔音墙与外界隔开，这样既便于观察，又可收到隔音效果。此外，还要求室内通风良好，光线均匀柔和，无噪音干扰，室内温度、湿度适当，避免阳光直射仪表盘面并设有防西晒的隔音遮阳措施，以保证仪表的灵敏度和准确性。

中控室面积根据电站规模、性质和对电站的要求而定，一般为 60～100m^2。室内净高一般为 4～5m。

（二）集缆室

又称电缆夹层，布置在中控室和继电保护盘的下层，面积等于或稍大于中央控制室。室内只有电缆和电缆吊架，布置简单，室内净高一般为 2～3m，以工作人员能站立工作为宜。该层汇集来自主厂房和变电站的各种操作电缆，然后通往中控室的控制盘、操作盘。集缆室安全出口不少于两个，并应做好防潮设计。

（三）继电保护盘室

布置在中控室附近，当开关站距主厂房距离较远，尤其是在高程相差很大情况下，可将输电线路保护盘室布置在开关站。

（四）发电机电压配电装置室（低压开关室）

主要布置在发电机电压母线和发电机电压断路器等设备，通常这些设备成套地集成于一个金属柜中，称为开关柜。这些开关柜布置在一个高度为 4～5m、宽度为 6～8m 的房间中。低压开关室布置在主变压器与发电机之间，与发电机层同高程的副厂房内。

开关室一般不设窗户，要满足通风、防潮、防火、防爆的要求。开关室长度超过 7m 时，必须两端设出口；出口门朝外开，两个出口距离不宜超过 30m。开关室不宜布置在浴室或者厕所下面。耐火等级不宜低于 2 级。采用自然通风，当不能满足温度要求或发生事故排烟困难时，可考虑增设机械通风装置。

（五）通讯室及远动装置室

当输电电压在 110kV 以上时，为了便于电站与系统调度中心联系，由系统调度中心指挥电站运行，专设载波电话通信室、自动电话交换室、微波或其他无线电通信室和远动装置室等。这些房间要与中控室毗邻且处于同一高程，室内最小高度为 3.2～

3.5m。要求防尘防震，避免过大的噪声，不应与蓄电池室或强电设备邻近。微波或其他无线通信室，应在其屋顶或附近设无线或微波发射塔。

（六）直流设备室

包括蓄电池室、储酸室、充电机室、通风机室及套间等。这些房间作为整套布置在一起，一般布置在副厂房的一端，并靠近用电设备，以缩短直流配电盘的电缆长度。不允许布置在中控室、配电装置室（开关室）和通信室的上方，以免酸性残液渗到下面房间。

蓄电池室向厂房内电气设备提供直流电源，并作为备用电源。室内采用人工照明，不设窗户，避免硫酸气产生的氢气在阳光直晒下引起爆炸。门窗、墙壁、顶棚、蓄电池台架和调配池均应用耐酸材料铺设，地面和墙裙用白色瓷砖铺设（缝中填耐酸砂浆）或采用耐酸性沥青地面，并有适当的排水坡度。

储酸室储存电池所用的酸类，应尽量靠近蓄电池室。为了防止酸气外溢，室内一般用套间与其他房间分开，墙壁要较厚，地板、墙壁、顶棚要考虑耐酸问题。

通风室和套间的作用是排除有害气体，防止有害气体扩散，应采用单独的通风系统。

充电机室是向蓄电池充电的，最好是布置在与蓄电池毗邻的房间内。

（七）厂用电设备

厂用变压器可布置在厂外主变压器旁。如厂内有空间，也可布置在厂内，尽可能靠近开关室，以缩短连接母线的长度。每台厂用变压器应布置在防火、防爆的单独小间，并与水轮机层同高，且设专门走廊。厂用变压器一般就地检修，门朝外开，地面有2%坡度倾向集油槽（干式变压器可不设坡）。

厂用高压成套开关柜通常布置在水轮机层母线室附近，不宜布置在发电机层或距中控室太近。厂房低压配电装置，又称动力盘，一般应集中布置在单独房间。

（八）母线廊道、母线室或母线竖井

发电机与主变压器之间的母线，一般要经过母线廊道、母线室或母线竖井引到主变压器。布置要满足安装、维修的要求。发电机母线廊道宜布置在发电机出线方向的一侧，并靠近主变压器和厂用变压器，其面积和层高取决于母线的数量和带电安全距离的要求。母线竖井应设有巡视、检修用的电梯和楼梯，每隔4～5m设维修平台，平台和楼梯宽度均不宜小于0.8m。

（九）各种实验室和车间

电气试验室的实验对象是二次回路的设备和500V以下的电气设备，最好布置在中控室附近。电气试验室要求采取通风、防尘和防潮措施，不宜布置在尾水管上部。

高压试验室的实验对象是3kV以上的电气设备，这些设备一般比较笨重，搬运不便，因此高压试验室应布置在与发电机同高程的安装间附近或副厂房内。

电工修理间和电器工具间应布置在靠近发电机层的交通方便处。机修车间可单独布置在厂外，尽量靠近厂房。

（十）办公室及生活用房

值班室和调度室一般与中控室邻近，并与主厂房联系快捷、方便。行政办公室及生活用房可设在厂外单独房间内，要求布置在较安静的地方。

7.4-1

副厂房可采用两层或两层以上的砖混结构，根据副厂房各层的平面布置要求，协调上下层关系，定出副厂房的长度和宽度。根据工程经验，副厂房的宽度一般为6～9m。

副厂房的面积和内部各房间布置应根据机电布置、维修、试验及管理需要，结合厂房具体条件综合考虑确定。表7-1可供初步设计阶段参考。

任务五　厂房的采光、通风、防潮及交通

水电站厂房必须妥善考虑采光、通风、取暖、防潮、防火、保安、交通运输等问题，以确保水电站的正常运行，并给运行人员提供良好的工作环境。水电站厂房采光、通风、取暖、防潮、厂内交通等问题是如何处理的？

【知识目标】

1. 掌握厂房采光、通风防潮的要求。

2. 熟悉厂房的取暖、交通的要求。

【能力目标】

能够说出水电站厂房采光、通风、取暖、防潮、厂内交通等问题的解决措施。

一、采光

地面厂房应尽可能采用自然采光，布置主副厂方时要考虑开窗的要求。主厂房自然采光主要靠厂房两侧的大窗，吊车梁以上的窗子主要起通风的作用。大窗开在构架柱之间的墙上，为长形独立窗。窗宽度不要太小，否则照明就不均匀。窗的高度一般不小于房间进深的1/4。窗下槛在发电机层楼板以上不宜超过1～2m，以保证窗子附近有足够的光线，并便于通风。

夜间及地下式，坝内式，溢流式厂房或地面厂房水下部分的房间，要设计人工照明。人工照明分为工作照明、事故照明（当交流电源中断时自动投入的直流电照明）、安全照明（设有防触电措施或采用36V及以下电压的照明）、检修照明及警卫照明。中央控制及主机房内的照明不能使仪表盘面上产生反光，以保证运行人员能清晰地观察仪表。

二、通风

地面厂房应尽量采用自然通风。当自然通风达不到要求，或当下游水位过高而不能有效地采用自然通风，或在产生过多热量的房间（如变压器室、配电装置室等），或在产生有害气体的房间（如蓄电池室、油处理室等），才装设人工通风装置。

主副厂房的通风量应根据设备的发热量、散湿量和送排风参数等因素决定。要合理安排进出风口的位置以达到最佳的通风效果。水轮机层、水泵机室、蝴蝶阀室等厂内潮湿部位采用以排湿为主的通风方式，对于产生有害气体的房间要设置专用的排风

系统，以免有害气体深入其他房间。人工通风系统的进风口要设在排风口上风，低于排风口但高于室外地面 2m 以上，要考虑防虫及防灰沙的措施。主通风机室的位置除满足通风系统气流组织的合理性外，还应远离中央控制室，载波机室等安静场所，以免噪声干扰。

盛夏酷热地区或人工通风仍不能满足厂内温度湿度要求时，可采用局部或全部的空气调节装置。空气调节装置的冷源应尽量采用天然低温水或其他天然冷源。无条件时，经过技术经济论证可局部或全部地采用机械制冷设备。

三、取暖

冬天厂房内的温度不能过低，以保证机电设备的正常运行。冬季水电站若正常发电，发电机层、出线层、水轮机层、母线道等处靠机电设备发出的热量即可维持必需的温度。热量不足以维持必须温度的房间，可用电辐射取暖或电热取暖。中央控制室可装设空气调节器，以便冬天取暖、夏季降温。

四、防潮

地面厂房水下部分的房间要注意防潮，坝内及地下厂房的防潮问题更为突出。过分潮湿能造成电气设备的短路、误动作或失灵，可能使机械设备加速锈蚀，运行人员工作条件恶化。防潮的措施不外乎以下四项：

（1）防潮防漏。外墙混凝土要满足抗渗要求，必要时可设防潮夹层；要减小设备水，伸缩缝及沉降缝要设止水；冷却水管、混凝土墙及岩石表面如有结露滴水则要用绝缘热包扎。

（2）加强排水。已渗漏进厂房或防潮夹层的水要迅速排除，不能让其积存。

（3）加强通风。防潮部位宜采用以排湿为主的通风方式，减小空气中的湿度。

（4）局部烘烤。以电炉或红外线烘烤，防止设备受潮。

五、厂内交通

厂房对外开设有大门，以便运输大部件，大门尺寸很大，可采用旁推门，上卷门或活动钢门。为了保持厂房内部的清洁、干燥与温度，不运输大部件时大门应关闭。安排各种房门部位时要考虑防火要求，安全出口的门净宽不下于 0.8m，门向外开。某些可产生负压的房间，如闸门室，门最好向里开，以便出现负压时门可自动开启。

主厂房内各层及副厂房布置机电设备的房间内都要有通道，以便运输设备和进行安装，并供工作人员通行。发电机层及水轮机层常设贯穿全场的水平通道，通道一般宽 1～2m。为了吊运各种设备，要布置相应的吊物孔、水泵吊孔、公用吊孔等。

主、副厂房不同高程的各层之间可设斜坡道，楼梯、攀梯、转梯或电梯。斜坡道坡度在 20°以下，一般以 12°为宜。楼梯的坡度为 20°～46°，以 34°为宜。单人楼梯宽 0.9m，双人楼梯宽 1.2～1.4m。每台机组最好有专用楼梯，至少每两台机组要设一座楼梯，并且全厂应不少于两道。楼梯设置要能使运行人员巡视方便，并要保证发生事故时迅速到达现场。只供少数人员偶然使用的楼梯可做成钢攀梯，坡度常在 60°～

7.5-1

90°之间，宽 0.7m。转梯可节省空间，适用于不经常上下的地方。电梯用于厂房高度较大或各层间高差太大时。

任务六　厂　区　布　置

厂区布置是指水电站的主厂房、副厂房、主变压器场、高压开关站、引水道、尾水道及厂区交通等相互位置的安排。主厂房、副厂房、主变压器场、高压开关站、引水道、尾水道及厂区交通等布置时需要考虑哪些原则？

【知识目标】

1. 熟悉主变压器和高压开关站的布置。

2. 熟悉引水道、尾水渠、对外交通及厂区防洪排水。

【能力目标】

能够给出主厂房、副厂房、主变压器场、高压开关站、引水道、尾水道及厂区交通等相互位置布置的初步方案。

厂区布置是指水电站的主厂房，副厂房、主变压器场、高压开关站、引水道、尾水道及厂区交通的相互位置的安排。进行厂区布置时，要综合考虑水电站枢纽总体布置，地形地质条件、运行管理、环境设计等各方面的因素，根据具体情况，拟定出合理布置方案。

一、主厂房

主厂房是厂区布置的核心，对厂区布置起决定性作用，其位置的选择是在水利工程枢纽总体布置中进行，除了注意厂区各部分的协调配合外，还应该考虑下列因素：

(1) 尽量减小压力水管的长度。因此对于坝后式水电站，主厂房应尽量靠近拦河坝；对于引水式水电站，主厂房应尽量靠近压力前池或调压室。

(2) 尾水渠尽量远离溢洪道或泄洪洞出口，防止水位波动对机组运行不利。尾水渠与下游河道衔接要平顺。

(3) 主厂房的地基条件要好，对外交通和出线方便，并不受施工导流干扰。

二、副厂房

副厂房可选的位置：

(1) 主厂房的上游侧。适用于坝后式水电站。如用于引水式水电站可能导致开挖量增加，且通风采光不好。这种布置运行管理比较方便，电缆短，造价经济。

(2) 尾水管顶板上。这种布置影响主厂房的通风、采光，须加长尾水管，从而增加工程量。由于尾水管在机组运行时震动较大，不宜布置中央控制室及继电保护设备。

(3) 主厂房的两端。当机组台数多时，这种布置会增加母线及电缆的长度。

三、主变压器

（一）主变压器场的布置原则

主变压器场一般露天布置，布置原则如下：

(1) 尽量靠近厂房，以缩短昂贵的发电机电压母线长度，减小电能损失和故障机会，并满足防火、防暴、防雷、防水雾和通风冷却的要求，安全可靠。

(2) 尽量与安装间在同一高程上，便于利用轨道将其推进厂房的安装间进行检修。

(3) 变压器的运输和高压侧出线的方便，变压器之间要留出必要的空间。

(4) 高程应高于下游最高防洪水位，且四周设置排水沟。

（二）升压变压器可能布置的位置

(1) 坝后式厂房，可以利用厂坝之间的空间布置升压变压器。

(2) 河床式厂房，尾水管较长，升压变压器可布置在尾水平台上，这时尾水平台的宽度，应使升压变压器在检修移出时符合最小安全净距的要求（详见电气设备规范）。

(3) 引水式地面厂房，变压器场可能的位置是厂房的一端进场公路旁、尾水渠旁、厂房上游侧或尾水平台上。引水式地面厂房一般靠山布置，厂房上游侧场地狭窄，若布置变压器场需增加土石开挖，且通风散热条件差；变压器布置在尾水平台上需增大尾水管长度。所以这两种布置一般较少采用。

(4) 由于受地形和场地的限制，个别水电站有可能将主变压器布置在厂房顶上。地下厂房的主变压器可布置在地下洞室内。

四、高压开关站

高压开关站布置各种高压配电和保护设备，如电缆、母线、各种互感器、各种开关继电保护装置、防雷保护装置、输电线路以及杆塔构架等，这些设备的规格、数量、布置方式和需要的场地面积，是根据电气主接线图，主变的位置、地形地质条件及运行要求而确定的。其布置原则为：

(1) 要求高压进出线及低压控制电缆安排方便而且短，出线要避免交叉跨越水跃区、挑流区等。

(2) 地基及边坡要稳定。

(3) 场地布置整齐、清晰、紧凑，便于设备运输、维护、巡视和检修。

(4) 土建结构经济合理，符合防火保安要求。高压开关站一般露天布置。应尽量靠近主变压和中央控制室，且在同一高程上，但由于地形限制，往往有一高程差。通常布置在附近山坡上，也有布置在主厂房顶上的。当地形较陡时，可布置成阶梯式和高架式，以减少挖方。当高压出线不止一个等级时，可分设两个或多个开关站。

五、引水道、尾水道、对外交通及厂区防洪排水

引水道一般为正向引进，尽可能保证进、出水水流平顺。当水管直径很小且根数

较少时，也可测向引水。

水电站的尾水渠一般为明渠，正向将尾水导入下游河道，少数情况也可测向导入下游河道，水轮机的安装高程较低，为与天然河道相接，尾水渠常为倒坡。尾水管出口水流紊乱，流速分布不均匀，需设衬砌加以保护。布置尾水渠时要考虑泄洪的影响，避免泄洪时在尾水渠中形成较大的雍高和漩涡，避免出现淤积。必要时要加设导墙，将电站尾水与泄洪分开，减少电站尾水波动而影响水电站的出力。

对外交通一般为公路，也有采用铁路和水路的。引水式厂房一般沿河岸布置，进厂公路可沿等高线从厂房一端进入厂房。坝式电站进厂公路一般从下游侧进入。

对外交通一般为公路，也有采用铁路和水路的。引水式厂房一般沿河岸布置，进厂公路可沿等高线从厂房一端进入厂房。坝式电站进厂公路一般从下游侧进入。

公路、铁路要直接通入主厂房的安装间，临近厂房一段应是水平的，长度不小于20m，并有回车场地。公路的坡度不宜大于10%，转弯半径大于20m。

对于布置沿等高线进厂交通有困难的水电站厂房，或尾水位陡涨陡落、洪峰历时较短的厂房，经论证，其进厂交通线也可低于非常运用洪水位，此时厂房应满足防洪要求（采用尾水挡墙或防洪堤），同时另设非常运用洪水位时不受阻断的人行通道。

主、副厂房周围应采取有效的排水和保护措施，以防山洪、暴雨的侵袭。整个厂区可利用路边沟、雨水明暗沟等构成排水系统，以迅速排除地面雨水。位于洪水位以下的厂区，在低处修建集水井，并设置机械排水装置。

任务七　厂　房　结　构

主厂房的组成构件多，结构复杂，各种结构与机电设备关系密切，在妥善安排各种机电设备时，必须同时进行厂房的结构布置。主厂房结构布置的任务是拟定主厂房及其主要构件的合理结构形式、构造和材料；拟定主厂房与地基及其他相邻建筑物的连接方式。水电站厂房的结构组成及作用是什么？如何进行施工？

【知识目标】

1. 掌握水电站厂房的结构组成及作用。
2. 掌握混凝土浇筑的分期和分块。
3. 熟悉厂房结构的分缝和止水。

【能力目标】

能够根据工程资料和结构特点合理安排工程施工顺序。

一、水电站厂房的结构组成及作用

水电站地面厂房结构可分为上部结构和下部结构两大部分。上部结构包括屋面系统、构架、吊车梁、维护结构（外墙）及楼板，基本上属板、梁、柱系统，通常为钢筋混凝土结构。上部结构设计方法与一般工业建筑相同。下部结构主要由机座、蜗壳、尾水管、基础板和外墙组成，为大体积钢筋混凝土结构，其结构设计比较复杂，要符合《水工混凝土结构设计规范》(DL/T 5057—2009)。

水电站厂房结构组成如图 7-12 所示。各组成构件及其作用如下。

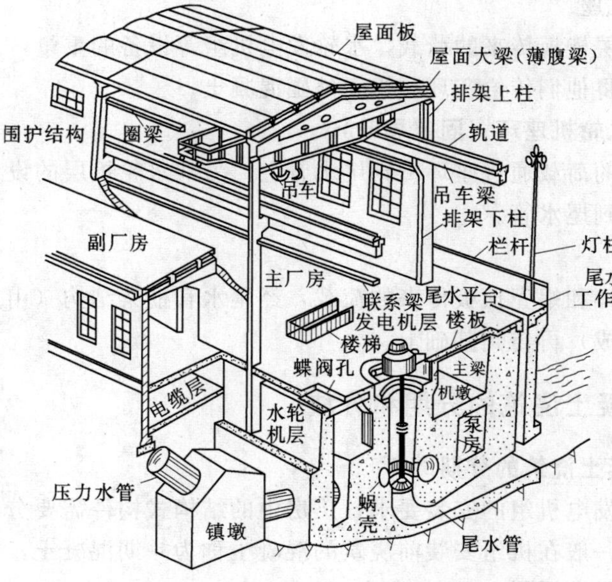

图 7-12 水电站厂房结构组成

(一) 屋盖结构

包括屋面板和屋架或屋面大梁,起着围护和承重双重作用。

屋面板直接承受屋面荷载,如风载、雨载、雪载和屋面板自重等,并将他们传给屋架或屋面大梁。

屋架或屋面大梁承受屋面上的全部荷载(包括风载、雨载、雪载、和屋面板自重等)及屋架或屋面大梁自重,并将其传到排架柱或壁柱。

(二) 吊车梁

承受吊车荷载(包括起吊部件在厂房内部运行时的移动集中垂直荷载)以及吊车在起吊部件时,启动或制动时产生的纵、横向水平荷载,并将它们传给排架柱或壁柱。

(三) 排架柱或壁柱

承受屋架或屋面大梁、吊车梁、外墙传来的荷载和排架柱或壁柱自重,并将它们传给厂房下部结构。如果排架柱与屋面大梁刚接,称为钢架,其荷载包括屋盖上的全部荷载,作用同排架柱。

(四) 发电机层楼板和安装间楼板

发电机层楼板承受着自重、机电设备静荷载和人的活荷载,传给梁并部分传到厂房下部的发电机座和水轮机层的排架柱。安装间楼板承受自重、检修或安装时的机组荷载和活荷载,并把他们传到基础。当安装间设有下层时就传给排架柱。

(五) 围护结构

(1) 外墙。承受风荷载,并将他们传给排架柱或壁柱。

(2) 抗风柱。承受厂房两端山墙传来的风荷载,并将他们传给屋架或屋面大梁以及基础或厂房下部的大体积混凝土块体。

(3) 圈梁和连系梁。承受上砖墙传下的荷载和自重，并传给排架柱或壁柱。

(六) 发电机机座

承受从发电机层楼板传来的荷载，水轮发电机组等设备的重量，水轮机轴向水压力和机座自重，并将他们传给座环和蜗壳外围混凝土。

(七) 蜗壳和水轮机座环 (固定导叶)

将机座传下来的荷载通过座环传到尾水管上，另外水轮机层的设备重量和活荷载通过蜗壳顶板也传到尾水管。

(八) 尾水管

承受水轮机座环和蜗壳顶板传来的荷载，经尾水管框架结构（由尾水管顶板、闸墩、边墩和底板构成）再传到基础上。

二、厂房混凝土浇筑的分期和分块

(一) 厂房混凝土浇筑的分期

为了适应水轮发电机组的安装要求，厂房中的结构式构件需要分期浇筑，称为一期和二期混凝土。一般在机组安装前浇筑的混凝土称为一期混凝土，在机组安装时才浇筑的混凝土称为二期混凝土。

一期混凝土包括底板、尾水管、尾水闸墩、尾水平台、混凝土蜗壳外的混凝土、上下游边墙、厂房构架、吊车梁、部分楼板等，这些构件在施工时先期浇筑，以便利用吊车进行机组安装。

二期混凝土是为了机组安装和埋件需要而预留的，要等到机组和有关设备到货，以及尾水管圆锥钢管和金属蜗壳安装完毕后，再进行浇筑。二期混凝土包括金属蜗壳外的部分混凝土、尾水管直锥段外包混凝土、机座、发电机风罩外壁、部分楼层的楼板等。

(二) 混凝土分层、分块

水电站厂房水下部分属于大体积块体混凝土结构。其特点是现场浇筑量大，结构几何形状复杂，基础高差大，对裂缝要求严格。受混凝土浇筑能力的限制，为了适应厂房形状的变化，每期混凝土要分层分块浇筑。厂房一期、二期混凝土浇筑的分层、分块，视具体情况而定，一般原则如下：

(1) 分层，分块必须保证机组安装方便。

(2) 应分在构件内力最小部位。这常与施工方便有矛盾，有时不易做到。

(3) 分块的大小应与混凝土的生产能力、振捣工作强度及浇筑方法相适应。

(4) 在保证质量的前提下，混凝土分块尽量大些、高些，以加快施工进度。

(5) 分块必须尽量使工作过程具有最大的重复性，以简化施工和重复利用范本。同时最有效地利用机械设备。

三、厂房结构的分缝和止水

(一) 分缝

水电站厂房为防止不均匀沉陷，减少下部结构受基础约束产生的温度和干缩应力，必须沿厂房长度方向设置伸缩缝和沉降缝。通常两缝合一，称为沉降伸缩缝。此种缝一般都是贯通至地基，只在地基相当好时，伸缩缝才仅设在水上部分，但也需每隔数道伸缩缝设一道贯通地基的沉降伸缩缝。伸缩缝和沉降缝统称为永久缝。

根据施工条件设置的混凝土浇筑缝，称为施工缝，相对永久缝而言是一种临时缝。

基岩上大型厂房通常一台机组段设一条永久缝，中小型水电站可增至2～3台机组设一条永久缝。在安装间与主机房之间、主副厂房高低跨分界处，由于荷载悬殊，需设沉降缝。坝后式厂房的厂坝之间沿整个厂房的上游外侧设一条贯通地基的纵缝。

7.7-1 ▶

7.7-1 ⓕ

永久缝的宽度一般为1～2cm，软基上可宽些，但不超过6cm。

（二）止水

厂房水上部分的永久缝中常填充一定弹性的防渗、防水材料，以防止在施工或运行中被泥沙或杂物填死和风雨对厂房内部的侵袭。厂房水下部的永久缝应设置止水，以防止沿缝隙的渗漏。重要部位设两道止水，中间设沥青井。止水布置主要取决于厂房类型、结构特点、地基特性等，应采用可靠、耐久而经济的止水形式。

任务八 厂房整体稳定及地基应力

厂房在运行、施工和检修期间，在抗滑、抗倾与抗浮方面必须有足够的安全系数，以保证厂房的整体稳定。厂房地基应力必须满足承载能力的要求，不允许发生有害的不均匀沉陷。厂房的主要荷载有哪些？如何计算？

【知识目标】

1. 掌握厂房的主要荷载。
2. 熟悉计算情况和荷载组合。
3. 掌握荷载计算方法和要求。

【能力目标】

会使用荷载计算方法计算厂房的主要荷载。

地面厂房在水平荷载如水压力和土压力等，以及扬压力的作用下应保持整体稳定，厂基面上垂直正应力应满足规范要求。稳定不能保证、地基应力不满足要求时，应采取措施，如设置灌浆帷幕和排水孔降低扬压力，对坝后式厂房可以考虑是否采用厂坝整体连接方式，利用坝体帮助稳定。

厂房整体稳定和地基应力计算的内容一般包括沿地基面的抗滑稳定、抗浮稳定和厂基面垂直正应力计算。河床式厂房本身是挡水建筑物，厂房地基内部存在软弱层面时，还应进行深层抗滑稳定计算。

厂房在运行、施工和检修期间，在抗滑、抗倾与抗浮方面必须有足够的安全系数，以保证厂房的整体稳定性。厂房地基应力必须满足承载能力的要求，不允许发生有害的不均匀沉陷。

一、厂房主要荷载

(1) 厂房结构自重，压力水管、蜗壳及尾水管自重。

(2) 厂房内机电设备自重，机组运转时的动荷载。

(3) 静水压力：尾水压力，基底扬压力，压力水管、蜗壳及尾水管内的水压力，永久缝内的水压力，河床式厂房的上游水压力。

(4) 厂房四周的土压力。

(5) 活荷载：吊车运输荷载，人群荷载及运输工具荷载。

(6) 其他荷载：温度荷载，风荷载，雪荷载，严寒地区的冰压力，地震力等。

厂房在施工安装期、运转期和检修期的荷载是不同的。在结构计算中应根据厂房在不同工作条件下可能同时发生的荷载进行组合，并取最不利的组合作为设计的控制情况。

二、计算情况和荷载组合

厂房稳定和地基应力计算要考虑厂房施工、运行和扩大检修期的各种不利情况，主要计算情况如下。

(一) 正常运行

对河床式厂房来说，正常运行情况中应考虑两种水位组合：

(1) 上游正常蓄水位和下游最低水位。这种组合情况厂房承受的水头最大，但扬压力不大。

(2) 上游设计洪水位和下游相应水位。这种情况扬压力较大，对稳定不利。

对坝后式厂房和引水式厂房来说，引起稳定问题的水平荷载为下游水压力，正常运行情况中取下游设计洪水位进行组合。作用在厂房上游面的荷载有压力管道和下部结构纵缝面上的水压力，后者作用的面积与止水的布置方式有关，压强则与厂基面扬压力分布图有关，根据具体情况确定。

正常运行情况中要考虑厂房内结构，设备和水的重量。

(二) 机组检修

河床式厂房机组检修情况计算中，上、下游水位分别取上游正常蓄水位和下游检修水位，机组设备重及流道内的水重均不考虑。在这种情况下，厂房承受的水头大，而厂房的重量轻，只有结构自重，对稳定不利。

坝后式和引水式厂房机组检修情况计算中，下游取检修水位，其余同上。

(三) 施工情况

厂房施工一般是先完成一期混凝土浇筑和上部结构，以后顺序逐台安装机组并浇筑二期混凝土。机组安装周期较长，如机组是分期安装的，厂房的施工安装将更长，所以要进行施工情况的稳定计算。在这种计算情况中，二期混凝土和设备重不计，厂方重量最轻，而厂房已经承受水压，对抗滑和抗浮不利。这种计算情况也称为机组未安装情况。

河床式厂房机组未安装情况的上游水位取正常蓄水位或设计洪水位，下游取相应最不利水位。坝后式和引水式厂房下游取设计洪水位。

如厂房位于软基上，地基承载力低，施工期还须考虑本台机组也安装，而调车满载通过的情况，如厂房尚未承受水压，则厂基面无扬压力作用，流道中也无水重。

（四）非常运行情况

河床式厂房非常运行情况时，上游取校核洪水位，下游取相应最不利水位。坝后式和引水式厂房下游取校核洪水位。

（五）地震情况

河床式厂房地震情况时，上游取校核蓄水位，下游取相应最不利水位。坝后式厂房和引水式厂房下游取满载运行尾水位。

以上所述各种情况中，正常运行情况的荷载组合为基本组合，其他为特殊组合。厂房基础设有排水孔时，特殊组合中还要考虑排水失效的情况。

厂房整体稳定和地基应力计算应以中间机组段、边机组段和安装间段作为一个独立的整体，按荷载组合分别进行。边机组段和安装间段，除了有上游水压作用外，还可能受侧向水压力作用，或者还有侧向土压力存在，所以必须核算双向水压力作用下的整体稳定性和地基应力。

三、计算方法和要求

（一）抗滑稳定计算

厂房抗滑稳定性可按抗煎断强度公式或抗剪强度公式计算。

1. 抗剪断计算公式

$$K' = \tan\varphi \sum W + cA / \sum P \tag{7-10}$$

式中　K'——抗剪断强度计算的抗滑稳定安全系数；

φ——滑动面的抗剪断内摩擦角；

c——滑动面的抗剪断黏结力，kPa；

A——基础面受压部分的计算面积，m^2；

$\sum W$——全部荷载对滑动面的法向分力（含扬压力），kN

$\sum P$——全部荷载对滑动面的切向分力（含扬压力），kN。

2. 抗剪计算公式

$$K = f \sum W / \sum P \tag{7-11}$$

式中　K——按抗剪强度计算的抗滑稳定安全系数；

f——滑动面的抗剪摩擦系数。

整体抗滑稳定的安全系数不分等级按表 7-2 选用。

表 7-2　　抗滑稳定安全系数表

抗滑稳定安全系数	荷载组合		
	基本组合	特殊组合	
		无地震	有地震
K	1.1	1.08	1.0
K'	3.0	2.5	2.3

(二) 抗浮稳定计算

厂房抗浮稳定性可按下式计算：

$$K_f=\sum W/U \tag{7-12}$$

式中　K_f——抗浮稳定安全系数；

$\sum W$——机组段的全部重量，kN；

U——作用于机组段的扬压力总和，kN。

根据《水电站厂房设计规范》，抗浮稳定安全系数 K_f 在任何情况下均不得小于1.1。

(三) 地基应力计算

厂房地基面上的法向应力，可按下式计算：

$$\sigma=\frac{\sum W}{A}\pm\frac{\sum M_{xy}}{J_x}\pm\frac{\sum M_y x}{J_y} \tag{7-13}$$

式中　σ——厂基面垂直正应力，kPa；

$\sum W$——作用于机组段上全部荷载在厂基面上的法向分力总和；

$\sum M_x$，$\sum M_y$——作用于机组段上全部荷载对厂基面计算截面形心轴 x、y 的力矩总和，kN·m；

x，y——计算截面上任意点对形心轴的坐标值；

J_x，J_y——计算截面对 x、y 形心轴的惯性矩；

A——厂基面计算截面积。

该公式假定厂房基础为刚体，厂基面地基应力为线性分布。

厂房地基面上的垂直正应力应符合下列要求：

(1) 厂房地基面上承受的最大垂直正应力，不论是何种形式的厂房，在任何情况下均不应超过基岩的容许应力，在地震情况下基岩的允许应力可适当提高。

(2) 厂房地基面上承受的最小垂直正应力（计入扬压力），对于河床式厂房，不论是正常运行情况还是非常运行情况都大于零，只有在地震情况才出现不大于100kPa的拉应力。

对于坝后式和引水式厂房，正常运行情况下，厂房地基面上承受的最小垂直正应力一般大于0；非常运行情况下，允许出现不大于100～200kPa的局部拉应力。地震情况下，如出现大于100～200kPa的拉应力，应进行专门论证。

厂房整体稳定和地基应力计算不满足要求时，应在厂房的地基中采取防渗和排水措施。

参考文献

［1］ 侯才水，胡天舒．水电站［M］．北京：中国水利水电出版社，2005．

［2］ 袁俊森．水电站［M］．2版．郑州：黄河水利出版社，2010．

［3］ 李前杰，龙建明．水电站［M］．郑州：黄河水利出版社，2011．

［4］ 索丽生，刘宁．水工设计手册［M］．北京：中国水利水电出版社，2013．

［5］ 刘启钊，胡明．水电站［M］．4版．北京：中国水利水电出版社，2010．

［6］ 马善定，汪如泽．水电站建筑物［M］．2版．北京：中国水利水电出版社，1996．

［7］ 金钟元．水力机械［M］．北京：中国水利水电出版社，1996．

［8］ 张治滨，季奎，王莜生，等．水电站建筑物设计参考资料［M］．北京：中国水利水电出版社，1997．

［9］ 中华人民共和国水利部．水电站压力钢管设计规范：SL 281—2003［S］．北京：中国水利水电出版社，2003．

［10］ 中华人民共和国水利部．水利水电工程沉沙池设计规范：SL 269—2001［S］．北京：中国水利水电出版社，2001．

［11］ 中华人民共和国水利部．水利水电工程初步设计报告编制规程：SL 619—2013［S］．北京：中国水利水电出版社，2013．

［12］ 中华人民共和国水利部．水利水电工程调压室设计规范：SL 655—2014［S］．北京：中国水利水电出版社，2014．

［13］ 中华人民共和国水利部．水利水电工程进水口设计规范：SL 258—2003［S］．北京：中国水利水电出版社，2003．

［14］ 中华人民共和国水利部．水电站厂房设计规范：SL 266—2014［S］．北京：中国水利水电出版社，2014．

［15］ 中华人民共和国水利部．水电站引水渠道及前池设计规范：SL 205—2015［S］．北京：中国水利水电出版社，2015．

［16］ 中华人民共和国水利部．水工隧洞设计规范：SL 279—2016［S］．北京：中国水利水电出版社，2016．

［17］ 中华人民共和国住房和城乡建设部，中华人民共和国国家质量监督检验检疫总局．小型水力发电站设计规范：GB 50071—2014［S］．北京：中国计划出版社，2014．

［18］ 国家能源局．水电站调压室设计规范：NB/T 35021—2014［S］．北京：中国电力出版社，2014．

［19］ 中华人民共和国国家发展和改革委员会．水电站进水口设计规范：DL/T 5398—2007［S］．北京：中国电力出版社，2007．

［20］ 中华人民共和国国家经济贸易委员会．水电站压力钢管设计规范：DL/T 5141—2001［S］．北京：中国电力出版社，2001．

［21］ 刘洪林，肖海平．水电站运行规程与设备管理［M］．北京：中国水利水电出版社，2006．

［22］ 程远楚．中小型水电站运行维护与管理［M］．北京：中国电力出版社，2006．

［23］ 王福岭，陈德新．中小型水电站运行维护与安全管理［M］．郑州：黄河水利出版社，2014．

［24］ 王建忠，涂阳文，王茂海．葛洲坝电厂水轮机过流部件磨蚀与防护回顾［J］．水电科技博览，2004，6：52-56．

[25] 杨天勇，谭文韬，颜晓斌. 紫兰坝电站水轮机调速系统故障分析与处理 [J]. 东方电机，2014，2：61-65.
[26] 刘能胜，王丽红，何小梅，等. 水电站 [M]. 郑州：黄河水利出版社，2018.
[27] 杨中瑞. 小型水电站运行与维护 [M]. 北京：中国水利水电出版社，2018.